技能应用速成系列

AutoCAD 2014 电气设计从入门到精通

CAX 技术联盟

王　辉　李诗洋　编著

电子工业出版社
Publishing House of Electronics Industry
北京·BEIJING

内 容 简 介

本书主要针对电气设计领域，以理论结合实践的写作手法，全面、系统地介绍 AutoCAD 2014 在电气设计领域中的应用技术。本书采用"完全案例"的编写形式，兼具技术手册和应用技巧参考手册的特点，技术实用、逻辑清晰，是一本简明易学的参考书。

本书内容丰富，结构层次清晰，讲解深入细致，案例经典，具有很强的操作性和实用性。本书共 18 章，第 1～10 章主要讲解 AutoCAD 2014 的软件基础，包括 AutoCAD 2014 基础入门，AutoCAD 2014 的绘图准备，二维图形的绘制，二维图形的选择与编辑，创建面域和图案填充，创建文字与表格，图块的制作与插入，参数化绘图，图形对象的尺寸标注，图形的输入输出与布局打印等；第 11～18 章主要讲解电气工程图纸的绘制方法，包括电气制图基础和 CAD 制图规范，常用电气元件的绘制，电气照明控制线路图的绘制，家电电气线路图的绘制，机械设备电气线路图的绘制，交流发电机电气线路图的绘制，电力工程图的绘制，建筑电气工程图的绘制等。另外，本书配有 1 张多媒体 DVD 光盘，内含丰富素材、案例及视频文件。

本书可作为高校相关专业师生计算机辅助设计和电气设计课程参考用书，也可作为 CAD 爱好者的自学用书。

图书在版编目（CIP）数据

AutoCAD 2014 电气设计从入门到精通 / 王辉，李诗洋编著. —北京：电子工业出版社，2013.10

（技能应用速成系列）

ISBN 978-7-121-21284-0

Ⅰ. ①A… Ⅱ. ①王… ②李… Ⅲ. ①电气设备—计算机辅助设计—AutoCAD 软件 Ⅳ. ①TM02-39

中国版本图书馆 CIP 数据核字（2013）第 195992 号

策划编辑：许存权

责任编辑：许存权　　　特约编辑：冯彩茹

印　　　刷：北京京师印务有限公司

装　　　订：北京京师印务有限公司

出版发行：电子工业出版社

　　　　　北京市海淀区万寿路 173 信箱　邮编　100036

开　　本：787×1 092　1/16　印张：36.75　字数：872 千字

版　　次：2013 年 10 月第 1 版

印　　次：2015 年 1 月第 2 次印刷

定　　价：79.00 元（含 DVD 光盘 1 张）

凡所购买电子工业出版社图书有缺损问题，请向购买书店调换。若书店售缺，请与本社发行部联系，联系及邮购电话：（010）88254888。

质量投诉请发邮件至 zlts@phei.com.cn，盗版侵权举报请发邮件至 dbqq@phei.com.cn。

服务热线：（010）88258888。

前　言

　　本书是"技能应用速成系列"丛书中的一本，主要针对电气设计领域，以 AutoCAD 2014 中文版为设计平台，详细而系统地介绍了使用 AutoCAD 进行电气设计的基本方法和操作技巧，能使读者全面的掌握 CAD 的常用命令及作图技巧，以及使用 CAD 进行电气图样的设计、领悟绘制电气图样的精髓。

　　书中工具解说精细、操作实例通俗易懂，具有很强的实用性、操作性和技巧性。本书在章节编排方面一改同类电脑图书手册型的编写方式，在介绍每章的基本命令和概念功能的同时，始终贯穿与实际应用相结合，学以致用的原则，使读者对讲解的工具命令具有深刻和形象的理解，有利于培养读者应用 AutoCAD 基本工具完成设计绘图的能力。

📖 本书特点

　　★ **循序渐进、通俗易懂**：本书完全按照初学者的学习规律和习惯，由浅入深，由易到难安排每个章节的内容，可以让初学者在实战中掌握 AutoCAD 的基础知识及其在电气设计中的应用。

　　★ **案例丰富、技术全面**：本书的每一章都是 AutoCAD 的一个专题，每一个案例都包含了多个知识点。读者按照本书进行学习，同时可以举一反三，达到入门并精通的目的。

　　★ **视频教学、轻松易懂**：本书配备了高清语音教学视频，编者手把手的精心讲解，并进行相关点拨，使读者领悟并轻松掌握每个案例的操作难点，提高学习效率。

📖 本书内容

　　本书以最新的 AutoCAD 2014 版为蓝本，全面、系统、详细地讲解了 AutoCAD 在电气图纸方面的绘制方法，包括 AutoCAD 2014 软件基础，在照明、家用、机械电气、电力、建筑等电气工程图。

　　全书分为四篇共 18 章，详细介绍 AutoCAD 的基本绘图技能及其在电气设计中的应用。

1. AutoCAD 2014 软件基础篇——主要讲解 AutoCAD 2014 的操作和绘图方法

第 1 章　AutoCAD 2014 基础入门　　　　　　第 2 章　AutoCAD 2014 的绘图准备

第 3 章　二维图形的绘制方法　　　　　　　　第 4 章　二维图形的选择与编辑方法

第 5 章　创建面域和图案填充方法　　　　　　第 6 章　创建文字与表格方法

第 7 章　图块的制作与插入方法　　　　　　　第 8 章　参数化绘图

第 9 章　图形对象的尺寸标注　　　　　　　　第 10 章　图形的输入输出与布局打印

2．电气工程图设计篇——照明、家用、机械电气、电力、建筑等电气工程图的绘制

第 11 章　电气设计基础和 CAD 制图规范　　　第 12 章　常用电气元件的绘制
第 13 章　电气照明控制线路图的绘制　　　　　第 14 章　家电电气线路图的绘制
第 15 章　机械设备电气线路图的绘制　　　　　第 16 章　交流发电机电气线路图的绘制
第 17 章　电力工程图的绘制　　　　　　　　　第 18 章　建筑电气工程图的绘制

3．附录　列举了 AutoCAD 一些常用的命令快捷键和常用系统变量，掌握这些快捷键和变量，可以有效地改善绘图的环境，提高绘图效率。

注：受限于本书篇幅，为保证图书内容的充实性，故将本书中附录附在光盘中，以便读者学习。

随书光盘

本书附带了 DVD 多媒体动态演示光盘，另外，本书所有综合范例最终效果及在制作范例时所用到的图块、素材文件等也都收录在随书光盘中。

读者对象

本书适合 AutoCAD 2014 初学者和期望提高 AutoCAD 设计应用能力的读者，具体说明如下：

★ 电气设计领域从业人员　　　　　　★ 初学 AutoCAD 的技术人员
★ 大中专院校的教师和在校生　　　　★ 相关培训机构的教师和学员
★ 参加工作实习的"菜鸟"　　　　　★ 广大科研工作人员

本书作者

本书主要由王辉、李诗洋编写，另外还有陈洁、王栋梁、王硕、王庆达、王晓明、刘昌华、张军、田家栋、陈磊、丁磊、张建华、杨红亮、赵洪雷、何嘉扬、陈晓东、周晓飞、李秀峰、张杨、王珂、丁金滨。书中欠妥之处，恳请读者及各位同行进行批评指正，在此致以诚挚的谢意。

读者服务

为了方便解决本书疑难问题，读者在学习过程中遇到与本书有关的技术问题，可以发邮件到邮箱 caxbook@126.com，或访问作者博客 http://blog.sina.com.cn/caxbook，编者会尽快给予解答，我们将竭诚为您服务。

编　者

目 录

第1章

AutoCAD 2014基础入门

AutoCAD 是由美国 Autodesk 公司开发的一款绘图程序软件，是世界上使用最为广泛的计算机辅助设计的平台之一，广泛应用于建筑装潢、园林设计、电子电路、机械设计、服装鞋帽、航空航天、轻工化工等诸多领域。

内容要点

- ◆ AutoCAD 的基本功能
- ◆ AutoCAD 2014 的安装、启动与退出方法
- ◆ AutoCAD 2014 的工作空间及界面
- ◆ AutoCAD 2014 中文件的创建与管理方法

1.1 AutoCAD 的基本功能

AutoCAD 是 Auto Computer Aided Design（计算机辅助设计）的简写，它是目前国内外最受欢迎的 CAD 软件。AutoCAD 不仅具有舒适的界面，还具有强大的绘图功能，下面进行详细介绍。

1.1.1 绘图功能

绘图功能是 AutoCAD 的核心，其二维绘图功能尤其强大，它提供了一系列的二维图形绘制命令，可以绘制直线、多段线、样条曲线、矩形、多边形等基本图形，也可以将绘制的图形转换为面域，对其进行填充，如剖面线、非金属材料、涂黑、砖、砂石及渐变色等填充。

在建筑与室内设计领域中，利用 AutoCAD 2014 可以创建出尺寸精确的建筑结构图与施工图，为以后的施工提供参照依据，如图 1-1 所示。

图 1-1　CAD 室内装潢的绘图效果

在新产品的设计开发过程中，可以利用 AutoCAD 2014 进行辅助设计，模拟产品实际的工作情况，监测其造型与机械在实际使用中的缺陷，如图 1-2 所示。

图 1-2　CAD 机械设计的绘图效果

1.1.2　修改和编辑功能

AutoCAD 在提供绘图命令的同时，还提供了丰富的图形编辑和修改功能，如移动、旋转、绽放、延长、修剪、倒角、圆角、复制、阵列、镜像、删除等，用户可以灵活方便地对选定的图形对象进行修改和再次编辑，如图 1-3 所示。

❶ 绘制的图形　　❷ 进行修剪　　❸ 进行镜像　　❹ 再次进行编辑　　❺ 进行图案填充

图 1-3　编辑的图形

1.1.3　标注功能

图形标注分为文字标注、尺寸标注和表格标注等内容。

文字标注不仅对图形起到注释、说明作用，还表达了一些图形无法表达的内容，如设计说明、施工图中的图例、符号注释以及技术要求等，如图 1-4 所示。

AutoCAD 提供了线性、半径、直径、角度等基本的标注类型，可以进行水平、垂直、对齐、旋转、坐标、基线、连续、圆心、弧长等标注。

除此之外，也可以进行引线标注、公差标注、极限标注，以及自定义粗糙度标注、标高标注等。无论是二维还是三维图形，均可进行标注。使用 AutoCAD 标注的二维图形如图 1-5 所示。

施工图设计说明

1　设计依据

1.1　经批准的本工程初步设计或方案设计文件，建设方的意见；

1.2　现行的国家有关建筑设计规范、规程和规定。

2　项目概况

2.1　本工程为某镇卫生院门诊楼，建设地点位于2

2.2　本工程建筑面积1289m　，建筑基底面积　578 m ；

2.3　建筑层数为三层，建筑高度11.0m ；

2.4　建筑结构形式为三层框架结构，建筑结构的类别为三类，合理使用年限为50年，抗震设防烈度为七度，抗震设防分类为丙类；

2.5　建筑耐火等级为二级.

图 1-4　文字标注

图 1-5　尺寸标注

1.1.4　三维渲染功能

Note

　　三维功能的作用是建立、观察和显示各种三维模型，其中包括线框模型、曲面模型和实体模型。

　　AutoCAD 提供了很多三维绘图命令，不但可以将二维图形通过拉伸、设置标高和厚度转换为三维图形，或将平面图形经回转和平移，分别生成回转扫描体和平移扫描体，还可以创建长方体、圆柱体、球等三维实体，绘制三维曲面、三维网格、旋转面等模型，如图 1-6 所示。

　　同时，AutoCAD 可以为三维造型设置光源和材质，通过渲染处理得到像照片一样具有三维真实感的图像。经渲染处理的室内布置图如图 1-7 所示。

图 1-6　三维图形

图 1-7　渲染处理后的图像

1.1.5　输出与打印功能

　　AutoCAD 不仅允许将所绘图形的部分或全部以任意比例或不同样式通过绘图仪或打印机输出，还可以将不同类型的文件导入 AutoCAD，将图形中的信息转化为 AutoCAD 图形对象，或者转化为一个单一的块对象。

　　这使得 AutoCAD 的灵活性大大增强，AutoCAD 可以将图形输出为图元文件、位图文件、平板印刷文件、AutoCAD 块和 3D Studio 文件。

1.2　AutoCAD 2014 的启动与退出

　　同大多数应用软件一样，用户要在计算机上应用 AutoCAD 2014 软件之前，都必须在计算机上正确安装该应用软件。

1.2.1　AutoCAD 2014 的启动

　　当用户的计算机上成功安装好 AutoCAD 2014 软件过后，即可开始启动并运行该软件。与大多数应用软件一样，要启动 AutoCAD 2014 软件，可通过以下任意一种方法来启动：

◇　双击桌面上的"AutoCAD 2014"快捷图标 。

◇　单击桌面上的"开始"｜"程序"｜"Autodesk｜AutoCAD 2014-Simplified Chinese"命令。

◇　右击桌面上的"AutoCAD 2014"快捷图标 ，从弹出的快捷菜单中选择"打开"命令。

第一次启动 AutoCAD 2014 后，会弹出"Autodesk Exchange"对话框，单击该对话框右上角的"关闭"按钮 ，即进入 AutoCAD 2014 工作界面，默认情况下，系统会直接进入如图 1-8 所示的界面。

图 1-8　AutoCAD 2014 初始界面

1.2.2　AutoCAD 2014 的退出

当用户需要退出 AutoCAD 2014 软件系统时，可采用以下四种方法：

◇　在 AutoCAD 2014 菜单栏中选择"文件"｜"关闭"命令。

◇　在命令行输入"QUIT（或 EXIT）"并按 Enter 键。

◇　双击标题栏上的控制图标按钮 。

◇　单击工作界面右上角的"关闭"应用程序按钮 。

Note

1.3 AutoCAD 2014 的操作界面

AutoCAD 软件从 2009 版本开始，其界面发生了比较大的改变，提供了多种工作空间模式，即"草图与注释"、"三维基础"、"三维建模"和"AutoCAD 经典"。正常安装并首次启动 AutoCAD 2014 软件时，系统将以默认的"草图与注释"界面显示出来，如图 1-9 所示。

其界面主要由菜单浏览器按钮、功能区选项板、快速访问工具栏、绘图区、命令行窗口和状态栏等元素组成。在该空间中，可以方便地使用"常用"选项卡中的绘图、修改、图层、标注、文字和表格等面板来进行二维图形的绘制。

图 1-9 AutoCAD 2014 的"草图与注释"界面

1.3.1 标题栏

标题栏显示当前操作文件的名称。最左端向右依次为快速访问工具栏、"工作空间"列表（用于工作空间界面的选择）、软件名称、版本号和当前文档名称信息等。

再往后是"搜索"、"登录"、"交换"按钮，并新增"帮助"功能；最右侧则是当前窗口的"最小化"、"最大化"和"关闭"按钮，如图 1-10 所示。

图 1-10　标题栏

Note

1.3.2　快速访问工具栏

　　默认的快速访问工具栏中集成了新建、打开、保存、另存为、Cloud 选项、打印、放弃、重做和工作空间切换 9 个工具，主要的作用在于快速单击使用，如图 1-11 所示。

　　如果单击"倒三角" 按钮，将弹出如图 1-12 所示的菜单列表，可根据需要添加一些工具按钮到快速访问工具栏中。

图 1-11　快速访问工具栏　　　　　　　　图 1-12　"自定义访问工具栏"列表

1.3.3　菜单浏览器和快捷菜单

　　窗口最左上角的 按钮为"菜单浏览器"按钮，单击该按钮会出现下拉菜单，如"新建"、"打开"、"保存"、"打印"、"发布"等，如图 1-13 所示。

　　AutoCAD 快捷菜单通常会出现在绘图区、状态栏、工具栏、模型或布局选项卡上，右击时，系统会弹出一个快捷菜单，其显示的命令与右击对象及当前状态相关，如图 1-14 所示。

图 1-13 "菜单浏览器"下拉菜单

图 1-14 快捷菜单

▒▒▒ 提示

在菜单浏览器中，其后面带有 ▶ 符号的命令表示还有级联菜单；如果命令为灰色，则表示该命令在当前状态下不可用。

1.3.4 选项卡和面板

使用 AutoCAD 命令的另一种方式就是应用选项卡上的面板，包括的选项卡有"默认"、"插入"、"注释"、"布局"、"参数化"等，如图 1-15 所示。

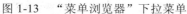

图 1-15 选项卡

▒▒▒ 提示

在"联机"右侧显示了一个倒三角，单击 此按钮，将弹出一个下拉菜单，可以进行相应的单项选择，如图 1-16 所示。

图 1-16 选项卡与面板

单击相应的选项卡，即可分别调用相应的命令。例如，在"默认"选项卡下包括有"绘图"、"修改"、"图层"等面板，如图 1-17 所示。

图 1-17 "默认"选项卡

⊞⊞⊞ 提示

有的面板下侧有一个倒三角按钮▼，单击该按钮会展开
所该面板相关的操作命令，如单击"修改"面板右侧
的倒三角按钮▼，会展开其他相关的命令，如图 1-18
所示。

图 1-18 展开后的"修改"面板

1.3.5 菜单栏

在 AutoCAD 2014 的环境中，默认状态下其菜单栏和工具栏处于隐藏状态。

如果要显示其菜单栏，可以在标题栏"工作空间"右侧单击其倒三角按钮，从弹出的列表框中选择"显示菜单栏"，即可显示 AutoCAD 的常规菜单栏，如图 1-19所示。

图 1-19　显示菜单栏

1.3.6　工具栏

如果要将 AutoCAD 的常规工具栏显示出来，可以选择"工具"｜"工具栏"菜单项，从弹出的下级菜单中选择相应的工具栏即可，如图 1-20 所示。

图 1-20　显示工具栏

1.3.7　绘图区

绘图窗口是用户进行绘图的工作区域，所有的绘图结果都反映在这个窗口中。在绘图窗口中不仅显示当前的绘图结果，而且还显示了用户当前使用的坐标系图标，表示了该坐标系的类型和原点、*X*轴和*Y*轴的方向，如图 1-21 所示。

图 1-21 绘图窗口

1.3.8 命令行

默认情况下，命令行位于绘图区的下方，用于输入系统命令或显示命令的提示信息。用户在面板区、菜单栏或工具栏中选择某个命令时，也会在命令行中显示提示信息，如图 1-22 所示。

```
当前线宽为 0
指定下一个点或 [圆弧(A)/半宽(H)/长度(L)/放弃(U)/宽度(W)]:
指定下一点或 [圆弧(A)/闭合(C)/半宽(H)/长度(L)/放弃(U)/宽度(W)]:
命令:
```

图 1-22 命令行

按 F2 键时，会显示出"AutoCAD 文本窗口"，如图 1-23 所示。此文本窗口也称专业命令窗口，用于记录在窗口中操作的所有命令。在此窗口中输入命令，按 Enter 键可以执行相应的命令。用户可以根据需要改变其窗口的大小，也可以将其拖动为浮动窗口。

图 1-23 文本窗口

1.3.9　状态栏

Note

状态栏位于 AutoCAD 2014 窗口的最下方，用于显示当前光标的状态，如 X、Y、Z 的坐标值。

从左到右为"推断约束"、"捕捉模式"、"栅格显示"、"正交模式"、"极轴追踪"、"对象捕捉"、"三维对象捕捉"、"对象捕捉追踪"、"允许｜禁止动态 UCS"、"动态输入"、"显示｜隐藏线宽"、"显示｜隐藏透明度"、"快捷特性"、"选择循环"等按钮，以及"模型"、"快速查看布局"、"快速查看图形"、"注释比例"、"注释可见性"、"切换空间"、"锁定"、"硬件加速关"、"隔离对象"、"全屏显示"等按钮，如图 1-24 所示。

图 1-24　状态栏

1.4　AutoCAD 2014 的工作空间

不论新版的变化怎样，Autodesk 公司都为新老用户考虑到了 AutoCAD 的经典空间模式，可根据实际工作需要，转换不同的空间。

1.4.1　切换工作空间

首次启动 AutoCAD 2014 软件时，系统将以默认的"草图与注释"界面显示出来，用户可以根据自己的需要选择不同的空间。

在快速访问工具栏中单击"工作空间"后面的小三角按钮；或者在默认的工作界面的状态栏中，单击右下侧的"切换工作空间" 按钮，都可弹出空间列表，从而切换相应的工作空间，如图 1-25 和图 1-26 所示。

图 1-25　切换工作空间（1）

图 1-26　切换工作空间（2）

1.4.2　AutoCAD 的经典空间

不论新版的变化怎样，Autodesk 公司都为新老用户考虑到了 AutoCAD 的经典空间模式。从弹出的菜单列表中选择"AutoCAD 经典"选项，即可将当前空间模式切换到

"AutoCAD 经典"空间模式，如图 1-27 所示。

图 1-27　"AutoCAD 经典"空间

1.4.3　草图与注释空间

划图与注释空间与图 1-23 所示的界面相同，此处不再重复讲解。本书主要采用 AutoCAD 2014 的"草图与注释"界面来贯穿全文进行讲解。

1.4.4　三维基础空间

使用"三维基础"空间可以方便地在三维空间中绘制图形。其选项卡提供了默认、渲染、插入、管理、输出、插件、Autodesk360、精选应用等面板，从而为绘制三维图形、观察图形、创建动画、设置光源、为三维对象附加材质等操作，提供了最基础的绘图环境，如图1-28所示。

图 1-28　"三维基础"空间

1.4.5 三维建模空间

使用"三维建模"空间，可以更加方便地在三维空间中绘制图形。"功能区"选项卡除了"三维基础"的 7 个面板，还包括实体、曲面、注释、布局、视图、网格、参数化等，从而为绘制三维图形、观察图形、创建动画、设置光源、为三维对象附加材质等操作，提供了非常便利的环境，如图 1-29 所示。

图 1-29 "三维建模"空间

1.5 命令调用方式

在 AutoCAD2014 的操作中，有一些基本输入操作方法，将使 AutoCAD 2014 的应用变得更加简单，这些也是 AutoCAD 2014 学习必备的知识。

1.5.1 命令调用的 5 种方法

1. 下拉菜单

在"AutoCAD 经典"模式的绘图窗口中，单击"文件"、"编辑"、"视图"、"插入"、"格式"、"工具"、"绘图"、"标注"、"修改"、"参数"、"窗口"、"帮助"等任何一个菜单，将打开一些下拉列表式的命令选项，比如：单击"绘图"菜单，将打开如图 1-30 所示的命令选项。然后根据需要，选择相应的命令，即可执行该命令。

2．工具栏

在 AutoCAD 中，可以通过单击工具栏中的相应选项，从而快速执行相应的命令，常见的工具栏有"标准"、"样式"、"绘图"、"修改"、"标注"、"图层"等，如图 1-31 所示。

图 1-30　下拉菜单　　　　　　　　　图 1-31　工具栏

3．输入命令

在绘图区域左下侧命令行窗口中，输入"矩形"命令（Rectang）并按 Enter 键，即出现以下一些提示：

```
命令：Retang
指定第一个角点或 [倒角(C)/标高(E)/圆角(F)/厚度(T)/宽度(W)]：
指定另一个角点或 [面积(A)/尺寸(D)/旋转(R)]：
```

4．右键

要使用前面使用过的命令，可以在命令行右击，弹出快捷菜单，在"最近使用的命令"子菜单中选择所需要的命令，如图 1-32 所示。

5．快捷键

用户要重复前面所使用过的命令，可以直接在绘图区右击，弹出快捷菜单，如图 1-33 所示，在菜单第一项就是重复前一步所执行的命令；菜单第二项"最近的输入"的子菜单内是最近使用过的多步命令。

Note

图 1-32　在命令行中右击鼠标的菜单　　　　　图 1-33　在绘图区中右击鼠标的菜单

1.5.2　命令行输入的方法

AutoCAD 中命令的输入方法有以下几种：

1. 在命令行窗口输入命令

输入的命令名字符不分大小写。例如，在命令窗口中输入"圆"命令（Circle）并按
Enter 键，则命令行中将提示如下信息：

```
命令: Circle
指定圆的圆心或 [三点(3P)/两点(2P)/切点、切点、半径(T)]:
                        //在屏幕上指定一点或输入一点的坐标
指定圆的半径或 [直径（D）] <100.00>:
```

选项中未带括号提示的为默认选项，所以可以直接输入直线段的起点坐标或在屏幕
指定一点，如果要选择其他选项，则应该首先直接输入其标识字符，如要选择"放弃"
则应该输入其标识字符"U"，然后按系统提示的输入数据即可。有些命令行中，提示命
令选项内容后面有时会带有尖括号，尖括号内的数值为默认数值。

2. 在命令行窗口中输入命令缩写

AutoCAD 中的快捷键是绘图人员必须要掌握的，基本上 AutoCAD 中的命令都有相
应的快捷键，即命令缩写，如 L（Line）、C（Circle）、A（Arc）、PL（Pline）、Z（Zoom）、
AR（Array）、M（Move）、CO（Copy）、RO（Rotate）、E（Erase）等。

3. 在面板中选取相应的命令

在相应的选项卡中单击相应的按钮，同样会在命令行窗口中给出相应的提示选项，
如图 1-34 所示。

图 1-34　"注释"选项卡

1.5.3　命令中止和重做

在 AutoCAD 环境中绘制图形时，对所执行的操作可以进行中止和重复操作。

1．中止命令

在执行命令过程中，用户可以对任何命令进行中止。可使用以下方法：

◆　快捷键：按 Esc 键。

◆　右键：右击鼠标，从弹出的快捷菜单中选择"取消"命令。

2．重做命令

如果错误地撤销了正确的操作，可以通过"重做"命令进行还原。可使用以下方法：

◆　工具栏：单击"快速访问"工具栏中的"重做"按钮。

◆　快捷键：按下 Ctrl+Y 组合键，进行撤销最近一次操作；

◆　命令行：在命令行输入"Redo"命令并按 Enter 键。

> **提示——命令的重复**
>
> 在命令行中直接按 Enter 键或空格键，可重复调用上一个命令，不管上一个命令是完成了还是被取消了。

1.5.4　取消操作

在命令执行的任何时刻，都可以取消命令的执行。可使用以下方法：

◆　工具栏：单击快速访问工具栏中的"放弃"按钮。

◆　快捷键：按 Ctrl+Z 组合键。

◆　命令行：在命令行输入"Undo"命令并按 Enter 键。

1.6　AutoCAD 文件操作

1.6.1　文件的新建

通常用户在绘制图形之前，首先要创建新图的绘图环境和图形文件。可使用以下方法：

◆　工具栏：在快速访问工具栏中单击"新建"按钮。

◆　快捷键：按 Ctrl+N 组合键。

◆　命令行：在命令行输入"New"命令并按 Enter 键。

上述命令执行后，系统会自动弹出"选择样板"对话框，如图 1-35 所示，在"文件类型"下拉表中有 3 种格式的图形样板，后缀分别是".dwt、.dwg、.dws"。

图 1-35 "选择样板"对话框

每种图形样板文件中，系统都会根据所绘图形的任务要求进行统一的图形设置，包括绘图单位类型和精度要求、捕捉、栅格、图层、图框等前期准备工作。

提示技巧——样板文件的类型

一般情况下，.dwt 格式的文件为标准样板文件，通常将一些规定的标准性的样板文件设置为.dwt 格式文件；.dwg 格式文件是普通样板文件；而.dws 格式文件是包含标准图层、标准样式、线性和文字样式的样板文件。

1.6.2 文件的打开

要将已存在的图形文件打开，可使用以下方法：

- ◇ 工具栏：单击快速访问工具栏中的"打开"按钮 📂。
- ◇ 快捷键：按 Ctrl+O 组合键。
- ◇ 命令行：在命令行输入"Open"命令并按 Enter 键。

上述命令执行后，系统将自动弹出"选择文件"对话框，如图 1-36 所示，在"文件类型"下拉中有.dwg 文件、.dwt 文件、.dxf 和.dws 文件供用户选择。

图 1-36　"选择文件"对话框

▦ 提示

.dxf 格式文件是用文本形式存储图形文件，能够被其他程序读取。

▦ 提示技巧——文件的局部打开

在"选择文件"对话框的"打开"按钮右侧有一个倒三角按钮，单击它将显示 4 种打开文件的方式，即"打开"、"以只读方式打开"、"局部打开"和"以只读方式局部打开"，如图 1-37 所示。

图 1-37　局部打开图形文件

1.6.3　文件的保存

对文件操作时，养成随时保存文件的好习惯，以便出现电源故障或发生其他意外情况时防止图形文件及其数据丢失。要将当前视图中的文件进行保存，可使用以下方法：

◇ 工具栏：在快速访问工具栏中单击"保存"按钮 🖫。

◇ 快捷键：按 Ctrl+S 组合键。

◇ 命令行：在命令行输入"Save"命令并按 Enter 键。

上述命令执行后，若该需要保存的文件在绘制前已命名，则系统会自动将内容保存到该命名的文件中，若该文件属于未命名（即为默认名 drawing1.dwg），系统会弹出"图形另存为"对话框，如图 1-38 所示，用户可以命名保存。

图 1-38 "图形另存为"对话框

提示技巧——设置文件自动保存间隔时间

在绘制图形时，可以设置自动定时来保存图形。选择"工具"｜"选项"命令，在弹出的"选项"对话框中选择"打开和保存"选项卡，勾选"自动保存"复选框，然后在"保存间隔分钟数"文本框中输入一个定时保存的时间（分钟），如图 1-39 所示。

图1-39 定时保存图形文件的设置

1.6.4　文件的另存为

如果要将当前文件另外保存为一个新的文件，可以使用以下方法：

◇　工具栏：单击快速访问工具栏中的"另存为"按钮 。

◇　快捷键：按 Ctrl+Shift+S 组合键。

◇　命令行：在命令行输入"Saveas"命令并按 Enter 键。

上述命令执行后，系统同样会弹出"图形另存为"对话框，与图 1-38 相同。

1.6.5　文件的查找

使用名称、位置和修改日期等过滤器搜索文件，首先应执行"打开"命令，在打开的"选择文件"对话框中，单击右个角的"工具"按钮。

在弹出的下拉菜单中选择"查找"命令；此时弹出"查找"对话框，在"名称"文本框中输入需要查找的图形文件名称，并对"类型"、"查找范围"等进行设置，最后单击"开始查找"按钮，如图 1-40 所示。

图 1-40　文件的查找

1.6.6　文件的输出

绘制好 AutoCAD 图形文件后，可以进行不同格式的输出。可以使用以下方法：

◇　菜单栏：单击窗口的最左上角大"A"按钮，在出现的下拉菜单中选择"输出"命令，提供一些如.DWF、.PDF、.DGN、.FBX 等格式的文件类型，如图 1-41 所示。

◇　命令行：输入或动态输入"Export"命令。

启动命令，弹出"输出数据"对话框，在"文件类型"下拉列表中选择文件的输出类型，如图元文件、ACIS、平板印刷、封装 PS、DXX 提取、位图等，然后单击"保存"

按钮，将切换到绘图窗口中，可以选择需要以指定格式保存的对象，如图 1-42 所示。

图 1-41　菜单浏览器中选择"输出"命令

图 1-42　文件的输出

输出 AutoCAD 图形文件时，支持以下几种输出格式，其具体含义如下：

❖ dwf：同 Dwfx 格式一样，将选定对象输出为 3D Studio MAX 可接受的格式。

❖ wmf：将选定的对象以 Windows 图元文件格式保存。

❖ sat：将选定对象输出为 ASCII 格式。

❖ stl：将选定对象输出为实体对象立体画格式。

❖ eps：将选定对象输出为封装 PostScript 格式。

❖ dxx：将选定对象输出为 DXX 属性抽取格式。

❖ bmp：将选定对象输出为设备无关的位图格式。

❖ dwg：将选定对象输出为 AutoCAD 图形块格式。

❖ dng：将选定对象输出为数字负片（DNG）格式，DNG 是一种用于数码照相机生成的原始数据文件的公共存档格式。

1.7　实战演练

1.7.1　初试身手——通过帮助文件学习圆（Circle）命令

视频\01\学习圆（Circle）命令.avi

　　启动 AutoCAD 2014 软件，通过按 F1 键，在打开的"帮助"文件中搜索"Circle"，将打开一系列学习该命令的方法和相关知识。

Step 01　正常启动 AutoCAD 2014 软件，按 F1 键，将弹出"AutoCAD 2014—Simplified Chinese—帮助"对话框，如图 1-43 所示。

图 1-43　"帮助"对话框

Step 02　在对话框的"搜索"选项卡，在空白文本框中输入"Circle"，按 Enter 键，在右侧会出现相关内容，如图 1-44 所示。

Step 03　然后通过右侧的滑动块向下滑动，滑动到中间的位置，学习该命令的相关知识，如图 1-45 所示。

图 1-44　出现的"Circle"相关信息

图 1-45　出现的"Circle"相关信息

Step 04　然后通过右侧的滑动块向下滑动，滑动到底端的位置，学习该命令的相关知识，如图 1-46 所示。

图 1-46　出现的"Circle"相关信息

1.7.2　深入训练——加密保存文件

视频\01\给文件加密.avi

　　用户可以将 AutoCAD 中绘制的图形文件进行加密保存，使不知道密码的用户不能打开该图形文件。可以根据以下操作步骤来进行文件的加密：

Step 01　正常启动 AutoCAD 2014 软件，在快速访问工具栏中单击"保存"按钮，在弹出的"图形另存为"对话框中，单击右上侧的"工具"按钮，将弹出一个下拉菜单，从中选择"安全选项"命令，将弹出"安全选项"对话框，输入两次相同的密码，然后单击"确定"按钮，如图 1-47 所示。

图 1-47　对图形文件加密

Step 02 在随后弹出的"确认密码"对话框中，再次输入先前密码进行确认，然后单击"确定"按钮，即可对图形文件进行加密，如图 1-48 所示。

⁞⁞⁞⁞⁞ 提示技巧——加密文件的打开

对文件进行加密保存后，下次再打开该图形文件时，系统将弹出"密码"对话框，并提示用户输入正确的密码才能打开，如图 1-49 所示。

图 1-48 输入确认密码

图 1-49 打开加密的文件

1.7.3 熟能生巧——多个打开文件的平铺设置

视频\01\多个文件的平铺设置.avi
案例\01\扳手、连接螺母、手抡.dwg

在 AutoCAD 中用户可以一次性打开多个相同类型的文件，并且可以通过多种平铺方式来显示所打开的文件窗口。操作步骤如下：

Step 01 正常启动 AutoCAD 2014 软件，在快速访问工具栏中单击"打开"按钮⬚，在"选择文件"对话框找到"案例\01"文件下面的"扳手"、"连接螺母"和"手抡"3个".dwg"文件，如图 1-50 所示。

图 1-50 "选择文件"对话框

Step 02 选中这 3 个文件，再单击"打开"按钮，即可将 3 个文件同时打开。默认情况下，窗口显示最后打开的"手抡"图形文件，如图 1-51 所示。

图 1-51　打开的文件

Step 03 单击"视图"标签中"用户界面"面板下的"层叠"按钮，如图 1-52 所示，将打开的 3 个文件以层叠方式排列，如图 1-53 所示。分别在相应的图形标题栏上单击，即可切换该文件为当前文件。

图 1-52　单击"层叠"按钮

图 1-53　层叠效果

Step 04 同样，单击"用户界面"面板下的"水平平铺"按钮，则将所打开的文件进行水平平铺显示，如图 1-54 所示。

Step 05 若单击"垂直平铺"按钮，则将其打开的文件进行垂直平铺显示，如图 1-55 所示。

图 1-54　水平平铺效果　　　　　　　图 1-55　垂直平铺效果

1.8　本章小结

　　本章主要讲解了 AutoCAD 2014 的基础知识，包括 AutoCAD 的基本功能，如绘图、修改、编辑、标注、渲染、输入等；AutoCAD 2014 的启动与退出方法；AutoCAD 2014 的操作界面与工作空间，CAD 命令的 5 种调用方法和命令的输入方法及 CAD 文件的操作等，最后通过实战演练来学习 AutoCAD 帮助方件的使用方法、文件的加密操作、打开多个文件并平铺的设置方法等，从而为后面的学习打下坚实的基础。

第2章

AutoCAD 2014的绘图准备

　　要想灵活、方便、自如地在 AutoCAD 2014 环境中绘制图样，首先应该熟练掌握 AutoCAD 系统中的坐标输入方法、精确捕捉与追踪、视图的缩放与平移、图层的控制等知识要点。

内容要点

- ◆　各种坐标的输入方法
- ◆　图层的设置和控制
- ◆　视图的缩放
- ◆　绘图环境的设置
- ◆　精确捕捉与追踪设置

2.1 AutoCAD 坐标系

AutoCAD的图形定位，主要是由坐标系进行确定，使用AutoCAD的坐标系，首先要了解AutoCAD坐标系概念和坐标输入方法。

2.1.1 AutoCAD 中坐标系的认识

坐标系又称编程坐标系，由 X 和 Y 轴、原点构成。坐标原点可以自由选择，原则是方便计算，能简化编程，容易找正，尽可能选在零件的设计基准或工艺基准上。在 AutoCAD 中，包括 3 种坐标系，分别是笛卡儿坐标系统、世界坐标系统和用户坐标系统。

1. 笛卡儿坐标系

AutoCAD 采用笛卡儿坐标系来确定位置，该坐标系也称绝对坐标系。在进入 AutoCAD 绘图区时，系统自动进入笛卡儿坐标系第一象限，其原点在绘图区内的左下角点。

2. 世界坐标系

世界坐标系（World Coordinate System）简称 WCS，是 AutoCAD 的基础坐标系统，它由 2 个相互垂直相交的坐标轴 X、Y 和 Z 轴组成。在绘制和编辑图形的过程中，WCS 是预设的坐标系统，其坐标原点和坐标轴都不会改变。

在默认情况下，X 轴以水平向右为正方向，Y 轴以垂直向上为正方向，Z 轴以垂直屏幕向外为正方向，坐标原点在绘图区左下角，世界坐标轴的交汇处显示方形标记"□"，如图 2-1 所示。

> **:::: 提示**
>
> 在二维平面绘图中绘制和编辑图形时，只需输入 X 轴和 Y 轴坐标，而 Z 轴的坐标值由系统自动赋值为 0。

3. 用户坐标系

在绘制三维图形时，需要经常改变坐标系的原点和坐标方向，使绘图更加方便，AutoCAD 提供了可改变坐标原点的坐标方向的坐标系，即用户坐标系，简称 UCS。

在用户坐标系中，可以任意指定或移动原点和选择坐标轴，从而将世界坐标系改为用户坐标系，用户坐标轴的交汇处没有方形标记"□"，如图 2-2 所示。

图 2-1　世界坐标系　　　　　　　　　图 2-2　用户坐标系

⠿ 提示——WCS与UCS坐标系的转换

用户要改变坐标的位置，首先在命令行中输入"UCS"命令，此时使用鼠标指针将坐标移至新的位置，然后按 Enter 键即可。若要将用户坐标系改为世界坐标系，在命令行中输入"UCS"命令，然后在命令行中选择"世界（W）"选项，则其坐标轴位置回到原点位置。

2.1.2　坐标的输入

用户在绘制图形的过程中，要确定相应的位置点时，除了采用捕捉关键特征点外，最主要的是通过键盘的方式来输入坐标位置点。在 AutoCAD 中坐标的输入主要有 3 种：输入绝对坐标、输入相对坐标、输入相对极坐标。

1. 绝对坐标

绝对坐标分为绝对直角坐标和绝对极轴坐标两种。其中绝对直角坐标以笛卡儿坐标系的原点（0,0,0）为基点定位，用户可以通过输入（X,Y,Z）坐标的方式来定义一个点的位置。

图 2-3　绝对坐标示意图

例如，在如图 2-3 所示的图形中，A 点绝对坐标为原点坐标（0,0,0），B 点的绝对坐标为（20,0,0），C 点的绝对坐标为（20,20,0），D 点的绝对坐标为（0,20,0）。

2. 相对坐标

相对坐标是以上一点为坐标原点确定下一点的位置。输入相对于一点坐标（x, y, z）增量为（X+,Y+,Z+）的坐标时，格式为（@X+,Y+,Z+）。其中"@"字符是指定与上一个点的偏移量。在输入"@"字符时，即在英文输入法状态下，按 Shift+2 组合键即可得到该字符。

例如，在如图 2-4 所示的图形中，A 点相对地原点的坐标（@25,25），B 点相对于 A 点坐标为（@125,0），C 点相对于 B 点的坐标为（@75,0），D 点相对于 C 点坐标为（@-125,00）。

3. 相对极坐标

相对极坐标是以上一点为参考极点，通过输入极距增量和角度值来定义下一个点的位置。其输入格式为（@距离<角度）。

Note

例如，在如图 2-5 所示的图形中，A 点相对于原点的坐标为（@25,25），B 点相对于 A 点的极坐标为（@100<30），C 点相对于 B 点的极坐标为（@60<160）。

图 2-4　相对坐标示意图

图 2-5　相对极坐标示意图

> **提示与技巧——坐标的输入**
>
> AutoCAD 2014 不能连续地输入绝对坐标，用绝对坐标输入基点后，将会使用相对坐标输入其他点，当图形确定后相对坐标值就很清楚了，这样绘图更加方便，不用再计算绝对坐标值。在输入的坐标值中，（10,10）和（40,10）都是相对于坐标原点（0,0）而定的，称为绝对值坐标。而（@30,<120），是相对于第二点来定的，称为相对值坐标，前面有个"@"符号，是相对符号，"30"代表距离，"<120"代表角度。

2.1.3　坐标值的显示

在 AutoCAD 中，坐标的显示方式有 3 种，它取决于所选择的方式和程序中运行的命令，用户可单击状态栏的坐标显示区域，在这 3 种方式之间进行切换，如图 2-6 所示。

模式 0：静态显示	0.7330, -3.9760, 0.0000	2.4359< 151 , 0.0000
	模式 1：动态显示	模式 2：距离和角度显示

图 2-6　坐标的 3 种显示方式

◇ 模式 0：显示上一个拾取点的绝对坐标。此时，指针坐标不能动态更新，只有在拾取一个新点时，显示才会更新。但是，从键盘输入一个新点坐标时，不会改变该显示方式。

◇ 模式 1：显示光标的绝对坐标，该值是动态更新的，默认情况下，显示方式是打开的。

◇ 模式 2：显示一个相对极坐标。当选择该方式时，如果当前处在拾取点状态，系统将显示光标所在位置相对于上一个点的距离和角度。当离开拾取点状态时，系统将恢复到模式 1。

2.2　设置绘图环境

为了提高绘图的效率，在使用 AutoCAD 绘图之前，首先应对绘图环境进行设置，以适合用户自己习惯的操作环境。

2.2.1　设置图形界限

AutoCAD 中的空间是无限大的，但可以通过以下方法设置图形绘图界限：

◇　命令行：输入命令 "Limits" 并按 Enter 键。

执行图形界限命令后，此时在命令行中，将提示设置左下角点和右上角点的坐标值。例如：要设置 A3 幅面的图形界限，其操作提示如图 2-7 所示。

图 2-7　设置图形单位

2.2.2　设置绘图单位

在 AutoCAD 中，用户可以采用 1:1 的比例因子绘图，也可以指定单位的显示格式。对绘图单位的设置一般包括长度单位和角度单位的设置。

在 AutoCAD 中，可以通过以下的方法设置图形格式：

◇　命令行：输入命令 "Units" （快捷命令为 "UN"）并按 Enter 键。

启动命令后，将弹出如图 2-8 所示的 "图形单位" 对话框，在该对话框中可以对图形单位进行设置。

单击 "方向" 按钮，弹出的 "方向控制" 对话框，如图 2-9 所示，可以设置起始角度（OB）的方向。在 AutoCAD 的默认设置中，OB 方向是指向右（亦即正东）的方向，逆时针方向为角度增加的正方向。

图 2-8　"图形单位" 对话框

图 2-9　"方向控制" 对话框

Note

::::: 提示与技巧

用于创建对象、测量距离以及显示坐标位置的单位格式与创建标的标注单位设置是分开的；角度的测量可以使正值以顺时针测量或逆时针测量，0°角可以设置为任意位置。

一般情况下，AutoCAD 采用实际的测量单位来绘制图形，等完成图形绘制后，再按一定的缩放比例来输出图形。AutoCAD 默认的与工程制图中最常用的单位均是毫米（mm）。

2.2.3　设置绘图环境

在绘制图形之前，用户应对绘图的环境进行设置，包括线型、线宽和线条颜色、屏幕背景、选择模式等。不同的图形对象对 AutoCAD 的绘图环境有不同的要求。

1. 显示配置

在命令行输入"OP"命令，将弹出"选项"对话框，切换到"显示"选项卡，可以设置绘图工作界面的显示格式、图形显示精度等显示性能方面的设置，如图 2-10 所示。

图 2-10　"显示"选项卡

在"显示"选项卡中，各主要选项的含义如下：

（1）"窗口元素"选项组：设置绘图工作界面各窗口元素的显示样式。

◇　"在图形窗口中显示滚动条"复选框：用于确定是否在绘图工作界面上显示滚动条，勾选则显示，否则不显示。

◇　"颜色"按钮：设置 AutoCAD 工作界面中各窗口元素的颜色（如命令行背景颜色、命令行文字颜色等）。单击该按钮，AutoCAD 弹出"图形窗口颜色"对话框，如图 2-11 所示。

◇　"字体"按钮：设置命令行的字体。单击此按钮，将弹出"命令行窗口字体"对话框。可利用此对话框设置命令行的字体、字形、字号等，如图 2-12 所示。

（2）"布局元素"选项组：设置布局中的有关元素，包括是否显示布局与模型选项卡、是否显示打印区域、是否显示图纸背景、是否在新布局中创建视口等。

图 2-11　"图形窗口颜色"对话框　　　　图 2-12　"命令行窗口字体"对话框

（3）"显示精度"选项组：控制对象的显示效果。

◇ "圆弧和圆的平滑度"文本框：用于控制圆、圆弧、椭圆、椭圆弧的平滑度，有效取值范围是 1~20000，默认值为 100。值越大，所显示图形对象就越光滑，但 AutoCAD 实现重新生成、显示缩放、显示移动时用的时间就越长。

◇ "每条多段线曲线的线段数"文本框：设置每条多段线曲线的线段数，有效取值范围是-32767~32767，默认值为 8。

◇ "渲染对象的平滑度"文本框：确定实体对象着色或渲染时的平滑度，有效取值范围 0.01~10.00，默认值是 0.5。

◇ "每个曲面的轮廓索线"文本框：确定对象上每个曲面的轮廓索线数，有效取值范围是 0~2047，默认值为 4。

（4）"显示性能"选项组：控制影响 AutoCAD 性能的显示设置。限于篇幅，该选项组各参数含义在此不再赘述。

（5）"十字光标大小"选项组：确定光标十字线的长度，该长度用绘图区域宽度的百分比表示，有效取值范围是 0~100。可直接在文本框中输入具体数值，也可通过拖动滑块来调整。

（6）"淡入度控制"选项组：确定外部参照、在位编辑和注释性表示时的淡入度效果。

> ┅┅ 提示
>
> "显示精度"和"显示性能"选项组用于设置着色对象的平滑度、每个曲面轮廓线数等。所有这些设置均会影响系统的刷新时间与速度，从而影响用户操作程序时的流畅性。

2．系统配置

在"选项"对话框的"系统"选项卡中，用于设定 AutoCAD 的一些系统参数，如图 2-13 所示。

图 2-13　"系统"选项卡

在"系统"选项卡中，各主要选项的含义如下：

（1）"三维性能"选项组：确定与三维图形显示系统的系统特性和配置有关的设置。

◇　"性能设置"按钮：单击该按钮，AutoCAD 2012 将弹出如图 2-14 所示的"自适应降级和性能调节"对话框，用户可利用此对话框进行相应的配置。

图 2-14　"自适应降级和性能调节"对话框

（2）"当前定点设备"选项组：确定与定点设备有关的选项。选项组中的下拉列表中列出了当前可以使用的定点设备，用户可根据需要选择。

（3）"常规选项"选项组：控制与系统设置有关的基本选项。限于篇幅，该选项组各参数含义在此不再赘述。

3．系统绘图

"选项"对话框的"绘图"选项卡是用来进行自动捕捉、自动追踪功能的一些设置，如图 2-15 所示。

图 2-15　"绘图"选项卡

在"绘图"选项卡中，各主要选项的含义如下：

（1）"自动捕捉设置"选项组：控制与自动捕捉有关的一些设置。限于篇幅，该选项组各参数含义在此不再赘述。

（2）"自动捕捉标记大小"滑块：确定自动捕捉时的捕捉标记大小，可通过相应的滑块进行调整。

（3）"AutoTrack 设置"选项组：控制与极轴追踪有关的设置。

（4）"对齐点获取"选项组：确定启用对象捕捉追踪功能后，AutoCAD 是自动进行追踪，还是按 Shift 键后再进行追踪。

（5）"靶框大小"滑块：确定靶框大小，通过移动滑块的方式进行调整。

3．系统选择集

"选项"对话框中的"选择集"选项卡用来进行选择集模式、夹点功能等的一些设置，如图 2-16 所示。

图 2-16　"选择集"选项卡

在"选择集"选项卡中，各主要选项的含义如下：

（1）"拾取框大小"滑块：确定拾取框的大小，通过移动滑块的方式调整。

（2）"选择集模式"选项组：确定构成选择集的可用模式。限于篇幅，该选项组各参数含义在此不再赘述。

（3）"夹点尺寸"滑块：确定夹点的大小，通过相应的滑块调整即可。

（4）"夹点"选项组：确定与采用"夹点"功能进行编辑操作的有关设置。

❖ "夹点颜色"按钮：单击该按钮，将弹出"夹点颜色"对话框，从而设置夹点在不同状态下的颜色，如图 2-17 所示。

　✓ "显示夹点"复选框：当用户选择图形对象时，是否显示夹点符号。

　✓ "在块中显示夹点"复选框：勾选此框，则用户在选择块中的各对象时均显示对象本身的夹点，否则只将插入点作为夹点显示。

　✓ "显示夹点提示"复选框：当用户在选择对象的某个夹点时，是否显示其夹点的提示功能。

　✓ "显示动态夹点菜单"复选框：当用户在选择对象的某个夹点时，是否显示其动态夹点菜单功能，如图 2-18 所示。

　✓ "允许按 Ctrl 键循环改变对象编辑方式行为"复选框：确定是否可按 Ctrl 键来改变对象的编辑方式。

　✓ "对组显示单个夹点"复选框：确定是否显示对象组的单个夹点。

　✓ "对组显示边界框"复选框：确定是否围绕编组对象的范围显示边界框。

　✓ "选择对象时限制显示的夹点数"文本框：当选择复杂对象时，确定所显示的最多夹点数量。默认值为 100，大于默认值则不显示夹点。

图 2-17　"夹点颜色"对话框

图 2-18　显示的动态夹点菜单

2.3　图层的设置与控制

在学习绘制图形之前，首先需要对图层的含义与作用有一个清楚的认识。图层就像一张张透明的图纸重叠在一起，用户可以通过图层编辑和调整图形对象，在不同的图层中绘制不同的对象。

2.3.1　图层的概念

在 AutoCAD 2014 绘图过程中，使用图层是一种最基本的操作，也是最有利的工作之一，它对图形文件中各类实体的分类管理和综合控制具有重要的意义。归纳起来主要有以下特点：

- ✧　节省存储空间。
- ✧　能够统一控制同一图层对象的颜色、线条宽度、线型等属性。
- ✧　能够统一控制同类图形实体的显示、冻结等特性。
- ✧　在同一图形中可以建立任意数量的图层，且同一图层的实体数量也没有限制。
- ✧　各图层具有相同的性质、绘图界限及显示时的缩放倍数，可同时对不同图层上的对象进行编辑操作。

> **::::: 提示与技巧**
>
> 每个图形都包括名称为 0 的图层，该图层不能删除或者重命名。它有两个用途：一是确保每个图形中至少包括一个图层；二是提供与块中的控制颜色相关的特殊图层。但是可以设定该图层的相关属性，比如颜色、线型等。

2.3.2　创建图层

默认情况下，"图层 0"将被指定使用 7 号颜色（白色或黑色，由背景色决定）、Continuous 线型、"默认"线宽及 Normal 打印样式。在绘图过程中，如果要使用更多的图层来组织图形，就需要先创建新的图层。

用户可以通过以下方法来打开"图层特性管理器"面板见图 2-19：

- ✧　命令行：在命令行输入或动态输入"Layer"命令（快捷命令 **LA**）并按 Enter 键。
- ✧　面板：单击"常用"标签下→"图层"面板中的"图层特性"按钮。

图 2-19　"图层特性管理器"面板

在"图层特性管理器"面板中单击"新建图层"按钮，在图层的列表中将出现一个名称为"图层 1"的新图层。如果要更改图层名称，可单击该图层名，或者按 F2 键，然后输入一个新的图层名并按 Enter 键即可。

> ·:::::· 经验分享——图层命名的约定
>
> 要快速创建多个图层，可以选择用于编辑的图层名并用逗号隔开输入多个图层名。但在输入图层名时，图层名最长可达 255 个字符，可以是数字、字母或其他字符，但不能允许有>、<、|、\、""、:、|、=等，否则系统将弹出如图 2-20 所示的警告框。

图 2-20 警告框

2.3.3 删除图层

要删除图层，在"图层特性管理器"面板中选择需要删除的图层，然后单击"删除图层"按钮❎或按 Alt+D 组合键。

如果要同时删除多个图层，可以配合 Ctrl 键或 Shift 键来选择多个连续或不连续的图层。

> ·:::::· 经验分享——玩固图层的删除
>
> 有时用户在删除图层时，系统提示该图层不能删除等，这时可以使用以下几种方法进行删除操作：
>
> ❖ 将无用的图层关闭，选择全部内容，按 Ctrl+C 组合键执行复制命令，然后新键一个.dwg 文件，按 Ctrl+V 组合键进行粘贴，这时那些无用的图层就不会粘贴过来。但是，如果曾经在这个不要的图层中定义过块，又在另一个图层中插入了这个块，那么这个不要的图层是不能用这种方法删除。
>
> ❖ 选择需要留下的图层，选择"文件"|"输出"菜单命令，确定文件名，在文件类型栏选择"块.dwg"选项，然后单击"保存"按钮，这样的块文件就是选中部分的图形，如果这些图形中没有指定的层，这些层也不会被保存到新的块图形中。
>
> ❖ 打开一个 CAD 文件，先关闭要删除的层，在图面上只留下用户需要的可见图形，选择"文件"|"另存为"菜单命令，确定文件名，在文件类型栏选择"*.dxf"选项，在弹出的对话框中选择"工具"→"选项"→"DXF"选项，再在选项对象处打勾，然后依次单击"确定"和"保存"按钮，此时就可以选择保存的对象了，将可见或要用的图形选上即可确定保存，完成后退出这个刚保存的文件，再打开该文件查看，会发现不需要的图层已经删除了。
>
> ❖ 用命令 Laytrans 将需要删除的图层映射为"0"图层即可，这个方法可以删除具有实体对象或被其他块嵌套定义的图层。

2.3.4　设置当前图层

在 AutoCAD 中绘制的图形对象，都是在当前图层中进行的，且所绘制图形对象的属性也将继承当前图层的属性。

◇　在"图层特性管理器"面板中选择一个图层，并单击"置为当前"按钮 ✔，即可将该图层置为当前图层，并在图层名称前面显示 ✔ 标记，如图 2-21 所示。

◇　在"图层"面板"图层控制"下拉列表中选择需要设置为当前的图层即可，如图 2-22 所示。

图 2-21　设置当前图层

图 2-22　选择图层

◇　在"图层"面板中单击"将对象的图层设为当前图层" 📁 按钮，然后选择指定的对象，即可将选择的图形对象置为当前图层，如图 2-23 所示。

图 2-23　"图层"面板

经验分享——使用"Laymcur"转换当前层

在命令行使用"Laymcur"命令，根据命令行的提示，选择需要置为当前图层上的图形对象。例如：当前图层为"轴线"，执行该命令后，选择"墙体"图层上任何一个对象，即可快速将"墙体"图层置为当前层。

◇ 在命令行中输入"CLayer"命令，根据命令行的提示，如图 2-24 所示。输入新的图层名称，即可快速切换到该图层。例如：当前图层为"尺寸线层"，执行该命令，输入需要切换的图层名称"虚线层"，即可快速将当前图层切换为"虚线层"。

```
命令：_CLAYER                                      //执行命令
输入 CLAYER 的新值 <"尺寸线层">：虚线层              //输入新的图层名"虚线层"
```

图 2-24 命令行提示

⁂ 提示与技巧

使用"CLayer"命令切换图层时，一般使用在绘制的图形较大，而且图形对象较多，即使从图层下拉列表中，也难以快速找到该图层。这就要求读者在绘制图形前，建立图层时对图层进行简单易记的名称，从而快速切换到该图层。

2.3.5 转换图层

对象的转换图层是指将一个图层中的图形转换到另一个图层中。例如：将"图层 1"中的图形转换到"图层 2"中，被转换后的图形颜色、线型、线宽将拥有"图层 2"的特性。

在需要转换图层时，需要先在绘图区选择需要转换的图形，然后单击"图层"面板中的"图层"下拉列表，如图 2-25 所示，在其中选择要转换到的图层即可。

图 2-25 转换图层

提示

在选择对象时，如果需要选择同一图层上的所有对象，可使用命令"Select"命令，或者在绘图区域右击，在弹出的快捷菜单中选择"快速选择"命令，如图 2-26 所示；都将弹出"快速选择"对话框，如图 2-27 所示，然后根据不同的要求，设置不同的参数，即可快速选择同一图层、同一颜色、同一线型等的对象，从而可以大大提高工作效率。

图 2-26　右击打开的快捷菜单

图 2-27　"快速选择"对话框

2.3.6　设置图层特性

1．设置颜色

颜色在图形中具有非常重要的作用，可用来表示不同的组件、功能和区域。图层的颜色实际上是图层中图形对象的颜色。

◇　命令行：输入或动态输入"color"命令（快捷命令为 COL）并按 Enter 键。

◇　面板：单击"常用"标签下"特性"面板中的"对象颜色"按钮。

启动命令后，在"图层特性管理器"面板某个图层名称的"颜色"列中单击，可弹出"选择颜色"对话框，根据需要选择不同的颜色即可，如图 2-28 所示。

图 2-28　设置图层颜色

> **经验分享——图层颜色的分类**
>
> 一般情况，不同的图层使用不同的颜色。这样使用户在绘图过程中能更方便地从颜色上区分图形对象。如果两个图层使用同一颜色，那么在显示时就很难判断正在操作的对象是在哪一个图层上。

2. 设置线型

线型在 AutoCAD 中是指图形基本元素中线条的组成和显示方式，如虚线、实线、点划线等。

  ◇ 命令行：输入或动态输入"linetype"命令（快捷命令为 **LT**）并按 Enter 键。
  ◇ 面板：单击"常用"标签下"特性"面板中的"线型"按钮。

启动命令，在"图层特性管理器"面板某个图层名称的"线型"列中单击，将弹出"线型管理器"对话框，从中选择相应的线型即可，如图 2-29 所示。

图 2-29　设置图层线型

在"线型管理器"对话框中单击"加载"按钮可以弹出"加载或重载线型"对话框，从而可将更多的线型加载到"线型管理器"对话框中，如图 2-30 所示。

在 AutoCAD 中所提供的线型库文件有 acad.lin 和 acadiso.lin。在英制测量系统下使用 acad.lin 线型库文件中的线型；在公制测量系统下使用 acadiso.lin 线型库文件中的线型。

3. 设置线宽

用户在绘制图形的过程中，应根据设计需要设置不同的线宽，以便于更直观地区分对象。

  ◇ 命令行：输入或动态输入"lweight"命令（快捷命令为 **LW**）并按 Enter 键。
  ◇ 面板：单击"常用"标签下"特性"面板中的"线宽"按钮。

启动命令后，在"图层特性管理器"面板某个图层名称的"线宽"列中单击，可弹出"线宽设置"对话框，从中选择相应的线宽即可，如图 2-31 所示。

图 2-30　"加载或重载线型"对话框

图 2-31　"线宽设置"对话框

设置了线型的线宽后，应在底侧状态栏中激活"线宽"按钮 ✚，才能在视图中显示出所设置的线宽。如果在"线宽设置"对话框中调整了不同的线宽显示比例，则视图中显示的线宽效果也将不同，如图 2-32 所示。

图 2-32　设置线型宽度

4．设置打印

打印样式可以应用于对象或图层。更改图层的打印样式可以替换对象的颜色、线型和线宽，以至于修改打印图形的外观。

在"图层特性管理器"面板中，在相应图层的"打印"位置单击"打印" 🖶 按钮，此时将变成"不打印" 🖶 按钮。若再次单击该按钮，则又还原为"打印" 🖶 按钮，如图 2-33 所示。

图 2-33　设置打印

Note

颜色的选择应该根据打印时线宽的粗细来选择。打印时，线型设置越宽，该图层就应该选用越亮的颜色，这样可以在屏幕上直观地反映出线型的粗细。

如果图层设置为打印图层，但该图层若在当前图形中是冻结或者是关闭的，那么AutoCAD 不打印该图层。

关闭图层打印只对图形中的可见图层有效，即图层是打开且解冻的。在命令行使用"Plotstyle"命令，将弹出如图 2-34 所示的警告框。

图 2-34　打印样式

如果正在使用颜色相关打印样式模式（系统变量 PSTYLEPOLICY 设置为 1），此选项将不可用。

2.3.7　设置图层状态

在"图层特性管理器"面板中，其图层状态包括图层的"开 | 关"、"冻结 | 解冻"、"锁定 | 解锁"等；同样，在"图层"工具栏中，用户也能设置并管理各图层的特性，如图 2-35 所示。

图 2-35　图层状态

◆ "开 | 关"图层：在"图层"工具栏的列表框中，单击相应图层的小灯泡图标 💡，可以打开或关闭图层的显示与否。在打开状态下，灯泡的颜色为黄色，该图层的对象将显示在视图中，也可以在输出设置上打印；在关闭状态下，灯泡的颜色转为灰色 💡，该图层的对象不能在视图中显示出来，也不能打印出来，如图 2-36 所示为打开或关闭图层的对比效果。

◆ "冻结 | 解冻"图层：在"图层"工具栏的列表框中，单击相应图层的太阳 ☀ 或雪花 ❄ 图标，可以冻结或解冻图层。在图层被冻结时，显示为雪花 ❄ 图标，其图层的图形对象不能被显示和打印出来，也不能编辑或修改图层上的图形对象；在图层被解冻时，显示为太阳 ☀ 图标，此时图层上的对象可以被编辑。

图 2-36　"显示与关闭"图层的比较效果

❖ "锁定｜解锁"图层：在"图层"工具栏的列表框中，单击相应图层的小锁 图标，可以锁定或解锁图层。在图层被锁定时，显示为 图标，此时不能编辑锁定图层上的对象，但仍然可以在锁定的图层上绘制新的图形对象。

提示

关闭图层与冻结图层的区别在于：冻结图层可以减少系统重生成图形的计算时间。若用户的计算机性能较好，且所绘制的图形较为简单，一般不会感觉到图层冻结的优越性。

2.4　AutoCAD 精确捕捉与追踪

在实际绘图中，用鼠标定位虽然方便快捷，但精度不高，绘制的图形很不精确，远不能满足制图的要求，这时可以使用系统提供的绘图辅助功能。

在使用这些辅助绘图功能之前，首先应对其辅助功能进行设置，可采用以下的方法来打开"草图设置"对话框进行设置。

❖ 状态栏：在状态栏的"辅助工具区"的任意一个按钮位置上右击，在弹出的快捷菜单中，选择"设置"命令，如图 2-37 所示。

❖ 命令行：在命令行输入"Dsettings"命令（快捷命令为"SE"）并按 Enter 键。

执行命令后，将弹出"草图设置"对话框，如图 2-38 所示。

图 2-37　右击选择"设置"命令

图 2-38　"草图设置"对话框

2.4.1 捕捉与栅格的设置

"捕捉"用于设置鼠标光标移动的间距,"栅格"是一些标定的位置小点,使用它可以提供直观的距离和位置参照。

在"草图设置"对话框的"捕捉和栅格"选项卡中,可以启动或关闭"捕捉"和"栅格"功能,其快捷键分别为 F9 键和 F7 键,并且可以设置"捕捉"和"栅格"的间距与类型。

在"捕捉和栅格"选项卡中,各选项的含义如下:

◇ "启用捕捉"复选框:用于打开或关闭捕捉方式,快捷键为 F9。
◇ "捕捉间距"文本框:用于设置 X 轴和 Y 轴的捕捉间距。
◇ "启用栅格"复选框:用于打开或关闭栅格的显示,快捷键为 F7。
◇ "栅格样式"选项组:用于设置在二维模型空间、块编辑器、图纸/布局位置中显示点栅格,如图 2-39 所示。

图 2-39 栅格的两种显示样式

◇ "栅格间距"选项组:用于设置 X 轴和 Y 轴的栅格间距,以及每条主线之间的栅格数量,如图 2-40 所示。

图 2-40 不同栅格间距

> **提示**
>
> 　　这个栅格的显示，是以当前图形界限区域来显示的。如果用户要将当前设置的栅格满屏
> 显示，可以在命令行中依次输入"Z→A"即可。

◇ "栅格行为"选项组：设置栅格的相应规则。

　　✓ "自适应栅格"复选框：用于限制缩放时栅格的密度。缩小时，限制栅格的密度。

　　✓ "允许以小于栅格间距的间距再拆分"复选框：放大时，生成更多间距更小的
栅格线。主栅格线的频率确定这些栅格线的频率。只有勾选了"自适应栅格"
复选框，此选项才有效。

　　✓ "显示超出界限的栅格"复选框：用于确定是否显示图形界限之外的栅格，如
图 2-41 所示。

　　✓ "遵循动态 UCS"复选框：随着动态 UCS 的 XY 平面而改变栅格平面。

图 2-41　是否显示超出界限的栅格

2.4.2　正交功能

　　"正交"的含义是指在绘制图形时指定第一个点后，连续光标和起点的直线总是平行
于 X 轴或 Y 轴。若捕捉设置为等轴测模式时，正交还迫使直线平行于第三个轴中的一个。

　　用户可通过以下的方法来打开或关闭"正交"模式：

◇ 状态栏：单击状态样中的"正交"按钮。

◇ 快捷键：按 F8 键。

◇ 命令行：在命令行输入或动态输入"Ortho"命令，然后按 Enter 键。

跟踪练习——利用"正交"绘制三角形

视频\02\使用正交方式绘制正三角形.avi
案例\02\三角形.dwg

　　本实例通过对象捕捉、栅格捕捉、极轴坐标输入等方法来绘制等边形角形，操作步
骤如下：

Note

Step 01 启动 AutoCAD 2014，在快速访问工具栏上单击"保存"按钮 ，将文件保存为"案例\02\三角形.dwg"文件。

Step 02 在命令行中输入"SE"命令，弹出"草图设置"对话框，切换到"捕捉和栅格"选项卡，按照如图 2-42 所示进行设置。

Step 03 切换到"对象捕捉"选项卡中，按照如图 2-43 所示进行设置，然后单击"确定"按钮退出。

图 2-42 设置"捕捉和栅格"   图 2-43 设置"对象捕捉"

Step 04 在命令行中依次输入"Z→A"，显示当前栅格视图，如图 2-44 所示。

::::· 提示与技巧—提示—图形缩放

"Z"代表"缩放"，"A"代表"全部"；本 2.5.1 节，将详细讲解"全部缩放"的相关知识，即在当前视口显示整个有效的绘图区域。

Step 05 按 F8 键和 F12 键，启用"正交"模式和"动态输入"模式，使状态栏中的按钮 和 呈亮度显示。

Step 06 单击"绘图"面板中的"直线"按钮 ，使用鼠标在视图中捕捉坐标原点（0,0）并单击确定起点，然后水平向右移至第 4 格位置并单击，从而绘制一条长度为 200mm 水平线段（50×4=200），如图 2-45 所示。

图 2-44 栅格视图   图 2-45 绘制水平线段

Step 07 在按 F8 键关闭"正交"模式，并自动启用"极轴角度"输入模式，拖动鼠标，输入 200，按 Tab 键，再输入 120，并按 Enter 键确定，从而绘制第二条边，如图 2-46 所示。

图 2-46　绘制第二条边

Step 08 同样，输入 200，按 Tab 键，再输入-120，并按 Enter 确定，从而绘制第三条边，如图 2-47 所示，然后再按 Enter 结束直线命令。

图 2-47　绘制第三条边

Step 09 至此，该三角形绘制完成，按 Ctrl+S 组合键进行保存。

2.4.3　对象捕捉

用户可通过以下的方法，打开或关闭"对象捕捉"模式：

◇　状态栏：单击"对象捕捉"按钮。
◇　快捷键：按 F3 键。
◇　组合键：按 Ctrl+F 组合键。

在"草图设置"对话框中选择"对象捕捉"选项卡，分别勾选要设置的捕捉模式，如图 2-48 所示。

启用对象捕捉后，将光标放在一个对象上，系统自动捕捉到对象上所有符合条件的几何特征点，并显示出相应的标记。如果光标放在捕捉点达 3 秒钟以上，则系统将显示捕捉的提示文字信息, 如图 2-49 所示。

图 2-48 "对象捕捉"选项卡 　　　　　　图 2-49 捕捉的提示文字信息

▓▓▓ 经验分享——"对象捕捉"与"捕捉"的区别

"对象捕捉"是把光标锁定在已有图形的特殊点上, 它不是独立的命令, 是在执行命令过程中结合使用的模式; 而"捕捉"是将光标锁定在可见或不可见的栅格点上, 是可以单独执行的命令。

在 AutoCAD 中, 也可以使用"对象捕捉"工具栏中的工具按钮随时打开捕捉, 另外, 按住 Ctrl 键或 Shift 键并右击, 将弹出对象捕捉快捷菜单, 如图 2-50 所示。

图 2-50 "对象捕捉"工具栏和快捷菜单

2.4.4 极轴追踪

要设置极轴追踪的角度或方向, 在"草图设置"对话框中选择"极轴追踪"选项卡,然后启用极轴追踪并设置极轴的角度即可，如图2-51所示。

图 2-51　"极轴追踪"选项卡

在"极轴追踪"选项卡中，各主要选项功能含义如下：

◇ "极轴角设置"选项区：用于设置极轴追踪的角度。默认的极轴追踪追踪角度是 90 ，用户可以在"增量角"下拉列表中选择角度增加量。若该下拉列表中的角度不能满足用户的要求，可勾选"附加角"复选框。也可以单击"新建"按钮并输入一个新的角度值，将其添加到附加角的列表框中。

◇ "对象捕捉追踪设置"选项区：若选择"仅正交追踪"单选按钮，可在启用对象捕捉追踪的同时，显示获取的对象捕捉的正交对象捕捉追踪路径；若选择"用所有极轴角设置追踪"单选按钮，可以将极轴追踪设置应用到对象捕捉追踪，此时可以将极轴追踪设置应用到对象捕捉追踪上。

◇ "极轴角测量"选项区：用于设置极轴追踪对其角度的测量基准。若选择"绝对"单选按钮，表示以用户坐标 UCS 和 X 轴正方向为 0 时计算极轴追踪角；若选择"相对上一段"单选按钮，可以基于最后绘制的线段确定极轴追踪角度。

◇ 使用自动追踪（包括极轴追踪和对象捕捉追踪）时，可以采用以下几种方式：

✓ 与对像捕捉追踪一起使用"垂足、端点、中点"对象捕捉模式，以绘制到垂直于对象端点或中点的点。

✓ 与临时追踪点一起使用对象捕捉追踪。在提示输入点时，输入"tt"，然后指定一个临时追踪点。该点上将出现一个小的加号"+"，如图 2-52 所示。移动光标时，将相对于这个临时点显示自动追踪对齐路径。

图 2-52　临时追踪点效果

✓ 获取对象捕捉点之后，使用直接距离沿对齐路径（始于已获取的对象捕捉点）在精确距离处指定点。要指定点提示，可以选择对象捕捉点，移动光标以显示对齐路径，然后在命令提示下输入距离值，如图 2-53 所示。

图 2-53　输入距离值效果

✓ 在"选项"对话框的"绘图"选项卡中，设置"自动"或"按下 Shift 键获取"，管理点的获取方式，如图 2-54 所示。若点的获取方式默认设置为"自动"，当光标距要获取的点非常近时按 Shift 键将临时不获取点。

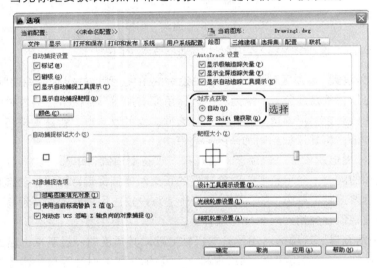

图 2-54　设置自动方式

2.4.5　动态输入

在 AutoCAD 2014 中，使用动态输入功能可以在指针位置显示标注输入和命令提示等信息，从而极大地方便绘图。

在状态栏上单击 按钮来打开或关闭"动态输入"功能，若按 F12 键可以临时将其关闭。当用户启动"动态输入"功能后，其工具栏提示将在光标附近显示信息，该信息会随着光标的移动而动态更新，如图 2-55 所示。

在输入字段中输入值并按 Tab 键后，该字段将显示一个锁定图标，并且光标会受用户输入值的约束，随后可以在第二个输入字段中输入值，如图 2-56 所示。另外，如果用户输入值后按 Enter 键，则第二个字段被忽略，且该值将被视为直接距离输入。

在状态栏的"动态输入"按钮 上右击，从弹出的快捷菜单中选择"设置"命令，将弹出"草图设置"对话框的"动态输入"选项卡。勾选"启动指针输入"复选框，且有命令在执行时，十字光标的位置将在光标附近的工具栏提示中显示为坐标。

图 2-55　动态输入　　　　　　　　　　图 2-56　锁定标记

在"指针输入"和"标注输入"栏中分别单击"设置"按钮，将弹出"指针输入设置"和"标注输入的设置"对话框，可以设置坐标的默认格式，以及控制指针输入工具栏提示的可见性等，如图 2-57 所示。

图 2-57　"动态输入"选项卡

2.5　AutoCAD 的视图操作

在 AutoCAD 的模型空间中，图形是按建筑物的实际尺寸绘制出来的，必然在屏幕内无法显示整个图形，这就需要用到视图缩放、平移等控制视图显示的操作工具，以便能快速地显示并绘制图形。缩放命令可以改变图形在视图中显示的大小，从而更清楚地观察当前视窗中太大或太小的图形。

在命令行中执行"ZOOM"命令（快捷命令为"Z"）并按 Enter 键，将显示相关的命令行提示，如图 2-58 所示。

图 2-58　命令行的提示信息

在"视图"标签下的"用户界面"面板中单击"工具栏"按钮，在出现的下拉列表中选择"AutoCAD"→"缩放"命令，如图 2-59 所示；此时在绘图窗口中将出现"缩放"工具栏，如图 2-60 所示。

图 2-59　选择"缩放"命令　　　　　　　　　图 2-60　　"缩放"工具栏

或者在"视图"标签下的"二维导航"面板中单击"范围"按钮，在出现的下拉列表中选择需要的缩放命令，其对比效果如图 2-61 所示。

图 2-61　　"缩放"按钮对比

2.5.1　视图缩放

1. 窗口缩放

窗口缩放命令可以将矩形窗口内选择的图形充满当前视窗。

✧　命令行：在命令行输入"ZOOM"命令，再选择"窗口（W）"项。

✧　面板：在"视图"标签下的"二维导航"面板中单击"窗口"按钮，如图 2-62 所示。

执行完上述操作后，用光标确定窗口对角点，这两个角点确定了一个矩形框窗口，系统将矩形框窗口内的图形放大至整个屏幕，如图2-63所示。

图 2-62　单击"窗口"按钮

图 2-63 窗口缩放

2．动态缩放

动态缩放命令表示以动态方式缩放视图。

◇ 命令行：在命令行输入"ZOOM"命令，再选择"动态（D）"项。

◇ 面板：在"视图"标签下的"二维导航"面板中单击"动态"按钮 动态。

使用动态缩放视图时，屏幕上将出现 3 个视图框，如图 2-64 所示。"视图框 1"表示之前的视图区域（绿色虚线框）；"视图框 2"表示图形能达到的最大视图区域（蓝色虚线框），显示当前视图的范围；"视图 3"是正在设置的区域。

图 2-64 动态缩放显示的视图框

拖动"视图框 3"到适当位置后，单击，出现一个箭头，可以用来调整视图的大小，如图 2-65 所示。

图 2-65 动态缩放

适当调整后，使其框住需要缩放的图形区域，然后右击或按 Enter 键完成缩放，这时需要缩放的图形将最大化显示在绘图窗口中，如图 2-66 所示。

图 2-66　最大化显示

3．比例缩放

比例缩放表示按指定的比例对当前图形对象进行缩放。

◇　命令行：在命令行输入"ZOOM"命令，再选择"比例（S）"选项。

◇　面板：在"视图"标签下的"二维导航"面板中单击"比例"按钮 比例。

调用命令后，命令行提示如图 2-67 所示，在该提示下输入缩放的比例因子即可：

```
[全部(A)/中心(C)/动态(D)/范围(E)/上一个(P)/比例(S)/窗口(W)/对象(O)]<实时>: s
ZOOM 输入比例因子 (nX 或 nXP):
```

图 2-67　状态栏提示效果

∷∷∷ 经验分享——输入缩放比例因子的3种方式

（1）相对于原始图形缩放（也称绝对缩放）：直接输入一个大于1或小于1的正数值，将图形以"n"倍于原始图形的尺寸显示。

（2）相对于当前视图缩放：直接输入一个大于1或小于1的正数值，但是在数字后面加上 X，将图形以"n"倍于当前图形的尺寸显示。

（3）相对于图纸空间缩放：直接输入一个大于或小于1的正数值，但是在数字后面加上 XP，将图形以"n"倍于当前图纸空间的尺寸单位显示。

跟踪练习——将图形放大 N 倍

视频\02\将图形放大 N 倍.avi
案例\02\装饰盘.dwg

本实例主要讲解如何定点移动视图，操作步骤如下：

Step 01　启动 AutoCAD 2014，在快速访问工具栏中单击"打开"按钮，将"案例\02\装饰盘.dwg"文件打开，如图 2-68 所示。

Step 02　执行"ZOOM"命令，根据命令提示行选择"比例（S）"选项，提示"输入比例因子"时，输入 1，并按空格键确定，则改变图形显示的大小，如图 2-69 所示。

Note

图 2-68　打开的图形　　　　　　　图 2-69　比例缩放的效果

4．中心缩放

中心缩放命令表示按指定的中心点和缩放比例对当前图形对象进行缩放。

◇　命令行：在命令行输入"ZOOM"命令，再选择"中心（C）"选项。
◇　面板：在"视图"标签下的"二维导航"面板中单击"居中"按钮 居中。

执行上述操作并指定中心点后，命令行提示："输入比例或高度："，此时输入缩放倍数或新视图的高度。如果在输入的数值后面加一个字母（X），则此输入值为缩放倍数，如果在输入的数值后面未加（X），则此输入值将作为新视图的高度。

例如，在命令行输入"Z"命令，在提示信息下选择"中心（C）"选项，然后在视图中确定一个位置点并输入 5，则视图将以指定点为中心进行缩放，如图 2-70 所示。

输入比例为 5

图 2-70　从选择点进行比例缩放

5．对象缩放

缩放对象命令可将所选对象最大化显示在绘图窗口中。

❖ 命令行：在命令行输入"ZOOM"命令，再选择"对象（O）"选项。

❖ 面板：在"视图"标签下的"二维导航"面板中单击"对象"按钮🔍 对象。

执行缩放对象命令后，在命令行中将提示"选择对象："，此时用户选择需要缩放的对象，然后按 Enter 键确定，从而将选择的对象以最大范围显示在视图中。

6. 全部缩放

全部缩放表示在当前视口显示整个图形，其大小取决于设置或者有效绘图区域，这是因为用户可能没有设置图限或有些图形超出了绘图区域，此时 AutoCAD 系统要重新生成全部图形。

❖ 命令行：在命令行输入"ZOOM"命令，再选择"全部（A）"选项。

❖ 面板：在"视图"标签下的"二维导航"面板中单击"全部"按钮🔍 全部 。

7. 范围缩放

范围缩放表示将全部图形对象最大限度地显示在屏幕上。

❖ 命令行：在命令行输入"ZOOM"命令，再选择"范围（E）"选项。

❖ 面板：在"视图"标签下的"二维导航"面板中单击"范围"按钮🔍 范围 。

2.5.2 视图平移

平移命令可以对图形进行平移操作，以便查看图形的不同部分。但该命令并不真正移动图形中的对象，即不真正改变图形，而是通过移动窗口使图形的特定部分位于当前视图窗中。

可以通过以下几种方式来执行"平移"命令：

❖ 面板：在"视图"标签下的"二维导航"面板中单击"平移"按钮🖐 平移，如图 2-71 所示。

图 2-71　单击"平移"按钮

❖ 命令行：在命令中执行"PAN"命令或者输入"P"，并按住鼠标左键进行拖动。

❖ 快捷菜单：在绘图区右击，在弹出的快捷菜单上选择"平移"命令。

调用实时平移命令后，屏幕上出现手形光标🖐，此时可以通过拖动鼠标来实现图形的上、下、左、右移动，即实时平移。按 Esc 键或 Enter 键，退出命令。

例如，打开"案例\02\别墅正立面图.dwg"文件，然后执行"实时平移"命令，即可对图形进行平移操作，如图 2-72 所示。

图 2-72　平移的视图

如果在实时平移过程中右击，会弹出一个快捷菜单，从而供用户选择其他的缩放操作，如图 2-73 所示。

2.5.3　命名视图

命名视图是指某一视图的状态以某种名称保存起来，然后在需要时将其恢复为当前显示，以提高绘图效率。

图 2-73　平移与缩放切换

在 AutoCAD 环境中，可以通过命名视图，将视图的区域、缩放比例、透视设置等信息保存起来。若要命名视图，可按如下操作步骤进行：

Step 01 在 AutoCAD 环境中，按 Ctrl+O 组合键，打开"案例\02\别墅正立面图.dwg"文件，如图 2-74 所示。

图 2-74　打开的文件

Step 02 单击"视图"标签下的"模型视口"中的"命名"按钮🖳，弹出"视口"对话框，选择"新建视口"选项卡，按照相应的步骤进行设置，如图2-75所示。

图2-75　新建视口

Step 03 再次单击"视图"标签下的"模型视口"中的"命名"按钮🖳，弹出"视口"对话框，选择"命名视口"选项卡，上一步创建的"别墅正立面图"出现在列表中，如图2-76所示。

图2-76　已命名视口

2.5.4　设置弧形对象的显示分辨率

图形对象的显示分辨率，直观影响到观察图形的效果。

❖　使用"OP"命令，在弹出的"选项"对话框中选择"显示"选项卡，在"显示精度"选项组的"圆弧和圆的平滑度"文本框中输入1000，如图2-77所示。

❖　在"视图"标签下的"视觉样式"面板中单击视觉样式 ▼，在出现的下拉列表中"圆弧/圆平滑化"⚪文本框中输入新的平滑度。

平滑度用于控制圆、圆弧、椭圆、椭圆弧的平滑程度，其有效范围值为 1～20000，默认值为100。平滑值越大，所显示的图形对象就越光滑，对比效果如图2-78所示。

图 2-77　输入平滑度

❶ 平滑度为 5 的效果　　　❷ 输入新的平滑度：5000　　　❸ 平滑的效果

图 2-78　平滑度对比的效果

提示与技巧

"显示精度"参数用于设置着色对象的平滑度，这些设置均会影响 AutoCAD 系统的刷新时间与速度，从而影响用户操作程序时的流畅性，在实现重新生成、显示缩放、显示移动时用的时间就越长。

使用"重生成"命令（Regen），将在当前视口中重生成整个图形并重新计算所有对象的屏幕坐标。当下次打开该图形时，需要再次进行生成操作。

2.6　实战演练

2.6.1　初试身手——使用绝对坐标绘制正三角形

视频\02\使用绝对坐标绘制正三角形.avi
案例\02\正三角形.dwg

本实例主要讲解通过坐标输入方式来进行正三角形的绘制，操作步骤如下：

Step 01 启动 AutoCAD 2014，在快速访问工具栏中单击"保存"按钮，将文件保存为"案例\02\正三角形.dwg"文件。

Step 02 刚进入工作界面，图形区域满栅格显示，如图 2-79 所示，在命令行输入"SE"并按 Enter 键，弹出"草图设置"对话框，在"捕捉和栅格"选项卡中，设置栅格 X、Y 轴的间距为 10，并取消选择"显示超出界限的栅格"复选框，然后单击"确定"按钮，如图 2-80 所示。

图 2-79　启动时窗口显示状态

图 2-80　"草图设置"对话框

Step 03 设置栅格以后，栅格将以原点坐标开始显示，且每格间距为 10mm，如图 2-81 所示。

Step 04 按 F12 键关闭动态输入，执行"直线"命令（L），命令行提示为"指定第一个点:"，此时在命令行输入（10,10），然后按空格键，从而确定起点。

Step 05 此时命令行提示为"指定下一个点:"，在命令行输入（40,0），然后按空格键，从而确定第二点。

Step 06 命令行提示为"指定下一个点:"，输入（@30<120），然后按空格键，从而确定第三点。

Step 07 此时命令行提示为"指定下一点或 [闭合(C)/放弃(U)]:"，选择"闭合(C)"或者输入（10,10）与起点闭合，从而完成等边三角形的绘制，如图 2-82 所示。

图 2-81　设置栅格后的显示效果

图 2-82　使用绝对坐标绘制的三角形

Step 08 至此，正三角形绘制完成，按 Ctrl+S 组合键进行保存。

2.6.2 深入训练——利用对象捕捉绘制圆的切线

视频\02\绘制两圆的外切线.avi
案例\02\圆切线.dwg

本实例以启用对象捕捉来绘制圆的外切线，操作步骤如下：

Step 01 启动 AutoCAD 2014，在快速访问工具栏中单击"保存"按钮，将文件保存为"案例\02\圆切线.dwg"文件。

Step 02 单击"绘图"面板中的"圆"按钮，在绘图区域任意绘制两个圆，如图 2-83 所示。

Step 03 在命令行输入"SE"并按 Enter 键，弹出"草图设置"对话框，切换到"对象捕捉"选项卡，勾选"启用对象捕捉（F3）"和"切点"复选框，然后单击"确定"按钮，如图 2-84 所示。

图 2-83　绘制圆　　　　　　　　　　　图 2-84　"草图设置"对话框

Step 04 单击"绘图"面板中的"直线"按钮，鼠标指针靠近到小圆的右下侧，待出现"切点"标记时单击，从而确定直线的起点，如图 2-85 所示。

Step 05 再将鼠标指针靠近到大圆的下侧，待出现"切点"标记时单击，确定直线的第二点，再按 Enter 键确认，从而完成两圆相切直线段的绘制，如图 2-86 所示。

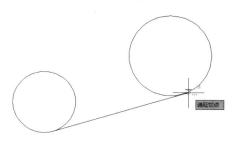

图 2-85　捕捉第一切点　　　　　　　　　图 2-86　捕捉第二切点

Note

Step 06 按照前面两步相同的方法，绘制另外一条两圆的相切直线段，如图 2-87 所示。

图 2-87　绘制切线的效果

Step 07 至此，圆切线已经绘制完成，按 Ctrl+S 组合键进行保存。

2.6.3　熟能生巧——绘制连杆平面图

　视频\02\连杆平面图的绘制.avi
　　　　　　　　案例\02\连杆平面图.dwg

本实例主要通过图层、对象捕捉等相关知识，进行连杆平面图的绘制，操作步骤如下：

Step 01 启动 AutoCAD 2014，在快速访问工具栏中单击"保存"按钮🖫，将文件保存为"案例\02\连杆平面图.dwg"文件。

Step 02 使用"图层"命令（LA）打开"图层特性管理器"面板，按照表 2-1 所示，分别新建相应的图层；并将"中心线"图层置为当前，如图 2-88 所示。

表 2-1　图层设置

序　号	图层名	线　宽	线　型	颜色	打印属性
1	中心线	默　认	中心线（Center）	红色	打　印
2	粗实线	0.30mm	实线（Continuous）	黑色	打　印
3	尺寸标注	默　认	实线（Continuous）	绿色	打　印

图 2-88　新建图层

Step 03 单击"绘图"面板中的"直线"按钮✏，在绘图区域任意位置指定一点，作为直线的起点，再输入"@110,0"，即绘制长 110 的水平线段，如图 2-89 所示。

图 2-89   绘制水平线段

Step 04 使用"草图设置"命令（SE）"草图设置"对话框，在"对象捕捉"选项卡中，勾选"端点"复选框，如图 2-90 所示。

Step 05 单击"绘图"面板中的"直线"按钮，输入"捕捉自"（From），根据命令行的提示，捕捉水平线段的左端点作为基点，输入"@28,26"，确定直线的起点；再输入"28,-26"，绘制完成高 52 的垂直线段，如图 2-91 所示。

图 2-90   勾选"端点"复选框

Step 06 单击"绘图"面板中的"直线"按钮，输入"捕捉自"（From），根据命令行的提示，捕捉水平线段的右端点作为基点，输入"@-16,15"，确定直线的起点；再输入"-16,-15"，绘制完成高 30 的垂直线段，如图 2-92 所示。

图 2-91   绘制垂直线段   图 2-92   绘制垂直线段

Step 07 使用"草图设置"命令（SE）打开"草图设置"对话框，在"对象捕捉"选项卡中勾选"交点"复选框，如图 2-93 所示。

Step 08 在"图层"面板的"图层"下拉列表中，将"粗实线"图层置为当前，如图 2-94 所示。

图 2-93   勾选"交点"复选框

图 2-94   置换图层

Step 09 单击"绘图"面板中的"圆"按钮◎，捕捉右侧中心线的交点作为圆心，绘制直径为 13 的圆，如图 2-95 所示。

Step 10 再次单击"圆"按钮◎，分别捕捉交点作为圆心，绘制直径为 20、28、42 的圆，如图 2-96 所示。

图 2-95　绘制圆　　　　　　　　　　　　　图 2-96　绘制圆

Step 11 使用"草图设置"命令（SE）打开"草图设置"对话框，在"对象捕捉"选项卡中勾选"切点"复选框，如图 2-97 所示。

Step 12 单击"绘图"面板中的"直线"按钮╱，鼠标指针靠近左侧外圆的右上侧，待出现"递延切点"标记时单击，从而确定直线的起点，如图 2-98 所示。

图 2-97　勾选"切点"复选框　　　　　　　　图 2-98　捕捉第一切点

Step 13 再将鼠标靠近右侧外圆的左上侧，待出现"递延切点"标记时单击，确定直线的第二点，如图 2-99 所示；再按 Enter 键确认，从而绘制完成两圆之间的相切线段，如图 2-100 所示。

图 2-99　捕捉第二切点

Step 14 按照前面两步相同的方法，绘制两圆底侧的相切线段，如图 2-101 所示。

图 2-100　绘制的切线效果

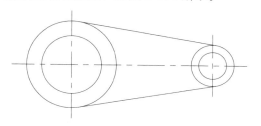

图 2-101　绘制的切线

Step 15 按 F8 键，打开"正交"模式。

Step 16 单击"绘图"面板中的"直线"按钮，输入"捕捉自"（From），根据命令行的提示，捕捉左侧线段的交点作为基点，输入"@18,4"，确定直线的第一点，如图 2-102 所示；鼠标指针垂直向下，输入 8，这样垂直线段就绘制完成，如图 2-103 所示。

图 2-102　确定直线的第一点

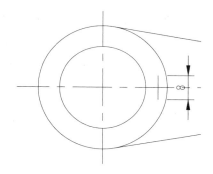

图 2-103　绘制的垂直线段

Step 17 单击"绘图"面板中的"直线"按钮，捕捉上一步绘制垂直线段的上端点和下端点，分别向左绘制长 5mm 的水平线段，如图 2-104 所示。

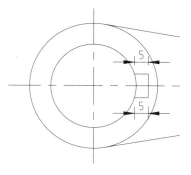

图 2-104　绘制水平线段

Step 18 单击"修改"面板中的"修剪"按钮，选择左侧的图形对象，如图 2-105 所示；然后再分别单击需要修剪的线段，其修剪后的效果如图 2-106 所示。

Note

图 2-105　选择图形对象

图 2-106　修剪后的效果

Step 19 至此，连杆平面图已经绘制完成，按 Ctrl+S 组合键进行保存。

2.7　本章小结

　　本章主要讲解了 AutoCAD 2014 绘图前的准备，包括 AutoCAD 的坐标系，如认识坐标系、坐标系的输入等；AutoCAD 2014 绘图环境的设置；AutoCAD 2014 图层的设置与控制，如 CAD 精确捕捉与追踪、CAD 的视图操作等；最后通过实战演练来学习 AutoCAD 使用绝对坐标绘制图形的方法、对象捕捉绘制切线、绘制平面图等，从而为后面的学习打下坚实的基础。

第 3 章

二维图形的绘制

在 AutoCAD 中，所有图形都是由点、线等最基本的元素构成的，AutoCAD 2014 提供了一系列绘图命令，利用这些命令可以绘制常见的图形。

内容要点

- ◆ 绘制点对象和直线类图形
- ◆ 绘制圆、圆弧、椭圆等圆类图形
- ◆ 绘制构造线、多线、多段线、样条曲线
- ◆ 利用复制、镜像、阵列、偏移复制绘图
- ◆ 绘制矩形和正多边形

Note

3.1 基本图形元素的绘制

AutoCAD 中基本图形元素包括点、直线、矩形、圆等。

3.1.1 点

AutoCAD 中，绘制点的命令包括"POINT（点）"、"DIVIDE（定数等分）"命令和"MEASURE（定距等分）"，点的绘制相当于在图纸的指定位置放置一个特定的点符号，起到辅助工具的作用。

1. 设置点样式

在使用点命令绘制点图形时，一般要对当前点的样式和大小进行设置。用户可以通过以下几种方法来设置点样式：

- ✧ 命令行：在命令行输入"ddptype"命令。
- ✧ 面板：在"常用"标签下的"实用工具"面板中单击"点样式"按钮 ，如图 3-1 所示。

执行"点样式"命令后，将弹出"点样式"对话框，在该对话框中，可在 20 种点样式中选择所需要的点样式图标。点的大小可在"点大小"文本框中设置，根据需要选择"相对于屏幕设置大小"和"按绝对单位设置大小"单选按钮，如图 3-2 所示。

图 3-1 单击"点样式"按钮　　　　　　　图 3-2 "点样式"对话框

:::: 经验分享——通过参数来设置点样式和大小

除了可以在"点样式"对话框中设置点样式外，也可以使用"PDMODE"和"PDSIZE"参数来设置点样式和大小。

2. 单点和多点

在 AutoCAD 2014 中，绘制单点命令的方法如下：

◇　命令行：在命令行中输入或动态输入"POINT"命令（快捷命令为"PO"）并按 Enter 键。

启动单点命令后，命令行提示"指定点："，此时用户在绘图区中单击即可在指定位置绘制点。

在 AutoCAD 2014 中，绘制多点命令的方法如下：

◇　面板：在"绘图"面板中单击"多点"按钮 ，如图 3-3 所示。

执行多点命令后，命令行提示"指定点："，此时用户在视图中单击即可创建多个点对象。

图 3-3　单击"多点"按钮

提示与技巧

执行"多点"命令后，可以在绘图区连续绘制多个点，直到按 Esc 键才可以终止操作。

3. 定数等分点

使用"定数等分"命令能够在某一图形上以等分数目创建点或插入块，被等分的对象可以是直线、圆、圆弧、多段线等。可以通过以下方式执行"定数等分"命令：

◇　面板：单击"绘图"面板中的"定数等分"按钮 。

◇　命令行：在命令行中输入或动态输入"Divide"命令（快捷命令为"Div"）并按 Enter 键。

例如，要将一条长 2000 的线段等分为 5 段。首先单击"绘图"面板中的"定数等分"按钮 ，或者在命令行中输入"Div"命令，提示"选择要定数等分的对象："时，选择该线段，然后在"输入线段数目或[块（B）]："提示下，输入要等分的数目 5，即可将 2000 的线段等分为 5 段，如图 3-4 所示。

图 3-4　定数等分对象

若在"定数等分"对象以后，在图形中可能没有发现图形的变化与等分的点，可在"常用"选项卡的"实用工具"面板中单击"点样式"按钮 ，在"点样式"对话框选择易于观察的点样式即可，如图 3-5 所示。

经验分享——等分点的作用

使用"定数等分"命令创建的点对象，主要用作其他图形的捕捉点，生成的点标记起到等分测量的作用，并非将图形断开。

图 3-5　设置不同的点样式效果

4. 定距等分点

定距等分点"Measure"命令可以在指对象上等距离创建点或图块对象。可以定距等分的对象包括圆弧、圆、椭圆、椭圆弧、多段线和样条曲线。通过以下方式执行"定距等分"命令：

◇　面板：单击"绘图"面板中的"定距等分"按钮⚘。

◇　命令行：在命令行中输入或动态输入"Measure"命令（快捷命令"Me"）并按
　　Enter 键。

启动该命令后，根据如下命令行提示选择对象，再输入等分的距离即可：

```
命令：_measure           //启动"定距等分"命令
选择要定距等分的对象：      //选择被等分的对象
指定线段长度或 [块(B)]://输入指定等分距离
```

例如，要将一条长 2000 的线段按照间距为 600 进行等分。首先执行定距等分点命令，提示"选择要定数等分的对象："，选择该线段的左端或右端，然后在"指定线段长度："提示下，输入要等分的间距值 600，其操作步骤如图 3-6 所示。

图 3-6　定距等分

⠿ 经验分享——定距与定数等分的区别

"定距等分"与"定数等分"命令的操作方法基本相同，都是对图形进行有规律的分隔，但前者是按指定间距插入点或图块，直到余下部分不足一个间距为止；后者则是按指定段数等分图形。

在"定距等分"插入图形块时，将以输入的距离长度两端来插入图块，直到余下部分不足一个间距为止，如图 3-6 中末端距离为 200。

3.1.2　直线

绘制直线段的命令是"LINE"，该命令是最基本、最简单的直线型绘图命令。用户可以通过以下几种方法来执行"直线"命令：

✧　面板：在"绘图"面板中单击"直线"按钮 。

✧　命令行：在命令行中输入或动态输入"Line"命令（快捷命令为"L"）并按 Enter 键。

启动该命令后，根据命令提示指定直线的起点和下一点，即可绘制出一条直线段，再按 Enter 键进行确定，完成直线的绘制。

```
命令：_line                    //启动"直线"命令
指定第一点：                    //单击第一点
指定下一点或 [放弃(U)]：         //单击第二点或输入距离
指定下一点或 [放弃(U)]：         //可以继续指定点或者放弃
指定下一点或 [闭合(C)/放弃(U)]：//可以选择继续绘制、闭合图形、放弃等选项
```

在绘制直线的过程中，各选项的提示如下：

✧　指定第一点：要求用户指定线段的起点。

✧　指定下一点：要求用户指定线段的下一个端点。

✧　闭合（C）：在绘制多条线段后，如果输入"C"并按下空格键进行确定，则最后一个端点将与第一条线段的起点重合，从而组成一个封闭图形。

✧　放弃（U）：输入"U"并按下空格键进行确定，则最后绘制的线段将被取消。

▦ 经验分享——精确绘制直线

利用 AutoCAD 2014 绘制工程图时，线段长度的精确度是非常重要的。当使用"LINE"命令绘制图形时，可通过输入"相对坐标"或"极坐标"，并配合使用"对象捕捉"功能，确定直线的端点，从而快速绘制具有一定精确长度的直线。

3.1.3　矩形

使用"矩形（REC）"命令，可以通过指定两个对角点的方式绘制矩形，当两角点形成的边长相同时，则生成正方形。

用户可以通过以下几种方法来执行"矩形"命令：

✧　面板：在"绘图"面板中单击"矩形"按钮 □。

✧　命令行：在命令行中输入或动态输入"RECTANG"命令（快捷命令为"REC"）并按 Enter 键。

启动命令后，命令行提示如下：

```
命令：_rectang//启动"矩形"命令
```

指定第一个角点或 [倒角(C)/标高(E)/圆角(F)/厚度(T)/宽度(W)]：
//指定第一个角点
指定另一个角点或 [面积(A)/尺寸(D)/旋转(R)]：   //指定第二个角点

在矩形的命令提示行中，各选项说明如下：

◇ 倒角（C）：可以绘制一个带有倒角的矩形，这时必须指定两个倒角的距离。指定两个倒角的距离后，命令行会接着提示"指定第一个角点或 [倒角(C)/标高(E)/圆角(F)/厚度(T)/宽度(W)]："，选择一种方法完成矩形的绘制，如图 3-7 所示。

◇ 标高（E）：可以指定矩形所在的平面高度，该选项一般用于三维绘图，如图 3-8 所示。

◇ 圆角（F）：可以绘制一个带有圆角的矩形，这时必须指定圆角半径，如图 3-9 所示。

图 3-7 绘制"倒角"矩形   图 3-8 绘制"标高"矩形   图 3-9 绘制"圆角"矩形

◇ 厚度（T）：设置具有一定厚度的矩形，此选项也是用于三维绘图，如图 3-10 所示。

◇ 宽度（W）：设置矩形的线宽，如图 3-11 所示。

图 3-10 绘制"厚度"矩形   图 3-11 绘制"线宽"矩形

◇ 面积（A）：通过指定矩形的面积来确定矩形的长或宽。

◇ 尺寸（D）：通过指定矩形的宽度、高度和矩形另一角点的方向来确定矩形。

◇ 旋转（R）：通过指定矩形旋转的角度来绘制矩形。

经验分享——矩形的特性

矩形命令绘制的多边形是一条多段线，如果要单独编辑某一条边，需要执行"分解"命令（X），将其分解后，才能进行操作。另外，由于矩形命令所绘制出的矩形是一个整体对象，所以它与执行"直线"命令（L）所绘制的矩形对象不同。

3.1.4　多边形

多边形是由 3~1024 条等长的封闭线段构成的，其默认的正多边形边数为 4，用户可以通过系统变量 "POLYSIDES" 来设置默认的边数。

用户可以通过以下几种方法来执行 "多边形" 命令：

◇　面板：在 "绘图" 面板中单击 "多边形" 按钮⬠。
◇　命令行：在命令行中输入或动态输入 "polygon" 命令（快捷命令为 "POL"）并按 Enter 键。

启动命令后，根据如下提示进行操作。

```
命令：_polygon          //启动 "多边形" 命令
输入侧面数 <4>：         //默认边数为 4
指定正多边形的中心点或 [边(E)]：              //鼠标指定多边形绘制的中心点
输入选项 [内接于圆(I)/外切于圆(C)] <I>：I  //选择各选项
指定圆的半径：           //输入多边形半径或鼠标单击指定
```

执行正多边形命令过后，其命令提示行中各选项的含义如下。

◇　中心点：指定某一个点，作为正多边形的中心点，也可以是坐标原点（0，0）。
◇　边（E）：通过两点来确定其中一条边长绘制多边形。
◇　内接于圆（I）：指定以正多边形内接圆的半径，绘制正多边形，如图 3-12 所示。
◇　外切于圆（I）：指定以正多边形外切圆的半径，绘制正多边形，如图 3-13 所示。

图 3-12　内接于圆

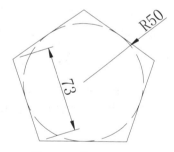

图 3-13　外切于圆

> **▦ 经验分享—内接于圆与外切于圆的区别**
>
> 在上面的例子中，均以半径为 50 的圆为基准，分别通过 "内接于圆" 和 "外切于圆" 的方式，绘制一个正五边形；分别测量一条边长进行对比，读者可以自行练习。

> **▦ 经验分享——绘制旋转的多边形**
>
> 如果需要绘制旋转的正多边形，输入圆半径时输入相应的极坐标即可，如输入@50<45，如图 3-14 所示。

图 3-14 绘制旋转正多边形

3.1.5 绘制圆

利用圆命令可以绘制任意大小的圆图形。通过指定圆心、半径、直径、圆周上或其他对象上的点的不同组合。

用户可以通过以下几种方法来执行"圆"命令：

◇ 面板：在"绘图"面板中单击"圆" ⊙ ，将出现一级联命令，如图 3-15 所示。

◇ 命令行：在命令行中输入或动态输入"CIRCLE"命令（快捷命令为"C"）并按 Enter 键。

启动该命令后，根据如下提示进行操作，绘制一半径为 25 的圆（见图 3-16）：

图 3-15 "圆"级联命令

```
命令：_CIRCLE                    //启动"圆"命令
指定圆的圆心或 [三点(3P)/两点(2P)/切点、切点、半径(T)]://指定圆心点
指定圆的半径或 [直径(D)]：25    //输入圆的半径值
```

执行"圆"的相关命令，分别是 6 种圆的不同画法，每种方式的具体含义如下：

◇ 圆心、半径：指定圆心点，然后输入圆的半径值即可。

◇ 圆心、直径：指定圆心点，然后输入圆的直径值即可，其命令行提示如下，如图 3-17 所示。

```
命令：_CIRCLE                    //启动"圆"命令
指定圆的圆心或 [三点(3P)/两点(2P)/切点、切点、半径(T)]://指定圆心点
指定圆的半径或 [直径(D)]：D     //选择"直径（D）"选项
指定圆的直径或：50              //输入圆的直径值
```

图 3-16 "半径"绘圆

图 3-17 "直径"绘圆

◇ 两点（2P）：指定两点来绘制一个圆，相当于这两点的距离就是圆的直径，如图 3-18 所示。

指定圆上的第一个端点：   //指定捕捉圆的第一点
指定圆上的第二个端点：   //指定捕捉圆的第二点

◇ 三点（3P）：指定三点来绘制一个圆，如图 3-19 所示。

指定圆上的第一个点：   //指定捕捉圆的第一点
指定圆上的第二个点：   //指定捕捉圆的第二点
指定圆上的第三个点：   //指定捕捉圆的第三点

图 3-18   "两点"绘圆   图 3-19   "三点"绘圆

◇ 切点、切点、半径（T）：和已知两个对象相切，并输入半径值来绘制的圆。其命
令行提示如下，绘制的效果如图 3-20 所示：

指定对象与圆的第一个切点：   //捕捉第一个切点
指定对象与圆的第二个切点：   //捕捉第二个切点
指定圆的半径：20   //输入圆的半径值

◇ 相切、相切、相切（A）：即和 3 个已知对象相切来确定圆。其命令行提示如下，
绘制的效果如图 3-21 所示：

命令：_circle 指定圆的圆心或 [三点(3P)/两点(2P)/切点、切点、半径(T)]：
                    //启动"圆"命令
_3p 指定圆上的第一个点：_tan 到 //指定圆的第一个切点
指定圆上的第二个点：_tan 到   //指定圆的第二个切点
指定圆上的第三个点：_tan 到   //指定圆的第三个切点

图 3-20   "相切、相切、半径"方式画圆   图 3-21   "相切、相切、相切"方式画圆

经验分享——通过象限点改变圆的大小

用户在绘制好圆对象以后，发现不是想要的效果，或大或小时，可以选中圆对象，此时会出现 5 个夹点，任意单击除圆心外的夹点，单击以后此夹点会以红色显示，向外或向内拖动鼠标，圆将随着鼠标的拖动放大或缩小，输入指定的半径值，即可绘制当前输入半径值的圆。如图 3-22 所示，圆的半径为 100，选中并拖动圆的右象限点，输入新半径值为 150，则将半径 100 的圆修改为半径为 150 的圆。

图 3-22 修改圆的半径

3.1.6 绘制圆弧

绘制圆弧的方法很多，可以通过起点、方向、中点、包角、终点、弦长等参数进行确定。用户可以通过以下几种方法来执行"圆弧"命令：

❖ 面板：在"绘图"面板中单击"圆弧"按钮 。
❖ 命令行：在命令行中输入或动态输入"ARC"命令（快捷命令为"A"）并按 Enter 键。

在"圆弧"下拉列表如图 3-23 所示，提供了多种绘制圆弧的方式，如图 3-24 所示。

图 3-23 "圆弧"下拉列表   图 3-24 绘制圆弧的方式

- ◇　三点（P）：给定三个点绘制一段圆弧，需要指定圆弧的起点、通过的第二个点和端点。
- ◇　起点、圆心、端点（S）：指定圆弧的起点、圆心和端点来绘制。
- ◇　起点、圆心、角度（T）：指定圆弧的起点、圆心和角度来绘制。要在"指定包含角："提示下输入角度值。如果当前环境设置逆时针为角度方向，并输入正的角度值，则所绘制的圆弧是从起始点绕圆心沿逆时针方向给出，如果输入负角度值，则沿顺时针方向绘制圆弧。
- ◇　起点、圆心、长度（A）：指定圆弧的起点、圆心和弦长绘制圆弧，此时，所给的弦长不得超过起点到圆心距离的两倍。另外，在命令行的"指定弦长"提示下，所输入的值如果是负值，则该值的绝对值将作为对应整圆的空缺部分圆弧的弦长。
- ◇　起点、端点、角度（N）：指定圆弧的起点、端点和角度绘制。
- ◇　起点、端点、方向（D）：指定圆起的起点、端点和方向来绘制。当命令行显示"指定圆弧的起点切向："提示时，可以移动鼠标指针动态地确定圆弧在起始点外的切线方向与水平方向的夹角。
- ◇　起点、端点、半径（R）：指定圆起点、端点和半径来绘制圆弧。
- ◇　圆心、起点、端点（C）：指定圆心、起点和端点来来绘制圆弧。
- ◇　圆心、起点、角度（E）：指定圆心、起点和圆弧所对应的角度来绘制圆弧。
- ◇　圆心、起点、长度（L）：指定圆心、起点以及圆弧所对应的弦长来绘制圆弧。
- ◇　继续（Q）：选择此命令时，在命令行提示"指定圆弧的起点[圆心（C）]："时，直接按下 Enter 键，系统将以最后一次绘制的线段或圆弧过程中的最后一点作为新圆弧的起点，以最后所绘制线段的方向或圆弧终止点处的切线方向为新圆弧在起始点外的切线方向，然后再指定一点，就可以绘制出一个新的圆弧。

⫶⫶⫶・ 经验分享——圆弧的曲率方向

用户在绘制圆弧时，注意圆弧的曲率是遵循逆时针方向的，所以在选择指定圆弧两个端点和半径模式时，需要注意端点的指定顺序，否则有可能导致圆弧的凹凸形状与预期的相反。

跟踪练习——绘制太极图

 视频\03\绘制太极图.avi
案例\03\太极图.dwg

本实例讲解太极图的绘制方式，使用户掌握圆弧的执行方式，操作步骤如下：

Step 01　启动 AutoCAD 2014，在快速访问工具栏中单击"保存"按钮 🔚，将其保存为"案例\03\太极图.dwg"文件。

Step 02　在"绘图"面板的"圆"下拉列表中，单击"圆心，半径"按钮 ⊘，在图形区域指定中心点，输入半径为 100，绘制如图 3-25 所示的圆。

Note

Step 03 在"绘图"面板的"圆弧"下拉列表中，单击"起点、端点、半径"按钮，命令提示"指定圆弧的起点或〔圆心(C)〕:"捕捉圆上侧象限点为起点，再捕捉圆心为端点，拖动鼠标指针，输入半径值为 50，如图 3-26 所示，绘制的圆弧效果如图 3-27 所示。

Step 04 再次单击"圆弧"下拉列表中的"起点、端点、半径"按钮，捕捉大圆下侧象限点为第一点，再捕捉圆心为第二点，拖动鼠标指针输入半径为 50，绘制圆弧结果如图 3-28 所示。

图 3-25　绘制圆

图 3-26　执行"圆弧"命令

图 3-27　绘制上圆弧

图 3-28　绘制上、下圆弧效果

Step 05 在"绘图"面板的"圆"下拉菜单中，单击"圆心，半径"按钮，分别捕捉两个圆弧的圆心，绘制半径为 10 的两个圆，如图 3-29 所示。

Step 06 单击"绘图"面板中的"图案填充"按钮，在新增的"图案填充创建"面板中，选择样例为"SOLID"，然后在单击"拾取点"按钮，如图 3-30 所示。

图 3-29　绘制小圆

图 3-30　执行"填充"命令

Step 07 再以圆弧为界限的左半部分单击，如图 3-31 所示，然后在上侧小圆内部单击，如图 3-32 所示，按空格键确定，得到的填充效果如图 3-33 所示。

图 3-31　拾取左半圆弧

图 3-32　拾取小圆内部

图 3-33　填充结果

Step 08　至此，太极图已经绘制完成，按 **Ctrl**+**S** 组合键进行保存。

3.1.7　绘制椭圆

利用椭圆命令可以绘制任意形状的椭圆和椭圆弧图形。用户可以通过以下几种方法来执行"椭圆"命令：

◇　面板：单击"绘图"面板中的"椭圆"按钮 ⬭。
◇　命令行：在命令行中输入或动态输入"ELLIPSE"命令（快捷命令为"EL"）并按 Enter 键。

当单击"椭圆"按钮 ⬭ 后，其命令提示行如下：

```
命令: _ellipse                        //启动"椭圆"命令
指定椭圆的轴端点或 [圆弧(A)/中心点(C)]: //选择绘制椭圆的选项
```

"椭圆"下拉列表中有 3 种画椭圆的方法，如图 3-34 所示。

图 3-34　"椭圆"下拉列表

◇　"圆心（C）"：表示先指定椭圆的中心点，再指定椭圆的两个轴端点来画椭圆，如图 3-35 所示，绘制椭圆的步骤和效果。
◇　"轴、端点（E）"：表示先指定一条轴的两个端点，再指定另一条轴端点来画椭圆。
◇　当直接单击"椭圆弧"按钮 ⬭ 时，命令行提示为"指定椭圆弧的轴端点或 [中心点(C)]:"这时可直接绘制圆弧，其命令行提示如下：

```
命令: _ellipse
指定椭圆的轴端点或 [圆弧(A)/中心点(C)]: _a //执行椭圆弧命令
```

指定椭圆弧的轴端点或 ［中心点(C)］：   //指定并单击

Note

图 3-35　绘制椭圆

3.2　复杂二维图形的绘制

本节所讲的属于直线类对象，包括直线、射线和构造线，虽然这些对象都属于线型，但在 AutoCAD 中的绘制方法却各不相同。

3.2.1　构造线

使用"XLINE"命令可以绘制无限延伸的结构线，在建筑绘图中常作为图形绘制过程中的中轴线，如基准坐标轴。

用户可以通过以下几种方法来执行"构造线"命令：

❖　面板：在"绘图"面板中单击"构造线"按钮。

❖　命令行：在命令行中输入或动态输入"Xline"命令（快捷命令为"XL"）并按 Enter键。

执行"XLINE"命令后，系统将提示"指定点或 [水平(H)/垂直(V)/角度(A)/二等分(B)/偏移(O)]:"选项，通过各选项可以绘制不同类型的构造线，如图 3-36 所示。

(a) 指定点　　　(b) 水平　　　(c) 垂直　　　(d) 角度　　　(e) 二等分　　　(f) 平行

图 3-36　不同类型的构造线

执行"XLINE"命令时，命令行中各个选项的含义如下。

❖　指定点：用于指定构造线通过的一点，通过两点来确定一条构造线。

❖　水平（H）：用于绘制一条通过选定点的水平参照线。

❖　垂直（V）：用于绘制一条通过选定点的垂直参照线。

✧　角度（A）：用于以指定的角度创建一条参照线，选择该选项后，系统将提示"输入参照线角度（0）或[参照（R）]："，这时可以指定一个角度或输入"R"，选择"参照"选项。其命令行提示如下：

指定点或 [水平(H)/垂直(V)/角度(A)/二等分(B)/偏移(O)]:A
输入构造线的角度 (0) 或 [参照(R)]: //指定输入的角度

✧　二等分（B）：用于绘制角度的平分线。选择该选项后，系统将提示"指定角的顶点、角的起点、角的端点"，根据需要指定角的点，从而绘制出该角的角平分线。命令行提示如下：

指定点或 [水平(H)/垂直(V)/角度(A)/二等分(B)/偏移(O)]:B
指定角的顶点:　//指定平分线的顶点
指定角的起点:　//指定角的起点位置
指定角的端点:　//指定角的终点位置

✧　偏移（O）：用于创建平行于另一个对象的参照线，其命令行提示如下：

指定点或 [水平(H)/垂直(V)/角度(A)/二等分(B)/偏移(O)]:O
指定偏移距离或[通过（T）]〈通过〉:　//指定偏移的距离
选择直线对象:　//选择要偏移的直线对象
指定哪侧偏移:　//指定偏移的方向

3.2.2　射线

射线是绘图空间中起始于指定点并且无限延伸的直线，射线仅向一个方向上延伸。可以通过以下几种方法来执行"射线"命令：

✧　面板：在"绘图"面板中单击"射线"按钮 。
✧　命令行：在命令行中输入或动态输入"RAY"命令并按 Enter 键。

执行上述命令后，提示"指定起点："，鼠标在图形区域任意指定一点 A，提示"指定通过点："，在图形区域任意指定方向 B，确定一条射线，继续提示"指定通过点："，鼠标继续单击 C、D、E、F，则以前面指定点 A 为起点，完成多条射线的绘制，如图 3-37 所示。

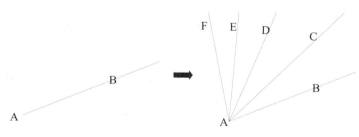

图 3-37　绘制射线

命令: _ray 指定起点:　//启动命令并指定起点 A
指定通过点:　//指定 B 方向绘制射线
指定通过点:　//指定 C 方向绘制射线

指定通过点：	//指定 D 方向绘制射线
指定通过点：	//指定 E 方向绘制射线
指定通过点：	//指定 F 方向绘制射线

Note

:::: 经验分享——绘制指定角度的射线

用户在绘制射线的指定通过点时，如果要使其保持一定的角度，最后采用输入点的极坐标的方式来进行绘制，可以输入不为零的任意长度数。

3.2.3 多段线

多段线是一种由线段和圆弧组成的，可以有不同线宽的多段线。可以通过以下几种方法来执行"多段线"命令：

◇ 面板：在"绘图"面板中单击"多段线"按钮 ⌐⊃。

◇ 命令行：在命令行中输入或动态输入"PLINE"命令（快捷命令为"PL"）并按 Enter 键。

启动命令后，其命令提示行如下：

命令：PLINE   //启动命令
指定起点：   //单击起点位置
当前线宽为 0.0000
指定下一个点或 [圆弧(A)/半宽(H)/长度(L)/放弃(U)/宽度(W)]：//指定点或者选择其中选项
指定下一点或 [圆弧(A)/闭合(C)/半宽(H)/长度(L)/放弃(U)/宽度(W)]：

在命令提示行中，各选项的含义说明如下：

◇ 圆弧（A）：从绘制的直线方式切换到绘制圆弧方式，其命令提示行如下，绘制的圆弧效果如图 3-38 所示：

指定圆弧的端点或[角度(A)/圆心(CE)/方向(D)/半宽(H)/直线(L)/半径(R)/第二个点(S)/放弃(U)/宽度(W)]：

◇ 半宽（H）：设置多段线的一半宽度，用户可分别指定多段线的起点半宽和终点半宽，如图 3-39 所示。

图 3-38　圆弧多段线　　　　　　　　　　　　图 3-39　半宽多段线

◇ 长度（L）：指定绘制直线段的长度。

✧ 放弃（U）：删除多段线的前一段对象，从而方便用户及时修改在绘制多段线过程中出现的错误。

✧ 宽度（W）：设置多段线的不同起点和端点宽度，如图 3-40 所示。

当用户设置了多段线的宽度时，可通过"FILL"变量来设置是否对多段线进行填充。如果设置为"开（ON）"，则表示填充，若设置为"关（OFF）"，则表示不填充，如图 3-41 所示。

图 3-40　绘制不同宽度的多段线　　　　图 3-41　是否填充的效果

✧ 闭合（C）：与起点闭合，并结束命令。当多段线的宽度大于 0 时，若想绘制闭合的多段线，一定要选择"闭合（C）"选项，这样才能使其完全闭合，否则即使起点与终点重合，也会出现缺口现象，如图 3-42 所示。

图 3-42　起点与终点是否闭合

跟踪练习——绘制导线对地绝缘击穿符号

视频\03\利用多段线绘制天花造型.avi
案例\03\天花造型.dwg

本实例通过前面讲解的直线、多段线来绘制导线对地绝缘击穿符号，其操作步骤如下：

Step 01　启动 AutoCAD 2014，按 Ctrl+S 组合键保存该文件为"案例\03\导线对地绝缘击穿符号.dwg"。

Step 02　执行"直线"命令（L，在绘图区指定一点，按 F8 打开正交模式，绘制一条长为 2 的水平线，如图 3-43 所示。

Step 03　执行"偏移"命令（O），将此线段向上各偏移 2、2、10，如图 3-44 所示。

图 3-43　绘制线段

图 3-44　偏移线段

Step 04 选中第二条线段，此时该线段呈现 3 个夹点状态，单击右侧的夹点，此夹点将以红色显示，向右拖动，并输入拉长的距离为 2，如图 3-45 所示。

图 3-45　拉长线段

Step 05 根据同样的方法，将此线段的左端点拉长 2，使其长度达到 6，如图 3-46 所示；再将第三条线段两侧各拉长 3，使长度达到 8，如图 3-47 所示。

图 3-46　拉长第二线段

图 3-47　拉长第三线段

Step 06 再将最上侧线段两端各拉长 5，使长度达到 12，结果如图 3-48 所示。

Step 07 执行"多段线"命令（PL），在状态栏下侧单击对象捕捉按钮，且右击此按钮，选择"中点"项，如图 3-49 所示，然后在上水平中点处单击，向下绘制一条折断线，如图 3-50 所示，在未终止命令的情况下，根据命令提示，设置起点宽度为 0.5，终点宽度为 0，继续沿着这条斜线向下拖动，绘制箭头多段线，如图 3-51 所示。

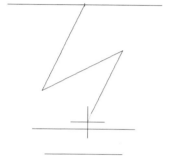

图 3-48　拉长最上侧线段

图 3-49　设置对象捕捉模式

图 3-50　绘制折断线

图 3-51　绘制宽度多段线

Step 08 至此，导线对地绝缘击穿符号已经绘制完成，按 Ctrl+S 组合键进行保存。

▓▓▓ 经验分享——快捷捕捉特征点

如果用户在执行绘图命令的过程中（如直线命令）需要捕捉指定的点时，可以通过右击"对象捕捉"按钮 ▢，在弹出如图 3-49 所示的快捷菜单中设置要捕捉的特定点。还可以在按住 Ctrl 或 Shift 键的同时击右，在弹出同样的快捷菜单中选择某一种特征点来执行对象捕捉，再把光标移动到要捕捉对象上的特征点附近，即可捕捉到这些特征点。

3.2.4　圆环

AutoCAD 中提供了圆环的命令，圆环由两条圆弧多段线组成，这两条圆弧多段线首尾相接而形成圆形。多段线的宽度由指定的内、外直径决定，即只须指定它的内、外直径和圆心，即可完成多个相同性质的圆环图形对象的绘制。

可以通过以下几种方法启动"圆环"命令：

◇　命令行：输入或动态输入"donut"命令（快捷命令为"DO"）并按 Enter 键。
◇　面板：在"常用"标签下的"绘图"面板中单击"圆环"按钮 ◎。

启动圆环命令后，根据如下提示进行操作，即可使用其命令绘制圆环，如图 3-52 所示：

命令:_donut ❶	// 执行圆环命令
指定圆环的内径:10 ❷	// 输入圆环内径值
指定圆环的外径:20 ❸	// 输入圆环外径值
指定圆环的中心点或 <退出>:	

图 3-52   绘制的圆环

使用系统变量"FILL"可以控制圆环是否填充，具体方法如下（图例见图 3-53、图 3-54）：

```
命令：_FILL  //启动填充模式命令
输入模式 [开(ON)/关(OFF)] <开>：ON    //选择"ON"表示填充
```

图 3-53   填充的圆环

图 3-54   不填充的圆环

若指定圆环内径为 0，则可绘制一个实心圆，如图 3-55 所示。

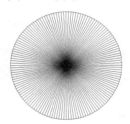

图 3-55   实心圆的效果

3.2.5 样条曲线

样条曲线是一种特殊的线段，用于绘制曲线，平滑度比圆弧更好，它是通过或接近指定点的拟合曲线。

在 AutoCAD 中使用的样条曲线为非均匀 B 样条曲线（NURBS），使用 NURBS 曲线能在控制点之间产生一条光滑的曲线，如图 3-56 所示。样条曲线可用于绘制形状不规则的图形，如绘制地图或汽车曲面轮廓线等。

在 AutoCAD 中绘制样条曲线，可以通过以下几种方

图 3-56   样条曲线

法来执行"样条曲线"命令：

◇　面板：在"绘图"面板中单击"样条曲线"按钮～。

◇　命令行：在命令行中输入或动态输入"SPLINE"命令（快捷命令为"SPL"）并按 Enter 键。

执行样条曲线"SPLINE"命令后，命令行提示如下：

```
命令：_SPLINE
当前设置：方式=拟合　　节点=弦
指定第一个点或 [方式(M)/节点(K)/对象(O)]：
输入下一个点或 [起点切向(T)/公差(L)]：
输入下一个点或 [端点相切(T)/公差(L)/放弃(U)]：
输入下一个点或 [端点相切(T)/公差(L)/放弃(U)/闭合(C)]：
```

在"样条曲线"命令提示行中，各选项的具体含义如下：

◇　方式（M）：该选项可以选择样条曲线为拟合点还是控制点。

◇　节点（K）：选择该选项后，其命令行提示为"输入节点参数化[弦(C)/平方根(S)/统一(U)]："，从而根据相关方式来调整样条曲线的节点。

◇　对象（O）：将由一条多段线拟合生成样条曲线。

◇　指定起点切向（T）：指定样条曲线起始点处的切线方向。

◇　公差（L）：此选择用于设置样条曲线的拟合公差。这里的拟合公差指的是实际样条曲线与输入的控制点之间所允许偏移距离的最大值。公差越小，样条曲线与拟合点越接近。当给定拟合公差时，绘出的样条曲线不会全部通过各个控制点，但一定通过起点和终点。

⁜ 经验分享——通过夹点修改样条曲线

当用户绘制的样条曲线不符合要求时，或者指定的点不到位，这时用户可选择该样条曲线，再使用鼠标指针捕捉相应的夹点来改变即可，如图 3-57 所示。

图 3-57　通过夹点来编辑样条曲线

3.2.6　多线

"多线"是一种组合图形，由许多条平行线组合而成，各条平行线之间的距离和数目可以随意调整。多线的用途很广,而且能够极大地提高绘图效率。多线一般用于电子线路图、建筑墙体的绘制等。

1. 绘制多线

"多线"命令用于绘制任意多条平行线的组合图形,可以通过下列方法来执行"多线"命令:

❖ 命令行:在命令行中输入或动态输入"Mline"命令(快捷命令为"ML")并按 Enter 键。

启动该命令后,根据如下提示进行操作:

```
命令:_MLINE      //调用多线命令
当前设置:对正 = 上,比例 = 20.00,样式 = STANDARD
                 //显示当前的多线的设置情况
指定起点或 [对正(J)/比例(S)/样式(ST)]: //绘制多线并进行设置
```

在多线命令提示行中,各选项的具体含义如下:

❖ 对正(J):用于指定绘制多线时的对正方式,共有 3 种对正方式:"上(T)"是指从左向右绘制多线时,多线上最上端的线会随着鼠标指针移动;"无(Z)"是指多线的中心将随着鼠标移动;"下(B)"是指从左向右绘制多线时,多线上最下端的线会随着鼠标指针移动。其 3 种对正方式的效果如图 3-58 所示。

图 3-58   不同的对正方式

❖ 比例(S):此选项用于设置多线的平行线之间的距离。可输入 0、正值或负值,输入 0 时各平行线重合,输入负值时平行线的排列将倒置。其不同比例的多线效果如图 3-59 所示。

图 3-59   不同的比例因子

❖ 样式(ST):此选项用于设置多线的绘制样式。默认的样式为标准型(Standard),用户可根据提示输入所需多线样式名。

Note

经验分享——多线宽度的计算

用户在绘制施工图的过程中，如果需要使用多线的方式来绘制墙体对象，这时可以通过设置多线的不同比例来设置墙体的厚度。例如，选择标准型多线样式（STANDARD）时，由于其上下偏移距离为（0.5，−0.5），多线的间距为 1；这时若要绘制 120mm 厚的墙体对象，可以设置多线的比例为 120；同样，若要绘制 240mm 厚的墙体对象，设置多线比例为 240 即可。当然，用户也可以通过重新建立新的多线样式来设置不同的多线。

2. 创建与修改多线样式

在平常的使用中，有时候两条平行线的多线可能并不能满足要求，这就需要对多线的样式进行重新设置和定义。可以通过下列方法来执行"多线样式"命令：

　　◇　命令行：在命令行中输入或动态输入"MLSTYLE"命令并按 Enter 键。

启动"多线样式"命令之后，将弹出"多线样式"对话框，如图 3-60 所示。下面将"多线样式"对话框中各功能按钮的含义说明如下：

　　◇　"样式"列表框：显示已经设置好或加载的多线样式。

　　◇　"置为当前"按钮：将"样式"列表框中所选择的多线样式设置为当前模式。

　　◇　"新建"按钮：单击该按钮，将弹出"创建新的多线样式"对话框，从而可以创建新的多线样式，如图 3-61 所示。

图 3-60　"多线样式"对话框　　　　　图 3-61　"创建新的多线样式"对话框

　　◇　"修改"按钮：在"样式"列表框中选择样式并单击该按钮，将弹出"修改多线样式"对话框，可修改多线的样式，如图 3-62 所示。

图 3-62　"修改多线样式"对话框

> **注意**
>
> 若当前文档中已经绘制了多线样式，那么就不能再对该多线样式进行修改。

- ◇　"重命名"按钮：将"样式"列表框中所选择的样式重新命名。
- ◇　"删除"按钮：将"样式"列表框中所选择的样式删除。
- ◇　"加载"按钮：单击该按钮，将弹出如图 3-63 所示的"加载多线样式"对话框，从而可以将更多的多线样式加载到当前文档中。
- ◇　"保存"按钮：单击该按钮，将弹出如图 3-64 所示的"保存多线样式"对话框，将当前的多线样式保存为一个多线文件（*.mln）。

图 3-63　"加载多线样式"对话框

图 3-64　保存多线样式

在"修改多线样式"对话框中，各选项的含义说明如下：

- ◇　"说明"：对新建的多线样式的补充说明。
- ◇　"起点"、"端点"：勾选该复选框，则绘制的多线首尾相连接。
- ◇　"角度"：平行线之间端点的连线的角度偏移。
- ◇　"填充颜色"：多线中平等线之间是否填充颜色。
- ◇　"显示连接"：勾选该复选框，则绘制的多线是互相连接的。

◇　"图元"区域中：单击白色显示框中的偏移、颜色、线型下的各个数据或样式名，可在下面相应的各选项中修改其特性。"添加"与"删除"两个按钮用于添加和删除多线中的某一单个平行线。

> ▦ 经验分享——多线的封口样式
>
> 在"新建多线样式"对话框中，用户可以在"说明"中输入对多线样式的说明，在"封口"中选择起点和终点的闭合形式，有直线、外弧和内弧 3 种形式，它们的区别如图 3-65 所示，其中内弧封口必须由 4 条及 4 条以上的直线组成。

❶ 直线封口　　❷ 外弧封口　　❸ 内弧封口

图 3-65　3 种封口形式效果

3.2.7　添加选定对象

创建具有与选定对象相同的对象类型和常规特性的新对象。即在所选择的对象基础上，再创建一个类似于选定对象的图形对象。其执行方式有以下几种方法：

◇　工具栏：在"视图"标签下的"用户界面"面板中，单击"工具栏"中的 按钮，在出现的下拉列表中选择"AutoCAD"→"绘图"选项，如图 3-66 所示；此时在绘图窗口中出现"绘图"工具栏，单击"添加选定对象" 按钮，如图 3-67 所示。

图 3-66　选择"绘图"　　　　　　　　　图 3-67　"绘图"工具栏

◇　命令行：在命令行中输入或动态输入"ADDSELECTED"命令并按 Enter 键，命令行提示如下：

```
命令：_ADDSELECTED //启动命令
选择对象：
所选择对象相同的命令
```

◇　快捷菜单：选择新对象所基于的对象并右击，在弹出的快捷菜单中选择"添加选定对象"命令，如图 3-68 所示；按照命令行的提示，创建一个类似于选定对象的对象。

该命令用于创建具有与原始对象相同的对象类型和特性的新对象，但会提示用户指定大小、位置和其他特性。某些对象具有受支持的特殊特性，如表 3-1 所示。

表 3-1 支持的对象特性

序号	对象类型	支持的特殊特性
1	渐变色	渐变色名称、颜色1、颜色2、渐变色角度、居中
2	文字、多行文字、属性定义	文字样式、高度
3	标注（线性、对齐、半径、直径、角度、弧长和坐标）	标注样式、标注比例
4	公差	标注样式
5	引线	标注样式
6	多重引线	多重引线样式、全局比例
7	表	表格样式
8	图案填充	图案、比例、旋转
9	块参照、外部参照	名称
10	参考底图（DWF、DGN、图像和PDF）	名称

图 3-68 快捷菜单

例如，选择一个圆，新对象将采用该圆的相关特性，包含其颜色为"红色"、图层为"图层 1"、线型为"ACAD_IS004W100"、线宽为"0.40mm"；新绘制的圆对象也具有原对象的特性，命令行提示如下，效果如图 3-69 所示。

```
命令：_addselected _circle    //重复执行"圆"命令
指定圆的圆心或 [三点(3P)/两点(2P)/切点、切点、半径(T)]: 2P
                               //设置绘制圆的方式
指定圆直径的第一个端点：      //指定大圆的上象限点
指定圆直径的第二个端点：      //指定大圆的圆心点
```

❶ 原有的圆　❷ 执行"添加选定对象"命令　❸ 捕捉上象限点，作为第 1 个端点
❹ 捕捉圆心，作为第 2 个端点　❺ 新的圆对象

图 3-69 添加一个圆

3.3 利用复制方式快速绘图

本节将详细介绍 AutoCAD 2014 的复制、镜像、阵列、偏移等命令，利用这些命令，可以方便地编辑、复制图形。

3.3.1 复制图形

复制命令可以将选中的对象复制到任意指定的位置，可以进行单个复制，也可以进行多重连续复制。

可以通过以下几种方式来执行"复制"命令：

◇ 面板：在"修改"面板中单击"复制"按钮❀。

◇ 命令行：在命令行中输入或动态输入"COPY"命令（快捷命令为"CO"）并按 Enter 键。

◇ 快捷菜单：选择要复制的对象，在绘图区右击，在弹出的快捷菜单中选择"复制"命令。

执行上述命令后，根据如下提示进行操作，即可复制选择的图形对象，如图 3-70 所示：

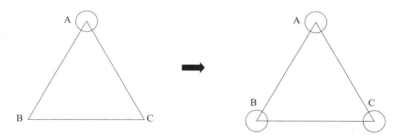

图 3-70 带基点多次复制

```
命令：_copy               //启动复制命令
选择对象：找到 1 个        //选中需要复制的圆
选择对象：                 //按 Enter 键确定
当前设置：复制模式 = 单个   //默认复制模式
指定基点或 [位移(D)/模式(O)/多个(M)] <位移>：  //输入"M"选择多次复制
指定基点或 [位移(D)/模式(O)/多个(M)] <位移>：  //指定圆心为复制的基点
指定第二个点或 <使用第一个点作为位移>：    //捕捉第一点 B
指定第二个点或 [退出(E)/放弃(U)] <退出>：   //捕捉第二点 C
```

在进行复制过程中，其命令提示中各选项的说明如下：

◇ 指定基点：指定一个坐标点后，AutoCAD 2014 把该点作为复制对象的基点，并提示"指定第二个点或 <使用第一个点作为位移>："，指定第二个点后，系统将默认的"使用第一个点作为位移",则第一个点被当作相对于 X、Y、Z 的位移,这时可以不断地指定新的点,从而实现多重复制。

◇ 位移:直接输入位移值,表示以选择对象时的拾取点为基准,以拾取点坐标为移动方向纵横比,移动指定位移后所确定的点为基点。

◇ 模式:控制是否自动重复该命令,即确定复制模式是单个还是多个。选择该项后,系统提示"复制模式选项 [单个(S)/多个(M)]:",若选择"单个(S)"选项,则只能执行一次复制命令;选择"多个(M)"选项则能执行多次复制命令。

::::: 提示

在等距离复制图形时,指定一个坐标基点后,系统将默认的"使用第一个点作为位移",把该点作为复制对象的基点,因此输入的距离是以原始图形位置来计算的。

3.3.2 镜像图形

在绘图过程中,经常会遇到一些对称图形,AutoCAD 2014 提供了图形镜像功能,只需绘出对称图形的一部分,然后利用"MIRROR"命令复制出对称的另一部分图形。

可以通过以下几种方式来执行"镜像"命令:

◇ 面板:在"修改"面板中单击"镜像"按钮⚠。

◇ 命令行:在命令行中输入或动态输入"Mirror"命令(快捷命令为"MI")并按 Enter 键。

启动镜像命令后,根据如下提示进行操作:

```
命令: _mirror            //启动镜像命令
选择对象: 找到 1 个        //选择需要镜像的图形对象
选择对象:               //按 Enter 键结束选择
指定镜像线的第一点:       //指定镜像基线第一点 A
指定镜像线的第二点:       //指定镜像基线第二点 B
要删除源对象吗? [是(Y)/否(N)] <N>: n
                       //输入"N"保留源对象,"Y"则删除源对象
```

::::: 经验分享——镜像文字

在 AutoCAD2014 中镜像文字时,可以通过控制系统变量"Mirrtext"的值来控制对象的镜像方向。

在"镜像"命令中,其系统变量默认值为"0",则文字方向不镜像,即文字可读;在执行"镜像"命令之前,先执行"Mirrtext",设其值为"1",然后再执行"镜像"命令,镜像出的文字变得不可读,如图 3-71 所示。

❶ MIRRTEXT=0 镜像效果　　　　　❷ MIRRTEXT=1 镜像效果

图 3-71　镜像的不同方式

3.3.3　阵列图形

"阵列"命令是按指定方式排列的多个对象副本，系统提供"矩形阵列"、"环形阵列"、"路径阵列"3 种阵列选项。

可以通过以下几种方式来执行"阵列"命令。

◇　面板：在"修改"面板中单击"阵列"按钮 ▦。

◇　命令行：在命令行中输入或动态输入"Array"命令（快捷命令为"Ar"）并按
　　　Enter 键。

启动阵列命令后，根据如下提示进行操作：

```
命令：_Array              //启动"阵列"命令
选择对象：找到 1 个        //选择阵列对象
选择对象：
输入阵列类型 [矩形(R)/路径(PA)/极轴(PO)]    //选择阵列方式
```

在执行"阵列"命令过程中，其提示行中各选项的含义如下：

◇　矩形（R）：以矩形方式来复制多个相同的对象，并设置阵列的行数及行间距、列
　　　数及列间距，如图 3-72 所示。

```
类型 = 矩形  关联 = 是                    //矩形阵列
选择夹点以编辑阵列或 [关联(AS)/基点(B)/计数(COU)/间距(S)/列数(COL)/行
数(R)/层数(L)/退出(X)] <退出>：R
输入行数数或 [表达式(E)] <4>：3        //输入行数
指定 行数 之间的距离或 [总计(T)/表达式(E)]：500    //输入行距
选择夹点以编辑阵列或 [关联(AS)/基点(B)/计数(COU)/间距(S)/列数(COL)/行
数(R)/层数(L)/退出(X)] <退出>：COL    //选择"列数(COL)"
输入列数数或 [表达式(E)] <4>：4        //输入列数
指定 列数 之间的距离或 [总计(T)/表达式(E)]：500    //输入列距
选择夹点以编辑阵列或 [关联(AS)/基点(B)/计数(COU)/间距(S)/列数(COL)/行
数(R)/层数(L)/退出(X)] <退出>：        //选择各选项
```

图 3-72　矩形阵列

❖　路径（PA）：以指定的中心点来进行环形阵列，并设置环形阵列的数量及填充角度。

类型 = 路径　关联 = 是　//路径阵列
选择路径曲线：　　　　　　//选择阵列围绕路径
选择夹点以编辑阵列或 [关联(AS)/方法(M)/基点(B)/切向(T)/项目(I)/行(R)/层(L)/对齐项目(A)/Z 方向(Z)/退出(X)] <退出>：　　//选择各选项

❖　极轴（PO）：沿着指定的路径曲线创建阵列，并设置阵列的数量（表达式）或方向，如图 3-73 所示。

类型 = 极轴　关联 = 是　//极轴阵列
指定阵列的中心点或 [基点(B)/旋转轴(A)]：　　　　　//指定阵列环绕中心点
选择夹点以编辑阵列或 [关联(AS)/基点(B)/项目(I)/项目间角度(A)/填充角度(F)/行(ROW)/层(L)/旋转项目(ROT)/退出(X)] <退出>：//选择各选项

极轴阵列的效果　　　　　　　　　取消"旋转项目"的效果

图 3-73　极轴阵列

经验分享——"关联"的巧用

在进行阵列操作时，如果阵列后的对象还需要再次进行阵列编辑，则设为"关联"状态；如果需要对阵列的个别对象进行再次编辑，则设置将默认的"关联"方式取消，其对比效果如图 3-74 所示。

"关联"的效果 　　　　　　取消"关联"的效果

图 3-74 "关联"效果的对比

跟踪练习——绘制四分配器

视频\03\四分配器的绘制.avi
案例\03\四分配器.dwg

本实例以圆、直线、修剪、阵列、延伸等命令来绘制四分配器图形，其操作步骤如下：

Step 01 启动 AutoCAD 2014，在快速访问工具栏中单击"保存"按钮🖫，将其保存为"案例\03\四分配器.dwg"文件。

Step 02 执行"圆"命令（C），在图形区域指定点，输入半径值为 5，绘制圆效果如图 3-75 所示。

Step 03 执行"直线"命令（L），过圆左、右象限点绘制直径线；在正交模式下，再捕捉圆心向上绘制长度为 9 的垂直线段，如图 3-76 所示。

图 3-75 绘制圆

图 3-76 绘制直线

Step 04 执行"修剪"命令（TR），将上半圆弧修剪掉，如图 3-77 所示。

Step 05 执行"直线"命令（L），在水平线左端点处单击，向左绘制长为 6 的水平线；再执行"圆"命令（C），且在线段的左端点绘制半径为 1 的圆，如图 3-78 所示。

Note

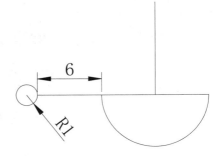

图 3-77　修剪线段　　　　　　　　　　　　图 3-78　直线、圆命令

Step 06 执行"阵列"命令（AR），根据如下命令提示，将上步绘制的图形以大圆圆心进行角度为 180，数量为 4 的极轴阵列，效果如图 3-79 所示：

```
命令：_AR
    选择对象：指定对角点：找到 2 个　//选择上步绘制的小圆和直线
    选择对象：　输入阵列类型 [矩形(R)/路径(PA)/极轴(PO)] <极轴>：PO// 选 择
"极轴（PO）"项进行阵列
    类型 = 极轴　关联 = 是
    指定阵列的中心点或 [基点(B)/旋转轴(A)]：//指定大圆圆心为中心点
    选择夹点以编辑阵列或 [关联(AS)/基点(B)/项目(I)/项目间角度(A)/填充角度
(F)/行(ROW)/层(L)/旋转项目(ROT)/退出(X)] <退出>：f　//设置"填充角度（F）"
    指定填充角度(+=逆时针、-=顺时针)或 [表达式(EX)] <360>：180// 设 置 角 度
值为 180
    选择夹点以编辑阵列或 [关联(AS)/基点(B)/项目(I)/项目间角度(A)/填充角度
(F)/行(ROW)/层(L)/旋转项目(ROT)/退出(X)] <退出>：i　//设置"项目（I）"
    输入阵列中的项目数或 [表达式(E)] <6>：4//设置项目数 4
    选择夹点以编辑阵列或 [关联(AS)/基点(B)/项目(I)/项目间角度(A)/填充角度
(F)/行(ROW)/层(L)/旋转项目(ROT)/退出(X)] <退出>：//空格键退出
```

Step 07 执行"移动"命令（M），将阵列的图形向下移动 2，效果如图 3-80 所示。

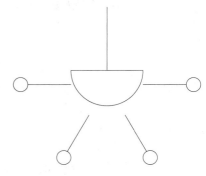

图 3-79　阵列图形　　　　　　　　　　　　图 3-80　移动图形

Step 08 执行"分解"命令（X），将阵列的图形分解打散操作。

Step 09 再执行"延伸"命令（EX），将阵列后的线段延伸至大圆弧上，结果如图 3-81 所示。

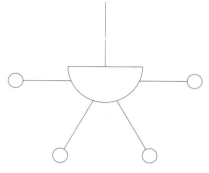

图 3-81　延伸图形

Step 10 至此，该四分配器图形已经绘制，按 Ctrl+S 组合键进行保存。

⠿ 经验分享——阵列的命令方式

在执行阵列命令过程中，可使用命令的方式，快速进行某一方式的阵列操作。其中，矩形阵列（arrayrect）、路径阵列（arraypath）、极轴阵列（arraypolar）。并且"修改"面板中的"环形阵列"等同于命令行中的"极轴阵列"。

3.3.4　偏移图形

使用偏移命令可以将选定的图形对象以一定的距离增量值单方向复制一次，可以通过以下几种方式来执行"偏移"命令：

- ◇ 面板：在"修改"面板中单击"偏移"按钮🖧。
- ◇ 命令行：在命令行中输入或动态输入"OFFSET"命令（快捷命令为"O"）并按 Enter 键。

执行偏移命令后，命令行的提示如下：

```
命令:_OFFSET                                    //启动命令
指定偏移距离或 [通过(T)/删除(E)/图层(L)]：      //输入偏移距离
选择要偏移的对象，或 [退出(E)/放弃(U)] <退出>：  //选择图形对象
指定要偏移的那一侧上的点，或 [退出(E)/多个(M)/放弃(U)] <退出>：
                                               //单击偏移方向
```

在偏移对象的过程中，其命令中各选项的含义说明如下：

- ◇ 指定偏移矩离：选择要偏移的对象后，输入偏移距离以复制对象，如图 3-82 所示。

将椭圆向外偏移 50mm 的效果

图 3-82　偏移的效果

◇　通过(T)：选择对象后，通过指定一个通过点来偏移对象，这样偏移复制出的对象经过通过点。

◇　删除(E)：用于确定是否在偏移后删除源对象。

◇　图层(L)：选择此项，命令行提示"输入偏移对象的图层选项[当前(C)/源(S)]<当前>："，确定偏移对象的图层特性。

3.4　实战演练

3.4.1　初试身手——绘制电流互感器

视频\03\电流互感器的绘制.avi
案例\03\电流互感器.dwg

本实例主要通过圆、复制、偏移、修剪、删除等命令，进行电流互感器的绘制，其操作步骤如下：

Step 01　正常启动 AutoCAD 2014 软件，在快速访问工具栏中单击"保存"按钮💾，将文件保存为"案例\03\电流互感器.dwg"文件。

Step 02　执行"圆"命令（C），在视图中绘制半径为 40 的圆，如图 3-83 所示。

Step 03　执行"复制"命令（CO），选择上步圆，捕捉圆心为基点，在正交模式下水平向右拖动，输入复制距离为 55，将圆向右等距离复制出 8 个，效果如图 3-84 所示。

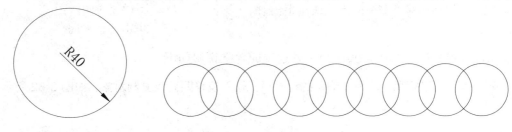

图 3-83　绘制圆　　　　　　　　　　　图 3-84　复制圆

Step 04 执行"直线"命令（L），以所有圆心，绘制一条水平线段。

Step 05 再执行"偏移"命令（O），将水平线段向上偏移 30，如图 3-85 所示。

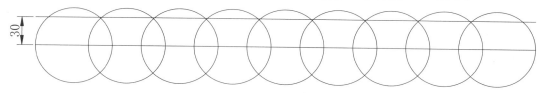

图 3-85　绘制、偏移水平线

Step 06 执行"修剪"命令（TR），空格两次，将下半圆删除掉；再执行"删除"命令（E），将下水平线删除，结果如图 3-86 所示。

图 3-86　修剪图形

Step 07 至此，电流互感器绘制完成，可按 Ctrl+S 组合键对文件进行保存。

3.4.2 深入训练——绘制三孔连杆平面图

 视频\03\三孔连杆平面图的绘制.avi
案例\03\三孔连杆平面图.dwg

本实例主要通过图层、直线、圆、偏移、阵列等命令，进行三孔连杆平面图的绘制，其操作步骤如下：

Step 01 启动 AutoCAD 2014，在快速访问工具栏中单击"保存"按钮，将文件保存为"案例\03\三孔连杆平面图.dwg"文件。

Step 02 使用"图层"命令（LA），在打开的"图层特性管理器"面板中，按照表 3-2 所示，分别新建相应的图层，并将"中心线"图层置为当前，如图 3-87 所示。

表 3-2　图层设置

序　号	图 层 名	线　宽	线　型	颜　色	打 印 属 性
1	中心线	默认	中心线（Center）	红色	打印
2	粗实线	0.30mm	实线（Continuous）	蓝色	打印
3	尺寸标注	默认	实线（Continuous）	绿色	打印

Step 03 使用"设置"命令（SE）打开的"草图设置"对话框，选择"对象捕捉"选项卡，再勾选"端点、中点、圆心、象限点、交点"等选项，如图 3-88 所示。

Step 04 按 F8 键打开"正交"模式。

Step 05 使用"直线"命令（L）绘制长 117 的水平线段，如图 3-89 所示。

图 3-87　新建图层　　　　　　　　　图 3-88　"草图设置"对话框

图 3-89　绘制水平线段

Step 06 使用"直线"命令（L）分别绘制高 48、94、45 的垂直线段，并捕捉垂直线段的中点与水平线段重合，如图 3-90 所示。

Step 07 单击"图层"下拉列表，将"粗实线"图层置为当前。

Step 08 使用"圆"命令（C）分别捕捉中、右端线段的交点作为圆心，绘制半径为 24 和 6 的圆，如图 3-91 所示。

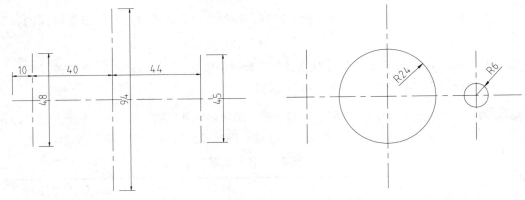

图 3-90　绘制垂直线段　　　　　　　图 3-91　绘制的圆

Step 09 使用"偏移"命令（O）将中间的圆对象向外偏移 13，如图 3-92 所示。

Step 10 使用"圆弧"命令（Arc）捕捉右圆的圆心，绘制半径为 13 的圆弧，其命令行的提示如下，如图 3-93 所示。

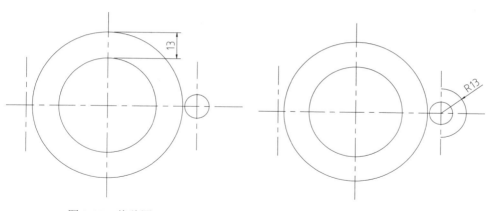

图 3-92　偏移圆　　　　　　　　　图 3-93　绘制圆弧

```
命令:_ARC                        //启动"圆弧"命令
指定圆弧的起点或 [圆心(C)]: C
指定圆弧的圆心:                    //捕捉右圆的圆心
指定圆弧的起点: 13                 //鼠标指向右圆处垂直线段
指定圆弧的端点或 [角度(A)/弦长(L)]: A
指定包含角: -180                  //输入包含角-180°
```

Step 11　使用"直线"命令（L）在右侧圆弧位置，绘制长 9 的线段，如图 3-94 所示。

Step 12　选中图形左侧的垂直线段，将其由"中心线"转换为"粗实线"图层，如图 3-95 所示。

Step 13　使用"直线"命令（L）在左侧垂直线段位置，绘制长 12 的线段，如图 3-96 所示。

Step 14　单击"图层"下拉列表，将"中心线"图层置为当前。

图 3-94　绘制水平线段

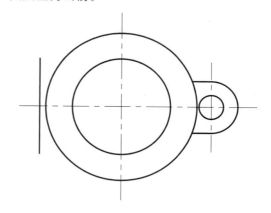

图 3-95　转换线型

提示——观察具有线宽的图形

由于绘制的圆、圆弧等对象属于"粗实线"图层，其具有 0.30mm 的线宽；在将左侧的垂直线段转换线型后。可单击底侧状态栏中的"显示/隐藏线宽"按钮，观察图形效果。

Step 15 使用"直线"命令（L），捕捉中间大圆的圆心作为直线的起点，在指定直线的长度时，采用相对极坐标的方式，输入"@67<120"，结果如图 3-97 所示。

图 3-96　绘制水平线段

图 3-97　绘制斜线段

∴ 提示——相对极坐标

在输入的坐标值中，(@67<-120) 是相对于本案例中的圆心点来定的，称为相对值坐标，前面有个"@"符号，是相对符号；"67"代表距离；"<120"代表角度。

Step 16 使用"直线"命令（L）捕捉中间大圆的圆心作为直线的起点，在指定直线的长度时，采用相对极坐标的方式，输入"@67<-120"，结果如图 3-98 所示。

Step 17 分别将右侧的小圆、圆弧、水平线段等选中，出现许多夹点，表示下一步需要阵列的对象，如图 3-99 所示。

图 3-98　绘制斜线段

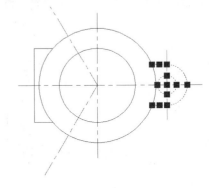

图 3-99　选中对象

Step 18 执行"阵列"命令（AR），选择"极轴（PO）"选项，进行项目数为 3 的阵列操作，结果如图 3-100 所示。

```
命令：_ARRAY　找到 4 个//启动"阵列"命令
输入阵列类型 [矩形(R)/路径(PA)/极轴(PO)] <极轴>：PO
类型 = 极轴　关联 = 是
指定阵列的中心点或 [基点(B)/旋转轴(A)]：//捕捉中间大圆的圆心
选择夹点以编辑阵列或 [关联(AS)/基点(B)/项目(I)/项目间角度(A)/填充角度
```

(F)/行(ROW)/层(L)/旋转项目(ROT)/退出(X)] <退出>：**I**

　　输入阵列中的项目数或 [表达式(E)] <6>：**3**//设置阵列的个数为 3

　　选择夹点以编辑阵列或 [关联(AS)/基点(B)/项目(I)/项目间角度(A)/填充角度

(F)/行(ROW)/层(L)/旋转项目(ROT)/退出(X)] <退出>：

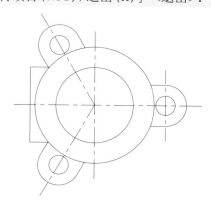

图 3-100　进行阵列的效果

Step 19 至此，三孔连杆平面图绘制完成，可按 Ctrl+S 组合键对文件进行保存。

3.4.3　实战训练——绘制洗脸盆

　视频\03\绘制洗脸盆.avi
　案例\03\洗脸盆.dwg

　　本实例讲解以椭圆绘制洗脸盆的方法，其操作步骤如下：

Step 01 启动 AutoCAD 2014，在快速访问工具栏中单击"保存"按钮，将其保存为"案例\04\洗脸盆.dwg"文件。

Step 02 在"绘图"面板中单击"圆心，半径"按钮，在绘图区域随意指定圆心，并输入半径值 40，绘制一个圆，如图 3-101 所示。

Step 03 在"绘图"面板中单击"椭圆"按钮，根据命令行提示，选择"中心点(C)"选项，再捕捉上一步绘制圆的圆心为椭圆的中心点，鼠标向右拖动，输入轴端点为 200，如图 3-102 所示，然后鼠标向上拖动输入另一半轴长度为 135，如图 3-103 所示，从而绘制如图 3-104 所示的椭圆效果。

图 3-101　绘制圆

图 3-102　输入轴端点

图 3-103　输入另一半轴长度

图 3-104　绘制椭圆效果

Step 04 用同样的方法，再绘制出长轴为 280、短轴为 200 的椭圆对象，如图 3-105 所示。

Step 05 在 "修改" 面板中单击 "移动" 按钮 ✛，将上一步绘制的椭圆移动到前面图形相应位置，如图 3-106 所示。

图 3-105　绘制圆弧

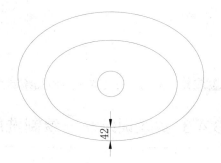

图 3-106　移动效果

Step 06 在 "绘图" 面板中单击 "矩形" 按钮 ▭，绘制 50×160 的直角矩形，如图 3-107 所示。

Step 07 在 "修改" 面板中单击 "圆角" 按钮 ▭，命令行提示 "选择第一个对象或 [放弃(U)/多段线(P)/半径(R)/修剪(T)/多个(M)]:" 时，选择 "半径（R）" 选项，输入半径为21，提示 "选择第一个对象:" 时，选择矩形左垂直线段，然后再选择矩形下侧水平线段，从而将矩形进行半径为 21 的圆角操作，如图 3-108 所示。

Step 08 按空格键，系统自动继承上一操作，并保持上一步骤默认圆角值，在提示 "选择第一个对象:" 时，选择右侧垂直线段，在提示 "选择第二个对象:" 时，选择下侧水平线段，结果如图 3-109 所示。

图 3-107　绘制矩形

图 3-108　圆左下侧直角

图 3-109　圆角效果

Step 09 在"修改"面板中单击"移动"按钮 ✛，将上一步绘制的圆角矩形移动到前面图形相应位置，如图 3-110 所示。

Step 10 在"绘图"面板中单击"圆心，半径"按钮 ⊘，在如图 3-111 所示位置绘制半径为20 的两个圆。

Step 11 在"修改"面板中单击"修剪"按钮 ⁄ ，按空格键两次，然后选择椭圆和圆角矩形相交的地方，即可修剪多余的线条，结果如图 3-112 所示。

Note

图 3-110 移动效果　　　　　图 3-111 绘制圆　　　　　图 3-112 洗脸盆效果

Step 12 至此，洗脸盆已经绘制完成，按 Ctrl+S 组合键进行保存。

3.5 本章小结

　　本章主要讲解了 AutoCAD 2014 二维图形的绘制，包括 AutoCAD 的基本图形元素的绘制，如点、直线、矩形、多边形、圆、圆弧等；AutoCAD 2014 的复杂二维图形的绘制，如构造线、射线、多段线、圆环、样条曲线、多线、添加选定对象等；AutoCAD 2014 利用复制方式快速绘图；最后通过实战演练来学习 AutoCAD 绘制立面电视机、绘制三孔连杆平面图、绘制洗脸盆，从而为后面的学习打下坚实的基础。

第4章

二维图形的选择与编辑

在 AutoCAD 2014 中，除了拥有大量的二维图形绘制命令外，还提供了功能强大的二维图形编辑命令。正确快捷地选择要编辑的图形对象为基础，再使用编辑命令对图形进行修改，使图形更精确、直观，以达到制图的最终目的。

内容要点

- ◆ 选择对象与对象编组方法
- ◆ 使用夹点编辑图形
- ◆ 复制和删除操作
- ◆ 移动和偏移操作
- ◆ 旋转和镜像操作

- ◆ 对齐和阵列操作
- ◆ 修改对象形状的方法
- ◆ 倒角和圆角操作
- ◆ 打断、合并与分解操作

4.1 选择对象的基本方法

在 AutoCAD 中，绘制和编辑一些图形对象时，都需要选择对象，而 AutoCAD 2014 提供了多种选择对象的方式，下面分别进行讲解。

4.1.1 设置选择对象模式

AutoCAD 2014 中，系统用虚线亮显表示所选的对象，这些对象就构成了选择集，它可以包括单个对象，也可以包括复杂的对象编组。要设置选择集，可以通过"选项"对话框进行设置。

打开"选项"对话框的方法有以下几种：

◇ 面板：在"视图"标签下的"用户界面"面板中单击箭头按钮 ，如图 4-1 所示。
◇ 命令行：在命令行中输入"OPTIONS"命令（快捷命令为"OP"）并按 Enter 键。
◇ 快捷菜单：在绘图区的空白区域右击，弹出快捷菜单如图 4-2 所示，选择"选项（O）"命令。

图 4-1　从面板中执行　　　　　　　　图 4-2　右键菜单

启动"选项"命令后，将弹出"选项"对话框，切换到"选择集"选项卡，就可以通过各选项对"选择集"进行设置，如图 4-3 所示。

图 4-3　"选项"对话框

在"选择集"选项卡中，各选项的含义如下：

◇ "拾取框大小"：以像素为单位设置对象选择目标的高度，拾取框是在编辑命令中出现的对象选择工具，拖动滑块将改变拾取框的大小，如图 4-4 所示。

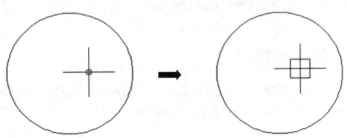

图 4-4 改变拾取框大小的效果

◇ "选择集模式"：控制与对象选择方法相关的设置。
◇ "窗口选择方法"：使用下拉列表来更改"Pickdrag"系统变量的设置。
◇ "特性"选项板中的对象限制：确定可以使用"特性"和"快捷特性"面板一次更改的对象数的限制。
◇ "预览"：当拾取框光标滚动过对象时，亮显对象。

> **∷∷· 提示**
>
> 特性预览仅在功能区和"特性"面板中显示，在其他面板中不可用。

◇ "夹点尺寸"：以像素为单位设置夹点框的大小，拖动滑块将改变选择对象显示的夹点大小，如图 4-5 所示。

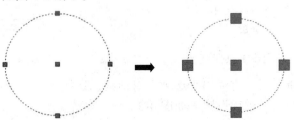

图 4-5 改变对象夹点大小效果

◇ "夹点"：在对象被选中后，其上将显示夹点，即一些小方块。
　　✓ "夹点颜色"：显示"夹点颜色"对话框，可以在其中指定不同夹点状态和元素的颜色。
　　✓ "显示夹点"：控制夹点在选定对象上的显示。在图形中显示夹点会明显降低性能。清除此选项可优化性能。
　　✓ "在块中显示夹点"：控制块中夹点的显示如图 4-6 所示，为打开和关闭"在块中显示夹点"模式下选择块对象的效果。

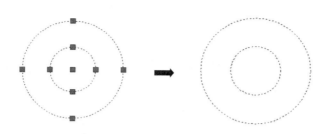

图 4-6　打开、关闭"在块中显示夹点"效果

- ✓ "显示夹点提示"：当光标悬停在支持夹点提示的自定义对象的夹点上时，显示夹点的特定提示。此选项对标准对象上无效。
- ✓ "显示动态夹点菜单"：控制在将鼠标悬停在多功能夹点上时动态菜单的显示。
- ✓ "允许按 Ctrl 键循环改变对象编辑方式行为"：允许多功能夹点按 Ctrl 键循环改变对象编辑方式行为。
- ✓ "对组显示单个夹点"：显示对象组的单个夹点。
- ✓ "对组显示边界框"：围绕编组对象的范围显示边界框。
- ✓ "选择对象时限制显示的夹点数"：选择集包括的对象多于指定数量时，不显示夹点。有效值的范围从 1～32767。默认设置是 100。
- ◇ 功能区选项：单击"上下文选项卡状态"按钮，将弹出"功能区上下文选项卡状态选项"对话框，从而可以为功能区上下文选项卡的显示进行设置，如图 4-7 所示。

图 4-7　"功能区上下文选项卡状态选项"对话框

4.1.2　点选对象

点选就是依次用鼠标单击，选中需要选择的图形对象，如图 4-8 所示。

图 4-8　"点选"选择

4.1.3　框选对象

框选就是拖动鼠标在需要选择的所有图形的位置周围，划一绿色矩形边框，这样矩形内的所有对象均被选中，如图 4-9 所示。

图 4-9　"框选"选择

4.1.4　栏选对象

栏选就是拖动鼠标形成任意线段，凡与此线相交的所有的图形对象均被选中，如图 4-10 所示。

图 4-10　"栏选"选择

4.1.5　围选对象

围选就是拖动鼠标形成任意封闭多边形，其多边形窗口之内的所有图形对象皆被选中，如图 4-11 所示。

图 4-11　"围选"选择

4.1.6　快速选择

在 AutoCAD 2014 中提供了快速选择功能，运用该功能可以一次性选择绘图区中具有某一属性的所有图形对象（如具有相同的颜色、图层、线型、线宽等）。用户可以通过以两种方法来启动"快速选择"命令：

◇　快捷菜单：当命令行处于等待状态时，右击，在弹出的快捷菜单中选择"快速选择"命令，如图 4-12 所示。

◇　命令行：在命令行中输入或动态输入"Qselect"命令并按 Enter 键。

启动"快速选择"命令后，弹出"快速选择"对话框，如图 4-13 所示。

图 4-12　快捷菜单

图 4-13　"快速选择"对话框

用户可以根据所要选择目标的属性，一次性选择绘图区中具有该属性的所有对象，如图 4-14 所示。

图 4-14　快速选择效果

要使用快速选择功能对图形进行选择，可以在"快速选择"对话框的"应用到"下拉列表中选择要应用到的图形，或者单击右侧的⬛按钮。

回到绘图区中选择需要的图形，然后右击返回"快速选择"对话框中，在"特性"列表框中选择"图层"特性，在"值"下拉列表中选择图层名，然后单击"确定"按钮即可。

跟踪练习——删除图形中所有的文字对象

 视频\04\删除图形中所有的文字对象.avi
案例\04\车床电气线路图.dwg

本实例讲解如何快速选择具有同一属性的图形对象来进行编辑，其操作步骤如下：

Step 01 启动 AutoCAD 2014，在快速访问工具栏中单击"打开"按钮➦，将"案例\04\车床电气线路图.dwg"文件打开，如图 4-15 所示。

图 4-15 打开的素材图形

Step 02 在图形空白区域右击，在弹出的快捷菜单中选择"快速选择（Q）"命令，如图 4-16所示。

Step 03 随后弹出"快速选择"对话框，在"特性"列表框中选择"图层"，在"值"下拉列表中选择"文字说明层"，然后单击"确定"按钮，如图 4-17 所示，则图形中所有"文字说明"图层相应对象被选中，如图 4-18 所示。

图 4-16 右键菜单

图 4-17 设置选择类型

图 4-18 选中效果

Step **04** 执行"删除"命令（E），或者按 Delete 键，将选中对象删除，结果如图 4-19 所示。

图 4-19 删除结果

Note

> **⋮⋮ · 经验分享——选择类似对象**
>
> 用户还可以选择图形中的对象，然后右击，在弹出的快捷菜单中选择"选择类似对象"命令，则图形中相同属性的图形都被选中，如图 4-20 所示。

图 4-20　选择类似对象

4.1.7　编组

当把若干个对象定义为选择集，并让它们在以后的操作中始终作为一个整体时，可以给这个选择集命名并保存起来，这个对象选择集就是对象组。通过以下几种方式执行"编组"命令：

◇ 面板：在"常用"标签下的"组"面板中单击"编组"按钮 。

◇ 命令行：在命令行中输入或动态输入"Group"命令（快捷命令为"G"）并按 Enter 键。

执行上述命令后，在命令行出现如下的提示信息，从而可以为对象进行编组，并设置组名称，并进行相关组说明：

```
命令：_GROUP                          //执行"编组"命令
选择对象或 [名称（N）/说明（D）]:n    //选择"名称"选项
输入编组名或 [?]：组 1               //输入名称
选择对象或 [名称（N）/说明（D）]:指定对角点：找到 3 个    //选择对象
组"组 1"已创建。                     //创建组对象
```

可以使用多种方式编辑编组，包括更改其成员资格、修改其特性、修改编组的名称和说明，以及从图形中将其删除等操作。

> **∷∷• 经验分享——编组的命名**
>
> 即使删除了编组中的所有对象，但编组定义依然存在。如果用户输入的编组名与前面输入的编组名称相同，则在命令行出现"编组×××已经存在"的提示信息。

> **∷∷• 经验分享——编组的分解**
>
> 若要将组对象进行解散，需选择要解除编组的对象，然后在"常用"选项卡的"组"面板单击"解除编组"按钮 ，即可将已经编组的对象解散。

> **∷∷• 经验分享——解决无法编组的问题**
>
> 对于编组操作，可能会发现执行了编组操作，但所选择的对象并没有进行编组的现象。这时可执行"选项"命令（OP），弹出"选项"对话框，切换至"选择集"选项卡，勾选"对象编组"复选框，如图4-21所示。

图 4-21 勾选"对象编组"复选框

4.2 改变图形位置

本节将详细介绍 AutoCAD 2014 的移动、旋转命令，利用这些命令，可以方便地编辑绘制的图形。

4.2.1 移动

移动操作是在指定的方向上按指定距离移动对象，其移动的对象并不改变其方向和大小；用户可以通过坐标和对象捕捉的方式，来精确的移动对象。

在 AutoCAD 中，可以通过以下几种方式来执行"移动"命令：

✧　面板：在"修改"面板中单击"移动"按钮✣。

✧　命令行：在命令行中输入或动态输入"MOVE"命令（快捷命令为"M"）并按 Enter 键。

执行"移动"命令（M）后，根据如下提示进行操作，即可将指定的对象进行移动：

```
命令：_move        //启动"移动"命令
选择对象：            //选择需要移动的图形对象
指定基点或［位移（D）］<位移>：          //指定移动基点
指定第二个点或 <使用第一个点作为位移>：   //指定目标位置或输入位移距离，按
空格键确定
```

跟踪练习——绘制组合床

视频\04\绘制组合床.avi
案例\04\组合床.dwg

本实例主要讲解使用移动命令来绘制组合床，其操作步骤如下：

Step 01 启动 AutoCAD 2014，在快速访问工具栏中单击"打开"按钮，将"案例\04\组合床.dwg"文件打开，如图 4-22 所示。

图 4-22　打开的图形

Step 02 在"修改"面板中单击"移动"按钮✣，按 F3 键打开"捕捉"模式，同时关闭正交，根据命令行提示，选择矮柜为移动对象，并按空格键确定，系统提示"指定基点："，此时捕捉矮柜左下侧角点，单击确定基点，然后移动鼠标指针到床的右下角点，如图 4-23 所示的位置，单击即可。

Step 03 根据同样的方法，使用"移动"命令将木马、书本和台灯放置到如图 4-24 所示的位置。

Step 04 至此，组合床已经绘制完成，按 Ctrl＋S 组合键进行保存。

① 捕捉左下端点

② 捕捉床右下角点

图 4-23　移动矮柜

图 4-24　组合床效果

经验分享——精确移动对象

在进行移动操作时，可以进行具体尺寸的移动。例如，要将一个矩形水平向右移动"50"，执行"移动"命令（M），根据命令行提示，选择矩形左下角为基点，打开正交模式，水平向右移动光标指引矩形移动的方向，然后输入移动距离 50，最后按空格键确定，如图 4-25 所示。

图 4-25　移动距离

4.2.2　旋转

"旋转"命令将选中的对象绕指定的基点进行旋转，可选择转角方式、复制旋转和参照方式旋转对象。

可以通过以下几种方式来执行"旋转"命令：

◇　面板：在"修改"面板中单击"旋转"按钮⟲。
◇　命令行：在命令行中输入或动态输入"ROTATE"命令（快捷命令为"RO"）并按 Enter 键。

启动旋转命令后，根据如下提示进行操作：

命令：_rotate //启动"旋转"命令
UCS 当前的正角方向：ANGDIR=逆时针 ANGBASE=0   //当前旋转的方向为逆时针
选择对象：   //指定旋转的图形对象
指定基点：   //指定相应基点
指定旋转角度，或 [复制（C）/参照（R）]   //输入旋转角度

⠿ 提示——旋转的角度

"旋转"命令可以输入 0°～360° 的任意角度值来旋转对象，以逆时针为正，顺时针为负；也可以指定基点，拖动对象到第二点来旋转对象。

在执行旋转命令过程中，其命令提示行中各选项的含义如下：

◇ 指定旋转角度：输入旋转角度，系统自动按逆时针方向转动。

◇ 复制（C）：选择该项后，系统提示"旋转一组选定对象"，将指定的对象复制旋转，旋转结果如图 4-26 所示：

图 4-26 旋转复制操作

◇ 参照（R）：以某一指定角度为基准，再进行旋转，其命令行提示如下，旋转结果如图 4-27 所示。

指定旋转角度，或 [复制（C）/参照（R）]：r //启动参照功能
指定参照角 <0>：30:   //可输入角度，或者选择起点与终点来确定角度
指定新角度或 [点（P）]:45   //指定以参照角度为基准的旋转角度

图 4-27 参照旋转对象

4.2.3　对齐

"对齐"命令可以通过移动、旋转或倾斜对象来使该对象与另一个对象对齐。

可以通过以下几种方式来执行"对齐"命令：

◇　面板：单击"修改"面板中的"对齐"按钮 ⏚。
◇　命令行：在命令行中输入或动态输入"ALIGN"命令（快捷命令为"AL"）并按 Enter 键。

启动该命令后，根据如下提示进行操作，选择要对齐的对象，指定一个源点，然后指定相应的目标点，按 Enter 键确定，如果要旋转对象，请指定第二个源点，则选定的对象将从源点移动到目标点，如果指定了第二点和第三点，则这两点将旋转并倾斜选定的对象。

```
命令：_align          //启动"对齐"命令
选择对象：            //选择要对齐的对象
指定第一个源点：      //指定对齐对象的点
指定第一个目标点：    //指定对齐目标的点
指定第二个源点：      //指定对齐对象的第二点
指定第二个目标点：    //指定对齐目标的第二点
指定第三个源点或 <继续>://空格键确认
是否基于对齐点缩放对象？[是（Y）/否（N）] <否>：Y
                     //选择"是（Y）"确定对齐操作
```

跟踪练习——将断开的图形对齐

视频\04\将断开的图形对齐.avi
案例\04\连叉.dwg

本实例以断开的"连叉"图形为例子，通过对齐操作将连叉图形连接起来，其操作步骤如下：

Step 01 启动 AutoCAD 2014，在快速访问工具栏中单击"打开"按钮 ，将"案例\04\连叉.dwg"文件打开，如图 4-28 所示。

图 4-28　打开的图形

Note

Step 02 在"修改"面板中单击"对齐"按钮，根据如下命令提示，选择右侧图形，然后指定 A 点为第一个源点并单击，再单击目标对象 B 点为指定的第一个目标点；继续单击右侧图形 C 点为第二个源点，再单击 D 点为第二个目标点，如图 4-29 所示，按空格键，命令行提示"是否基于对齐点缩放对象？[是（Y）/否（N）]＜否＞:"，选择"是（Y）"选项，从而将断开的两个对象对齐，如图 4-30 所示。

```
命令：_align            //启动"对齐"命令
选择对象：              //选择要对齐的对象
指定第一个源点：        //指定对齐对象的点
指定第一个目标点：      //指定对齐目标的点
指定第二个源点：        //指定对齐对象的第二点
指定第二个目标点：      //指定对齐目标的第二点
指定第三个源点或 ＜继续＞://空格键确认
是否基于对齐点缩放对象？[是（Y）/否（N）] ＜否＞：Y
                        //选择"是（Y）"确定对齐操作
```

图 4-29　分别捕捉对齐的点　　　　　　　　图 4-30　对齐效果

经验分享——对象的交叉对齐

如果在捕捉对齐的源点和目标点时，出现交叉对齐的情况，系统自动按照交叉方式进行对齐操作，并进行缩放和移动等。如图 4-31 所示是 A、D 点对齐和 B、C 点对齐的效果。

图 4-31　交叉对齐

4.3　改变图形大小

4.3.1　缩放

使用缩放命令可以将对象按指定的比例因子改变实体的尺寸大小，从而改变对象的尺寸，但不改变其状态。可以把整个对象或者对象的一部分沿 X、Y、Z 方向以相同比例放大或缩小，由于 3 个方向的缩放率相同，因此保证了缩放实体的形状不变。

在 AutoCAD 中，用户可以通过以下几种方式来执行"缩放"命令：

◇　面板：在"修改"面板中的单击"缩放"按钮 。

◇　命令行：在命令行中输入或动态输入"SCALE"命令（快捷命令为"SC"）并按 Enter 键。

启动命令后，其命令提示行如下：

```
命令: _scale    //启动"缩放"命令
选择对象:        //选择需要缩放的对象
选择对象:        //按 Enter 键结束选择
指定基点:        //指定缩放的中心点
指定比例因子或 [复制（C）/参照（R）]:0.5    //设置缩放的比例
```

在执行缩放命令过程中，其命令提示行中各选项的含义如下：

◇　指定比例因子：可以直接指定缩放因子，大于 1 的比例因子使对象放大，而介于 0 和 1 之间的比例因子将使对象缩小。

◇　复制（C）：可以复制缩放对象，即缩放对象时，保留原对象。

◇　参照（R）：采用参考方向缩放对象时，系统提示："指定参照长度:"，通过指定两点来定义参照长度，系统继续提示："指定新的长度或[点（P）]>1.0000>:"，指定新长度，按 Enter 键，若新长度值大于参考长度值，则放大对象；否则缩小对象。

⬡ 经验分享——"Scale"命令与"Zoom"命令的区别

"Scale"命令与"Zoom"命令的区别是：前者可改变实体的尺寸大小；后者只可缩放图形显示区域实体，并不改变实体尺寸值。

4.3.2 拉伸

使用"拉伸"命令可以按指定的方向和角度拉长或缩短实体，也可以调整对象大小，使其在一个方向上或按比例增大或缩小；还可以通过移动端点、顶点或控制点来拉伸某些对象。

该命令选择对象时只能使用交叉窗口方式，当对象有端点在交叉窗口的选择范围外时，交叉窗口内的部分将被拉伸，交叉窗口的端点将保持不动。

如果对象是文字，块或圆时，它们不会被拉伸，当对象整体在交叉窗口选择范围内时，它们只可以移动，而不能被拉伸。

在 AutoCAD 中，可以通过以下几种方式来执行"拉伸"命令：

◇　面板：在"修改"面板中单击"拉伸"按钮 。

◇　命令行：在命令行中输入或动态输入"STRETCH"命令（快捷命令为"S"）并按"Enter"键。

启动拉伸命令后，其命令提示行如下：

```
命令： _stretch        //启动"拉伸"命令
以交叉窗口或交叉多边形选择要拉伸的对象...
选择对象：              //交叉框选范围的对象
选择对象：              //按 Enter 键结束选择
指定基点或 [位移（D）] <位移>：          //捕捉拉伸的基点位置
指定第二个点或 <使用第一个点作为位移>：    //指定第二点或者输入距离
```

跟踪练习——调整单人床为双人床

视频\04\调整单人床为双人床.avi
案例\04\双人床.dwg

本实例通过对单人床执行拉伸命令，使单人床快速改变大小，使用户掌握"拉伸"命令在绘图过程中的灵活运用。其操作步骤如下：

Step 01 启动 AutoCAD 2014，在快速访问工具栏中单击"打开"按钮，将"案例\04\单人床.dwg"文件打开，如图 4-32 所示。

Step 02 再单击"另存为"按钮，将文件另存为"案例\04\双人床.dwg"文件。

Step 03 在"修改"面板中单击"拉伸"按钮，根据命令行提示，从右至左交叉选择大矩形左边的 3 条线段，如图 4-33 所示，并按空格键确定，系统提示"指定基点："，选择左垂直线段中点，如图 4-34 所示，打开正交模式，向左拖动鼠标指引拉伸的方向，然后输入拉伸距离 600，如图 4-35 所示，最后按空格键确定即可。拉伸效果如图 4-36 所示。

图 4-32　打开图形

图 4-33　拉伸步骤 1

图 4-34　拉伸步骤 2

Step 04 在"修改"面板中再单击"拉伸"按钮，同样框选枕头圆角矩形左侧部分，如图 4-37 所示，捕捉左垂直中点，打开正交模式，向右拖动鼠标，输入拉伸距离 200，拉伸效果如图 4-38 所示。

图 4-35　拉伸步骤 3

图 4-36　拉伸效果

图 4-37　拉伸步骤 4

图 4-38　拉伸效果

Step 05 在"修改"面板中单击"镜像"按钮，选择枕头和床头柜对象，指定床水平中线为轴，此时左侧显示预览，如图 4-39 所示，然后按空格键确定，则镜像效果如图 4-40 所示。

图 4-39　镜像步骤

图 4-40　镜像结果

Step 06 至此，双人床已经绘制完成，按 Ctrl+S 组合键进行保存。

经验分享——拉伸对象的选择和拉伸的角度

执行"拉伸"命令，选择拉伸对象，一定要采用从右向左拉选对象的方式来进行选择对象，否则拉伸不成功。另外，在指定拉伸的第二点对象时，如果不是以正交方式进行水平或垂直拉伸，则拉伸的图形对象会扭曲变形，如图 4-41 所示。

图 4-41　非正交拉伸效果

4.3.3 拉长

Note

使用"拉长"命令可以改变非闭合直线、圆弧、非闭合多段线、椭圆弧和非闭合样条曲线的长度，也可以改变圆弧的角度。

可以通过以下几种方式来执行"拉长"命令：

◇ 面板：在"修改"面板中单击"拉长"按钮✍。

◇ 命令行：输入或动态输入"LENGTHER"命令（快捷命令为"LEN"）并按 Enter 键。

执行"拉长"命令后，根据命令行的提示，即可进行拉长操作，如图 4-42 所示：

```
命令：_LEN                    //执行"拉长"命令
选择对象或［增量（DE）/百分数（P）/全部（T）/动态（DY）］：
                             //选择要拉长的对象
选择对象或［增量（DE）/百分数（P）/全部（T）/动态（DY）］：DE
                             //选择"增量（DE）"选项
选择要修改的对象或［放弃（U）］：//单击要拉长对象的一端
```

图 4-42 "增量"拉长对象

执行命令后，各选项的含义如下：

◇ "增量（DE）"：指定以增量方式来修改对象的长度，该增量从距离选择点最近的端点处开始测量。

◇ "百分数（P）"：指的是以总长的百分比值进行拉长或缩短对象，长度的百分数值必须为正且非零，如图 4-43 所示。

拉长后 ————————————————————————————————

拉长百分比：300

拉长前 ————————————————————

图 4-43 "百分比"拉长对象

```
命令：LEN                              //执行"拉长"命令
选择对象或 [增量（DE）/百分数（P）/全部（T）/动态（DY）]：
                                      //选择要拉长的对象
选择对象或 [增量（DE）/百分数（P）/全部（T）/动态（DY）]：P
                                      //选择"百分数（P）"选项
输入长度百分数 <100.000>：200  //输入长度百分数
选择要修改的对象或 [放弃（U）]：//单击要拉长对象的一端
选择要修改的对象或 [放弃（U）]：
```

⠿ 经验分享——拉长中使用"百分比"的注意事项

当长度百分比小于 100 时，将缩短对象；反之，则拉长对象。

❖ "全部（T）"：可通过指定对象的新长度或新角度，来改变其总长度。如果指定的新长度（角度）小于对象原来的长度（角度），那么原对象将被缩短；反之，则被拉长，如图 4-44 所示。

图 4-44　"全部"拉长对象

❖ "动态（DY）"：根据图形对象的端点位置动态地改变其长度。激活"动态"选项后，AutoCAD 将端点移动到所需的长度或角度，另一端保持固定，如图 4-45 所示。

图 4-45　"动态"拉长对象

4.4　改变图形形状

本节将详细介绍 AutoCAD 2014 的删除、修剪、延伸、倒角、圆角等命令，利用这些命令，可以方便地编辑、绘制图形。

4.4.1 删除

"删除"命令主要用于删除图形的某部分，启动该命令的方法如下：

◇ 面板：在"修改"面板中单击"删除"按钮 ✐ 。
◇ 命令行：在命令行中输入或动态输入"ERASE"命令（快捷命令为"E"）并按 Enter 键。

执行命令后，可以先选择对象，然后调用删除命令；也可以先调用删除命令，然后再选择对象。当选择多个对象时，多个对象都被删除；若选择的对象属于某个对象组，则该对象组的所有对象都被删除。

4.4.2 修剪

使用"TRIM"命令可以通过指定的边界对图形对象进行修剪，运用该命令可以修剪的对象包括直线、圆、圆弧、射线、样条曲线、面域、尺寸、文本以及非封闭的2D或3D多段线等对象；用户修剪的边界可以是除图块、网格、三维面、轨迹线以外的任何对象。

可以通过以下几种方式来执行"修剪"命令：

◇ 面板：在"修改"面板中单击"修剪"按钮 -/-- 。
◇ 命令行：在命令行中输入或动态输入"TRIM"命令（快捷命令为"TR"）并按 Enter 键。

启动该命令后，其命令提示行如下：

```
命令：_TRIM              //启动"修剪"命令
当前设置：投影=UCS，边=无
选择剪切边...
选择对象或 <全部选择>：   //选择一个或多个对象
选择对象：               //按空格键确定
选择要修剪的对象，或按住 Shift 键选择要延伸的对象，或[栏选（F）/窗交（C）
/投影（P）/边（E）/删除（R）/放弃（U）]：   //选择剪切部分对象
```

其命令提示行中部分选项的具体含义如下：

◇ 栏选（F）：用来修剪与选择栏相交的所有对象，选择栏是一系列临时线段，它们是用两个或多个栏选点指定的。
◇ 窗交（C）：用于通过指定窗交对角点修剪图形对象。
◇ 投影（P）：用于确定修剪操作的空间，主要是指三维空间中的两个对象的修剪，此时可以将对象投影到某一平面上进行修剪操作。
◇ 边（E）：用于确定修剪边的隐含延伸模式。

经验分享——修剪与延伸命令的转换

在进行修剪操作时按住 Shift 键，可转换为执行"延伸"（Extend）命令。当选择要修剪的对象时，若某条线段未与修剪边界相交，则按住 Shift 键后单击该线段，可将其延伸到最近的边界。

4.4.3　延伸

使用"Extend"命令可以将直线、弧和多段线等图元对象的端点延长到指定的边界，通常可以使用"延伸"命令的对象包括圆弧、椭圆弧、直线、非封闭的 2D 和 3D 多段线等，有效的边界对象有圆弧、块、圆、椭圆、浮动的视口边界、直线、多段线、射线、面域、样条曲线、构造线及文本等对象。

可以通过以下几种方式来执行"延伸"命令：

◇　面板：在"修改"面板中单击"延伸"按钮--/。
◇　命令行：在命令行中输入或动态输入"Extend"命令（快捷命令为"EX"）并按 Enter 键。

执行延伸操作后，系统提示中的各项含义与修剪操作中的命令相同。延伸一个相关的线形尺寸标注时，完成延伸操作后，其尺寸会自动修正。有宽度的多段线以中心作为延伸的边界线。

提示

在执行"延伸"命令后，按空格键两次，然后直接选择对象要延伸的端点（如在上一步骤的上、下水平线左端点单击），同样可以延伸，但在延伸目标中间有多个对象时，此方法需要多次选择才能达到目标位置，如图 4-46 所示。

启动延伸命令后，按空格键两次，单击水平左端点　　　再次单击左端点延伸到目标

图 4-46　延伸不同方式

经验分享——延伸边界和对象的选择

使用延伸命令时，一次可选择多个实体作为边界，选择被延伸实体时应选取靠近边界的一端，否则会出现错误。选择要延伸的实体时，应该从拾取框靠近延伸实体边界的那一端来选择目标。

4.4.4 倒角

使用"倒角"命令可以通过延伸或修剪的方法，用一条斜线连接两个非平行的对象，使用该命令执行倒角操作时，应先设定倒角距离，再指定倒角线。

可以通过以下几种方式来执行"倒角"命令。

♦ 面板：在"修改"面板中的"圆角"下拉列表中单击"倒角"按钮▱。

♦ 命令行：在命令行中输入或动态输入"CHAMFER"命令（快捷命令为"CHA"）并按 Enter 键。

启动该命令后，命令提示如下：

```
命令：_CHAMFER  //启动"倒角"命令
（"修剪"模式）当前倒角距离 1 = 0.0000，距离 2 = 0.0000
                //默认距离为 0，则倒直角
选择第一条直线或 [放弃（U）/多段线（P）/距离（D）/角度（A）/修剪（T）/方
式（E）/多个（M）]：
                //直接点选倒角第一条直线，或者根据需要选择其中的选项
选择第二条直线，或按住 Shift 键选择直线以应用角点或 [距离（D）/角度（A）/
方法（M）]：
                //选择倒角另一直线，完成倒角
```

在执行"倒角"命令过程中，其命令行中部分选项含义如下：

♦ 多段线（P）：将对多段线每个顶点处的相交直线段作倒角处理，倒角将成为多段线新的组成部分。

♦ 距离（D）：设置选定边的倒角距离值，选择该选项后，系统继续提示指定第一个倒角距离和指定第二个倒角距离。

♦ 角度（A）：该选项通过第一条线的倒角距离和第二条线的倒角角度设定倒角距离，选择该选项后，命令行中提示指定第一条直线的倒角长度和第一条直线倒角角度。

♦ 修剪（T）：该选项用来确定倒角时是否对相应的倒角边进行修剪，选择该选项后，命令行中提示"输入并执行修剪模式选项[修剪（T）\不修剪（N）<修剪>]"。

> **⁝⁝⁝ 提示与技巧**
>
> 使用"倒角"命令只能对直线、多段线进行倒角，不能对弧、椭圆弧进行倒角。

4.4.5 圆角

使用"圆角"命令可以用一段指定半径的圆弧将两个对象连接在一起，还能将多段线的多个顶点一次性圆角，使用此命令前应先设定圆弧半径，再进行圆角。

使用"圆角"命令可以选择性地修剪或延伸所选对象，以便更好地圆滑过渡，该命令可以对直线、多段线、样条曲线、构造线、射线等进行处理，但是不能对圆、椭圆和封闭的多段线等对象进行圆角。

Note

可以通过以下几种方式来执行"圆角"命令：

◇　面板：在"修改"面板中单击"圆角"按钮⬜。

◇　命令行：在命令行中输入或动态输入"FILLET"命令（快捷命令为"F"）并按 Enter 键。

启动命令后，其命令行的提示如下：

```
命令：_FILLET                    //启动"圆角"命令
当前设置：模式 = 不修剪，半径 = 0.0000
选择第一个对象或 [放弃（U）/多段线（P）/半径（R）/修剪（T）/多个（M）]：R
                      //选择"半径（R）"选项
指定圆角半径 <0.0000>：50 //指定圆角的半径
选择第一个对象或 [放弃（U）/多段线（P）/半径（R）/修剪（T）/多个（M）]：
选择第二个对象，或按住 Shift 键选择对象以应用角点或 [半径（R）]：
```

在命令行的提示中，部分选项的含义如下：

◇　半径（R）：用于输入连接圆角的圆弧半径。

◇　修剪（T）：在"输入修剪模式选项 [修剪（T）/不修剪（N）] <修剪>："的提示下，输入"N"表示不进行修剪，输入"T"表示进行修剪。

⸬⸬· 提示与技巧

在 AutoCAD 中，其圆角半径值默认为 0；例如：将对象进行半径为 50 的圆角操作；当再次进行圆角半径操作时，系统的默认半径则变为 50。或者在命令行使用"FILLETRAD"变量，输入新的半径值，系统将半径值保存起来，变成当前文件的默认圆角半径。

4.5　其他修改命令

4.5.1　打断

使用"打断"命令可以将对象从某一点处断开，从而将其分成两个独立对象。执行该命令后，可将直线、圆弧、圆、多段线、椭圆、样条曲线以及圆环等对象进行打断，但块、标注和面域等对象不能进行打断。

"打断"命令可以删除对象在指定点之间的部分，即可部分删除对象或将对象分解成两部分。对于直线而言，用"打断"命令可以从中间截去一部分，使直线变成两条线段；对于圆或椭圆而言，将剪掉一段圆弧。

可以通过以下几种方式来执行"打断"命令：

◇　面板：在"修改"面板中单击"打断"按钮⬜。

◇　命令行：在命令行中输入"Break"（快捷命令为"BR"）并按 Enter 键。

执行打断命令后，命令行提示如下：

```
命令: _break    //执行"打断"命令
选择对象:         //选择要打断的对象及位置
指定第二个打断点 或 [第一点（F）]://在要打断的第二点位置单击
```

跟踪练习——打断圆对象

视频\04\打断圆对象.avi
案例\04\打断圆.dwg

本实例讲解"打断"命令的执行方式，其操作步骤如下：

Step 01 启动 AutoCAD 2014，单击"保存"按钮🖫，将其保存为"案例\04\打断圆.dwg"。

Step 02 在"绘图"面板中单击"圆"按钮⊙，在图形区域随意绘制一个圆，如图 4-47 所示。

Step 03 单击"修改"面板下三角按钮，在展开的工具栏中单击"打断"按钮🗋，选择圆形对象，即在选择对象时，鼠标指针指定的位置默认为打断的第一个点，如图 4-48 所示。

图 4-47 绘制圆　　　　　　　　　　图 4-48 指定第一点

Step 04 当命令行提示"指定第二个打断点 或 [第一点（F）]:"时，十字光标在圆对象上指定第二个点，如图 4-49 所示。打断圆形后的效果如图 4-50 所示。

图 4-49 指定第二点　　　　　　　　图 4-50 打断效果

经验分享——打断点的选择

当对圆或圆弧对象执行"打断"操作时，将删除其中一部分，删除从第一点以逆时针方向旋转到第二点之间的圆弧。

在执行"打断"命令的过程中，在"选择对象："的提示下，用点选的方法选择对象，在"指定第二个打断点 或 [第一点（F）]："的提示下，直接输入"@"并按空格键，则第一断开点与第二断开点是同一点。

或者单击"修改"面板中的"打断于点" 按钮，在一点打断选定的对象，只是将对象分成两部分而已，而不删除对象（见图 4-51）。其有效的对象包括直线、开放的多段线和圆弧。但是对圆不能执行打断于点的操作。

图 4-51　打断于点的效果

4.5.2　分解

使用"分解"命令可以将多个组合实体分解为单独的图元对象，组合对象即由多个基本对象组合而成的复杂对象。外部参照作为整体不能被分解。例如，使用"分解"命令可以将矩形分解成线段，将图块分解为单个独立的对象等。

可以通过以下几种方式来执行"分解"命令：

◇　面板：在"修改"面板中单击"分解"按钮 。
◇　命令行：在命令行中输入或动态输入"EXPLODE"命令（快捷命令为"X"）并按 Enter 键。

执行分解命令后，AutoCAD 提示选择操作对象，用任意一种方法选择操作对象，然后按空格键确定即可。

使用"EXPLODE"命令分解带属性的图块后，属性值将消失，并被还原为属性定义的选项，但是使用"MINSERT"命令插入的图块或外部参照对象，不能用"X"命令分解。

经验分享——多段线的分解

具有一定宽度的多段线被分解后，AutoCAD 将放弃多段线的任何宽度和切线信息，分解后的多段线的宽度、线型、颜色将变为当前图层属性，如图 4-52 所示。

图 4-52　有宽度多段线的分解

4.5.3 合并

Note

使用"合并"命令可以合并相似的对象，以形成一个完整的对象。

在 AutoCAD 中，用户可以通过以下几种方式来执行"合并"命令：

- ◇ 面板：在"修改"面板中单击"合并"按钮 ✛ 。
- ◇ 命令行：在命令行中输入或动态输入"Join"命令（快捷命令为"J"）并按 Enter 键。

启动命令后，其命令行提示如下：

```
命令：_join            //执行"合并"命令
选择源对象或要一次合并的多个对象：//选择要合并的第一个对象
选择要合并的对象：     //选择要合并的另一个对象
选择要合并的对象：     //按 Enter 键结束选择
```

使用"合并"命令进行合并操作时，可以合并的对象包括直线、多段线、圆弧、椭圆弧、样条曲线等，但是要合并的对象必须是相似的对象，且位于相同的平面上，每种类型的对象均有附加限制。其附加限制如下：

- ◇ 直线：直线对象必须共线，即位于无限长的直线上，但是它们之间可以有间隙，如图 4-53 所示，合并效果如图 4-54 所示。

图 4-53　合并前两条线段　　　　　　　　　图 4-54　合并后效果

- ◇ 多段线：对象可以是直线、多段线或圆弧。对象之间不能有间隙，并且必须位于与 UCS 的 X、Y 平面平行的同一平面上。
- ◇ 圆弧：圆弧对象必须位于同一假想的圆上，但是它们之间可以有间隙，使用"闭合"选项可将源圆弧转换成圆，分别如图 4-55 和图 4-56 所示。

图 4-55　合并前两条弧线　　　　　　　　　图 4-56　合并后效果

- ◇ 椭圆弧：椭圆弧必须位于同一椭圆上，但是它们之间可以有间隙。使用"闭合"选项可将椭圆弧闭合成完整的椭圆。
- ◇ 样条曲线：样条曲线和螺旋对象必须相接（端点对端点），合并样条曲线的结果是单个样条曲线。

经验分享——圆弧或椭圆弧的合并

合并两条或多条圆弧或椭圆弧时，将从原对象开始按逆时针方向合并圆弧或椭圆弧。

4.6　复杂图形的编辑

在 AutoCAD 中，用户可以使用不同类型的夹点和夹点模式以其他方式重新塑造、移动或操纵对象。相对其他编辑命令而言，使用夹点功能修改图形更方便、快捷。

4.6.1　编辑多段线

"多段线编辑"命令可以对多段线进行编辑，以满足用户的不同需求。

可以通过以下几种方法来执行"编辑多段线"命令。

◇　面板：在"修改"面板中单击"编辑多段线"按钮✐。
◇　命令行：在命令行中输入或动态输入"Pedit"命令（快捷命令为"Pe"）并按 Enter 键。
◇　快捷菜单：选择需要编辑的多段线，并右击，在弹出的快捷菜单中选择"多段线"｜"编辑多段线"命令，如图 4-57 所示。

执行"编辑多段线"命令过后，其命令行将给出如下提示，或者在视图中出现相应的快捷菜单，如图 4-58 所示。

```
命令：_PEDIT                    //调用编辑多段线命令
选择多段线或 [多条（M）]：      //选择要编辑的多段线对象
输入选项 [打开（O）/合并（J）/宽度（W）/编辑顶点（E）/拟合（F）/样条曲线
（S）/非曲线化（D）/线型生成（L）/反转（R）/放弃（U）]：
                               //根据要求设置各个选项
```

图 4-57　选择"编辑多段线"命令

图 4-58　右键菜单

在"编辑多段线"的部分选项中，其具体含义如下：

❖ 合并（J）：用于合并直线段、圆弧或者多段线，使所选对象成为一条多段线。合并的前提是各段对象首尾相连。

❖ 宽度（W）：可以修改多段线的线宽，这时系统提示"指定所有线段的新宽度："，然后输入新的宽度即可，如图 4-59 所示。

❖ 拟合（F）：将多段线的拐角用光滑的圆弧曲线连接，如图 4-60 所示。

图 4-59　修改多段线宽度

图 4-60　多段线的拟合比较

❖ 样条曲线（S）：创建样条曲线的近似线，如图 4-61 所示。

图 4-61　多段线的样条曲线比较

❖ 非曲线化（D）：删除由拟合或样条曲线插入的其他顶点并拉直所有多段线线段，即是拟合（F）和样条曲线（S）选项的相反操作，如图 4-62 所示。

图 4-62　多段线的非曲线化

❖ 线型生成（L）：此选项用于控制多段线的线性生成方式开关，也可以分别指定所绘对象的起点半宽和端点半宽。

4.6.2　编辑多线

在 AutoCAD 2014 中所绘制的多线对象，可通过编辑多线不同的交点方式来修改多线，以完成对各种绘制的需要。

可以通过以下几种方法来执行"编辑多线"命令：

◇　命令行：在命令行中输入或动态输入"MLEDIT"命令并按 Enter 键。

◇　快捷键：双击需要编辑的多线对象。

执行"编辑多线"命令后，将弹出如图 4-63 所示的"多线编辑工具"对话框，通过该对话框可以创建或修改多线的模式。

对话框中第 1 列是十字交叉形式的；第 2 列是 T 形式的；第 3 列是拐角结合点的节点；第 4 列是多线被剪切和被连接的形式。选择所需要的示例图形，然后在图中选择要编辑的多线即可。

图 4-63　"多线编辑工具"对话框

在该对话框中，有 12 种图标可以进行选择，下面对各个图标进行介绍：

◇　"十字闭合"：用于两条多线相交为闭合的十字交点。选择的第一条多线被修剪，选择的第二条多线保存原状。

◇　"十字打开"：用于两条多线相交为打开的十字交点。选择的第一条多线的内部和外部元素都被打断，选择的第二条多线的外部元素被打断。

◇　"十字合并"：用于两条多线相交为合并的十字交点。选择的第一条多线和第二条多线的外部元素都被修剪，如图 4-64 所示。

❶ 未编辑多线
竖线为第一条 横线为第二条   ❷ 十字闭合效果   ❸ 十字打开效果   ❹ 十字合并效果

图 4-64　十字闭合、打开和合并的区别

❖ "T 形闭合"：用于两条多线相交闭合的 T 形交点。选择的第一条多线被修剪，第二条保持原状。

❖ "T 形打开"：用于两条多线相交为打开的 T 形交点。选择的第一条多线被修剪，第二条多线与第一条相交的外部元素被打断。

❖ "T 形合并"：用于两条多线相交为合并的 T 形交点。选择的第一条多线的内部元素被打断，第二条多线与第一条相交的外部元素被打断，如图 4-65 所示。

❶ 未编辑多线
竖线为第一条 横线为第二条   ❷ T 字闭合效果   ❸ T 字打开效果   ❹ T 字合并效果

图 4-65　T 字闭合、打开和合并的区别

❖ "角点结合"：用于两条多线上添加一个顶点，如图 4-66 所示。

❖ "添加顶点"：用于在多线上添加一个顶点，如图 4-67 所示。

❶ 未编辑多线   ❷ 角点结合

图 4-66　角点结合

顶点 1   顶点 1

新添加顶点

顶点 2   顶点 2

❶ 未编辑多线   ❷ 选中后效果   ❸ 执行添加顶点
并选中效果

图 4-67　添加顶点

❖ "删除顶点"：用于将多线上的一个顶点删除，如图 4-68 所示。

❖ "单个剪切"：通过指定两个点使多线的一条线打断。

❖ "全部剪切"：用于通过指定两个点使多线的所有线打断。

❖ "全部接合"：用于被全部剪切的多线全部连接，如图 4-69 所示。

❶ 未编辑多线　　❷ 选中后有 3 个顶点　　❸ 编辑后效果　　❹ 编辑后选中效果

图 4-68　删除顶点

图 4-69　单个剪切、全部剪切和全部接合

4.6.3　编辑样条曲线

样条曲线编辑命令是单个对象编辑命令，一次只可以编辑一个对象。要对样条曲线进行编辑，可以通过以下几种方式来调用该命令：

◆ 快捷菜单：选择要修改的样条曲线对象并右击，在弹出的快捷菜单中选择"样条曲线"命令。

◆ 命令行：在命令行中输入或动态输入"SPLINEDIT"命令（快捷命令为"SPE"）并按 Enter 键。

执行样条曲线的编辑命令后，命令行出现以下提示：

命令:_SPLINEDIT
选择样条曲线：　　//提示选择要编辑的样条曲线对象
输入选项 [闭合（C）/合并（J）/拟合数据（F）/编辑顶点（E）/转换为多段线（P）/反转（R）/放弃（U）/退出（X）] <退出>：

在编辑样条曲线的命令提示选项中，有一些选项的含义在前面已经作了讲解，下面针对未讲解的选项进行讲解：

◆ 拟合数据（F）：此选项用于编辑样条曲线通过的某些点，选择此项后，创建曲线是指定的各个点以小方格的形式显示，其相关的命令提示行如下：

输入拟合数据选项
[添加（A）/闭合（C）/删除（D）/扭折（K）/移动（M）/清理（P）/切线（T）/公差（L）/退出（X）] <退出>：

Note

◇ 编辑顶点（E）：此选项用于移动样条曲线上当前的控制带你。它与"拟合数据"
中的"移动"选项含义相同。

◇ 转换为多段线（P）：此选项可以将样条曲线转换为多段线。

4.7 高级编辑辅助工具

在 AutoCAD 中，可以使用夹点编辑、快捷特性、对象特性、特性匹配等高级编辑
工具对绘制的图形，快速进行相应的编辑。

4.7.1 夹点编辑图形

在选中某一图形对象时，其对象上将会显示若干个小方框，这些小方框是用来标记
被选中的对象的夹点，也是图形对象上的控制点，如图 4-70 所示。

使用"选项"命令（OP）打开"选项"对话框，切换至"选择集"选项卡，勾选"显
示夹点"复选框，如图 4-71 所示。

图 4-70 显示的夹点对象

图 4-71 "选择集"选项卡

打开夹点功能后，不执行任何命令，只选中图形对象，并单击其某一个夹点，使之
进入编辑状态，系统自动默认为拉伸基点，并进入"拉伸"编辑模式；同时，还可以对
其进行夹点移动（MO）、夹点旋转（RO）、夹点缩放（SC）、夹点镜像（MI）等操作。

◇ 夹点拉伸操作，操作效果如图 4-72 所示。

基点   中点

图 4-72 夹点拉伸图形

⠿ 经验分享——使用夹点进行拉伸的技巧

（1）当选择对象上的多个夹点来拉伸对象时，选定夹点间的对象的形状将保持原样。要选择多个夹点，请按住 Shift 键，然后选择适当的夹点。

（2）文字、块参照、直线中点、圆心和点对象上的夹点将移动对象而不是拉伸它。

（3）如果选择象限夹点来拉伸圆或椭圆，然后在输入新半径命令提示下指定距离（而不是移动夹点），此距离是指从圆心而不是从选定的夹点测量的距离。

Note

◇　夹点移动操作（MO），操作效果如图 4-73 所示。

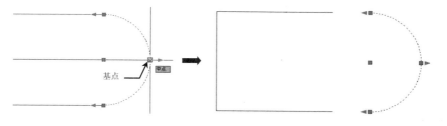

图 4-73　夹点移动图形

◇　夹点旋转操作（RO），操作效果如图 4-74 所示。

图 4-74　夹点旋转图形

◇　夹点缩放操作（SC），操作效果如图 4-75 所示。

图 4-75　夹点缩放图形

◇　夹点镜像操作（MI），操作效果如图 4-76 所示。

图 4-76　夹点镜像图形

Note

使用夹点选中对象后，以所选夹点为基点，默认"拉伸"所选对象。

按 1 次空格（或 Enter 键），是以所选夹点为基点"移动"所选对象。

按 2 次空格（或 Enter 键），是以所选夹点为基点"旋转"所选对象。

按 3 次空格（或 Enter 键），是以所选夹点为基点"比例缩放"所选对象。

按 4 次空格（或 Enter 键），是以所选夹点为第一点的"镜像"所选对象。

按 5 次空格（或 Enter 键），又循环返回到"拉伸"操作。

4.7.2 快速改变图形的属性

在 AutoCAD 2014 中，系统提供了一个"快捷特性"来帮助用户快速修改已绘制的图形对象的简要特性。

可以通过以下几种方法来打开快捷特性：

◇ 组合键：按 Ctrl+Shift+P 组合键。

◇ 状态栏：单击状态栏中的 ▥ 按钮。

◇ 对话框：在"草图设置"对话框中选择"快捷特性"选项卡，勾选，如图 4-77 所示的复选框。

图 4-77 "快捷特性"选项卡

当勾选"选择时显示快捷特性选项板（Ctrl+Shift+P）（Q）"复选框后，返回到绘图窗口，选中需要改变属性的图形对象，此时则出现一些与选中图形相关的特性参数，重新设置新的参数，即可快速改变图形的属性，如图 4-78 所示。

图 4-78　快速改变图形的属性

4.7.3　使用"特性"面板修改图形的属性

在 AutoCAD 2014 中，系统提供了一个"特性"面板来帮助用户修改已绘制的图形对象的特性。

可以通过以下几种方法来打开"特性"面板：

◇　工具栏：在"标准"工具栏中单击"特性"特性 🖲 。
◇　组合键：按 Ctrl+1 组合键。
◇　命令行：在命令行中输入"MO"或者"PR"命令并按 Enter 键。

例如，将矩形的线宽从 0 改变到 10，如图 4-79 所示。

图 4-79　修改对象特性

4.7.4　使用"特性匹配"功能修改图形的属性

特性匹配是将图形对象的特性修改成源对象的特性，包括颜色、线型、样式等。

可以通过以下任意一种方法来执行"特性匹配"命令：

◇ 面板：在"剪贴板"面板中单击"特性匹配"按钮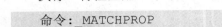。

◇ 命令行：在命令行中输入"Matchprop"（快捷命令为"MA"）并按 Enter 键。

执行"特性匹配"命令后，命令行提示如下：

```
命令：_MATCHPROP                //执行"特性匹配"命令
选择源对象：                    //选择具有线宽的矩形对象
当前活动设置：颜色 图层 线型 线型比例 线宽 透明度 厚度 打印样式 标注 文字
图案填充 多段线 视口 表格材质 阴影显示 多重引线
选择目标对象或 [设置（S）]：//显示可以进行特性匹配的特性
选择目标对象或 [设置（S）]：//选择要进行特性匹配的对象
```

执行上述操作后，根据命令行的提示，即可进行特性匹配，如图 4-80 所示。

图 4-80　进行特性匹配

在进行特性匹配时，选择"设置（S）"选项时，会弹出"特性设置"对话框，可以根据不同的绘图要求勾选相应的"特性匹配"的特性选项，如图 4-81 所示。

图 4-81　"特性设置"对话框

4.7.5　查询对象

在绘制图形或阅读图形的过程中，有时需要及时查询图形对象的数据，例如，对象之间的距离、建筑平面图室内面积等，为了方便这些查询工作，Auto CAD 提供了相关的查询命令。

1．距离查询

测量选定对象或点序列的距离，执行方式如下：

✧ 面板：在"实用工具"面板的"测量"下拉列表中单击"距离"按钮。

✧ 命令行：在命令行中输入或动态输入"Measuregeom"命令（快捷命令为"Mea"）并按 Enter 键。

执行上述命令后，命令行提示与操作如下：

```
命令：_MEASUREGEOM              //执行查询命令
输入选项 [距离(D)/半径(R)/角度(A)/面积(AR)/体积(V)] <距离>：_distance
指定第一点：                    //指定第一点
指定第二个点或 [多个点（M）]：   //指定第二点
距离 = 731.7605，XY 平面中的倾角=0，  与 XY 平面的夹角 = 0
X 增量 = 731.7605，  Y 增量 = 0.0000，    Z 增量 = 0.0000
                               //显示查询的数据
输入选项 [距离（D）/半径（R）/角度（A）/面积（AR）/体积（V）/退出（X）] <
距离>：                         //按 Esc 键退出
```

提示

如果选择"多个点（M）"选项，将基于现在直线段和当前橡皮线即时计算总距离。

经验分享——查询距离

测量两点、多线段之间的距离还可以使用"Dist"命令。例如，查询矩形对角线两点间的距离，其操作步骤如下：

（1）首先绘制一个 200mm×150mm 的矩形。

（2）在命令行输入"DI"命令，使用鼠标指针捕捉矩形左上角的点作为测量对象的第一点；

（3）再使用鼠标指针捕捉矩形右下角的第二点来作为测量对象的第二点，如图 4-82 所示。

图 4-82 分别捕捉矩形的对角点

（4）此时即可在命令行中显示出所测量的距离值。

```
命令: Dist
指定第一点:
指定第二个点或 [多个点(M)]:
距离 = 250.0000, XY 平面中的倾角 = 323,   与 XY 平面的夹角 = 0
X 增量 = 200.0000,  Y 增量 = -150.0000,   Z 增量 = 0.0000
```

2. 面积查询

测量选定对象或点序列的面积，执行方式如下：

- ✧ 面板：在"实用工具"面板的"测量"下拉列表中单击"面积"按钮 ▷。
- ✧ 命令行：在命令行中输入或动态输入"Measuregeom"命令（快捷键命令为"Mea"）。

执行上述命令后，命令行提示与操作如下：

```
命令:_MEASUREGEOM                              //执行命令
输入选项 [距离(D)/半径(R)/角度(A)/面积(AR)/体积(V)] <距离>: AR
指定第一个角点或 [对象(O)/增加面积(A)/减少面积(S)/退出(X)] <对象
(O)>:                                          //指定第一点
指定下一个点或 [圆弧(A)/长度(L)/放弃(U)]: //指定第二点
指定下一个点或 [圆弧(A)/长度(L)/放弃(U)]: //指定第三点
指定下一个点或 [圆弧(A)/长度(L)/放弃(U)/总计(T)] <总计>:
                                               //指定第四点
指定下一个点或 [圆弧(A)/长度(L)/放弃(U)/总计(T)] <总计>:
                                               //按 Enter 键
区域 = 240953.8706, 周长 = 2122.0804         //显示查询的面积和周长
输入选项 [距离(D)/半径(R)/角度(A)/面积(AR)/体积(V)/退出(X)] <
面积>:输入选项 [距离(D)/半径(R)/角度(A)/面积(AR)/体积(V)/退出(X)]
<面积>:                                        //按 Esc 键退出
```

在执行面积查询时，其命令提示行中各选项的含义如下：

- ✧ 对象(O)：选择该项，可以选择闭合的多段线对象，从而计算出相应的面积及周长，其命令提示行如下：

```
命令: _MEASUREGEOM
输入选项 [距离(D)/半径(R)/角度(A)/面积(AR)/体积(V)] <距离>: AR
指定第一个角点或 [对象(O)/增加面积(A)/减少面积(S)/退出(X)] <对象
(O)>: O                                        //选择"对象"选项
选择对象:                                       //使用鼠标选择指定的封闭多段线对象
区域 = 240953.8706, 周长 = 2122.0804 //显示所选择对象的区域及周长值
输入选项 [距离(D)/半径(R)/角度(A)/面积(AR)/体积(V)/退出(X)] <
面积>:
```

- ✧ 增加面积(A)：选择该项，即可按照如下命令行提示来选择多个封闭对象，并显示出不同对象的不同值和多个对象的总面积。

```
命令: _MEASUREGEOM
```

输入选项 [距离（D）/半径（R）/角度（A）/面积（AR）/体积（V）] <距离>：AR
指定第一个角点或 [对象（O）/增加面积（A）/减少面积（S）/退出（X）] <对象（O）>：A
指定第一个角点或 [对象（O）/减少面积（S）/退出（X）]：O
　　　　　　　　//通过"对象（O）"选项来选择对象
（"加"模式）选择对象：//选择第一个对象
区域 = 240953.8706，周长 = 2122.0804
总面积 = 240953.8706 //显示第一个对象的总面积
（"加"模式）选择对象：//选择第二个对象
区域 = 18982.2192，圆周长 = 488.4031
总面积 = 259936.0898 //显示第一、二个对象的总面积
（"加"模式）选择对象：//选择第三个对象
区域 = 30671.1473，长度 = 853.5943
总面积 = 290607.2371 //显示第一、二、三个对象的总面积
指定第一个角点或 [对象（O）/减少面积（S）/退出（X）]：*取消*
　　　　　　　　//按 Esc 键取消

◇　减少面积（S）：选择该项，用于从总面积中减去指定的面积。

跟踪练习——查询住宅使用面积

视频\04\查询住宅使用面积.avi
案例\04\建筑平面图.dwg

　　本实例讲解查询住宅使用面积的方法，让读者熟练掌握查询工具的运用，其操作步骤如下：

Step 01 启动 AutoCAD 2014，在快速访问工具栏中单击"打开"按钮，将"案例\04\建筑平面图.dwg"文件打开，如图 4-83 所示。

Step 02 单击"实用工具"面板中的"测量"下拉按钮，在弹出的列表中单击"面积"按钮，如图 4-84 所示。

图 4-83　打开图形

图 4-84　单击"面积"按钮

Step 03 当命令行提示"指定第一个角点或 [对象 (O) /增加面积 (A) /减少面积 (S) /退出 (X)]:"时，指定建筑区域的第一个角点，如图 4-85 所示。

Step 04 当提示"指定下一个点或 [圆弧 (A) /长度 (L) /放弃 (U)]:"时，指定第二个角点，如图 4-86 所示。

图 4-85　捕捉第一点

图 4-86　捕捉第二点

Step 05 指定第三点，如图 4-87 所示将会出现一个蓝色透明区域。

Step 06 再重复捕捉内墙体的角点，捕捉完后该蓝色透明区域布满整个内墙体平面，如图 4-88 所示。

Step 07 在捕捉完成后，按空格键进行确定，系统将显示测量结果，如图 4-89 所示。

图 4-87　捕捉第三点

图 4-88　捕捉完效果

图 4-89　显示测量结果

> **提示**
>
> CAD 设置图形单位为毫米，因此查询显示结果中，周长的单位为毫米，面积单位为平方毫米。

3. 查询点坐标

使用"ID"命令可以测量点的坐标，在命令提示下显示 X、Y、Z 坐标值，在对象捕捉处于启用状态时，可以选择对象同时查看功能（如端点、中点、圆心）的坐标。

启动该命令的方法如下：

◇ 面板：在"实用工具"面板中单击"点坐标"按钮 点坐标。

◇ 命令行：在命令行中输入或动态输入"ID"命令（快捷键为"ID"）。

在坐标原点位置绘制 100×100 的矩形，再执行"ID"命令，在需要查询坐标的点位置单击，如图 4-90 所示，即可测出该点的坐标，如图 4-91 所示，其命令行提示如下。

```
命令：ID    //启动命令
指定点：     //拾取查询点
X = 100.0000    Y = 50.0000    Z = 0.0000//显示坐标
```

图 4-90　捕捉中点

图 4-91　显示坐标值

4．列表显示

启动"列表"命令，将显示对象相关信息。

输入并执行"List"命令，提示"选择对象："，按如图 4-92 所示拾取指定对象，并按空格键确定，自动弹出如图 4-93 所示的文本窗口，显示图形的相应信息（图层、周长、面积、各项点坐标等）。

图 4-92　选择对象

图 4-93　显示图形信息

5．查询时间

查看当前图形文件各项时间信息。执行"Time"命令，并按空格键，将弹出文本窗口，显示"当前时间"和"图形各项时间统计"等，如图 4-94 所示。

Note

经验分享——关于时间的变量

DATE 变量：存储当前日期和时间。

命令：DATE

DATE = 2456312.35998914 （只读）

CDATE 变量：设置日历的日期和时间。

命令：CDATE

CDATE = 20130119.08382638 （只读）

6．查询状态

查询图形设置状态（捕捉模式、图形界限、文件大小等）。执行"Status"命令，并按空格键，将弹出文本窗口，显示"文件大小、图形界限、捕捉模式、当前图层和颜色"等相关图形设置状态信息，如图 4-95 所示。

图 4-94　显示时间信息

图 4-95　显示图形设置状态信息

4.8　实战演练

4.8.1　初试身手——电桥的绘制

视频\04\电桥的绘制.avi
案例\04\电桥.dwg

通过使用直线、复制、镜像、拉长、修剪等命令来绘制该电桥图形，其操作步骤如下：

Step 01 启动 AutoCAD 2014，单击"保存"按钮，将其保存为"案例\04\电桥.dwg"。

Step 02 执行"直线"命令（L），在视图中绘制长度分别为 20、10、20，角度均为 45°的斜线段，如图 4-96 所示。

Step 03 执行"镜像"命令（MI），以斜线段的上端点为镜像点，向右镜像复制操作，如图 4-97 所示。

图 4-96　绘制斜线　　　　　　　　　　图 4-97　　镜像线段

Step 04 执行"直线"命令（L），分别捕捉左、右侧斜线下端点为起点，分别向内绘制长度均为 30 的水平线段，如图 4-98 所示。

Step 05 执行"直线"命令（L），捕捉左、右两条长度为 10 的斜线段的起始端点为起点，绘制长度为 10，角度为 135°的斜线段，如图 4-99 所示。

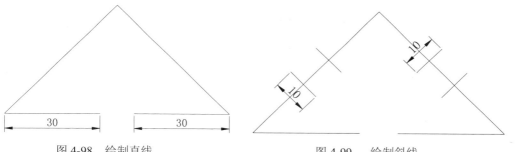

图 4-98　绘制直线　　　　　　　　　图 4-99　　绘制斜线

Step 06 执行"直线"命令（L），再分别捕捉水平线段的端点，绘制长度为 10 的垂直线段，如图 4-100 所示。

Step 07 执行"删除"命令（E），将相应的线段删除，效果如图 4-101 所示。

图 4-100　绘制直线　　　　　　　　　图 4-101　　删除线段效果

Step 08 至此，电桥已经绘制完成，按 Ctrl＋S 组合键进行保存。

4.8.2 深入训练——断路器的绘制

视频\04\断路器的绘制.avi
案例\04\断路器.dwg

通过使用直线、复制、镜像、拉长、修剪等命令来绘制该断路器图形，其操作步骤如下：

Step 01 启动 AutoCAD 2014，单击"保存"按钮，将其保存为"案例\04\断路器.dwg"。

Step 02 执行"直线"命令（L），绘制长度为 30 的水平线段，如图 4-102 所示。

Step 03 执行"直线"命令（L），捕捉水平线段左端点，按"F10"打开极轴追踪，绘制长度为 9，角度为 60°的斜线段，如图 4-103 所示。

图 4-102　绘制水平线　　　　　　　　　图 4-103　绘制斜线

Step 04 执行"复制"命令（CO），将绘制的斜线水平向右复制，复制的距离为 4，如图 4-104 所示。

Step 05 执行"镜像"命令（MI），将两条斜线以水平线为镜像轴线，向下镜像，结果如图 4-105 所示。

图 4-104　复制斜线　　　　　　　　　　图 4-105　镜像效果

Step 06 再次执行"镜像"命令（MI），选择所有图形，以水平线右端点，打开正交向下拖出一条垂直镜像线，进行左右镜像，结果如图 4-106 所示。

Step 07 执行"直线"命令（L），捕捉两条水平线段重合的端点，绘制夹角分别为 60°和 120°，长度均为 5 的斜线段，如图 4-107 所示。

图 4-106　镜像图形　　　　　　　　　　图 4-107　绘制斜线

Step **08** 执行"拉长"命令（LEN），选择"增量（DE）"项，设置增量长度为 5，然后分别单击上步两条斜线的下端点，将下端点向下拉长处理，结果如图 4-108 所示。

Step **09** 执行"移动"命令（M），将上步的两条斜线向左移动 3，如图 4-109 所示。

图 4-108　拉长图形　　　　　　　　　图 4-109　移动图形

Step **10** 执行"直线"命令（L），捕捉两条水平线段重合的端点，绘制长度为 9，角度为 150°的斜线段，如图 4-110 所示。

Step **11** 执行"移动"命令（M），将上步斜线向右移动，移动距离为 9，如图 4-111 所示。

图 4-110　绘制斜线　　　　　　　　　图 4-111　移动图形

Step **12** 执行"修剪"命令（TR），将多余的线条进行修剪，结果如图 4-112 所示。

图 4-112　修剪效果

Step **13** 至此，断路器已经绘制完成，按 Ctrl+S 组合键进行保存。

4.8.3　熟能生巧——组合线路图

视频\04\组合线路图.avi
案例\04\组合线路图.dwg

本实例主要讲解使用"移动"命令来绘制组合线路图，其操作步骤如下：

Step **01** 启动 AutoCAD 2014，在快速访问工具栏中单击"打开"按钮 ，将"案例\04\电器符号.dwg"文件打开，如图 4-113 所示。

Step **02** 再单击"另存为"按钮 ，将文件另存为"案例\04\组合线路图.dwg"文件。

Step **03** 执行"矩形"命令（REC），绘制 60×30 的矩形，如图 4-114 所示。

图 4-113　打开的图形　　　　　　　　图 4-114　绘制矩形

Step 04 执行"分解"命令（X），将矩形打散成 4 条独立的线段；再执行"删除"命令（E），将左垂直边删除，结果如图 4-115 所示。

Step 05 执行"圆"命令（C），在水平线左端点单击为圆心点，绘制半径为 1 的圆，如图 4-116 所示。

图 4-115　分解删除　　　　　　　　图 4-116　绘制圆

Step 06 执行"移动"命令（M），选择圆图形，在提示"指定基点"时，按住 Ctrl 键且右击，在随后弹出的快捷菜单中选择"象限点"，如图 4-117 所示，然后捕捉到圆右侧象限点，单击后向左拖动到水平线端点后单击，完成圆对象的移动。

图 4-117　移动圆对象

Step 07 根据上面的方法，通过圆、移动命令，在下侧水平线左端点绘制半径为 1 的圆，如图 4-118 所示。

图 4-118　绘制、移动圆

Step 08 执行"移动"命令（M），选择电阻图形，同样按住 Ctrl 键且右击，设置"端点"捕捉，捕捉到电阻左端点并单击，移动到上侧水平线，设置并捕捉到"最近点"后单击，确定移动，如图 4-119 所示。

❶ 捕捉端点为基点

❷ 移动捕捉到最近点并单击

❹ 移动效果

图 4-119　移动电阻图形

Step 09 根据同样的方法，执行"移动"命令（M），将开关和灯图形移动到线路上，结果如图 4-120 所示。

Step 10 执行"修剪"命令（TR），将中间多余的线条修剪掉，结果如图 4-121 所示。

图 4-120　移动开关和灯　　　　　　　　图 4-121　修剪多余线段

Step 11 至此，该线路已经组合完成，按 Ctrl+S 组合键进行保存。

4.9 本章小结

　　本章主要讲解了 AutoCAD 2014 二维图形的选择与编辑，包括 AutoCAD 选择对象的基本方法，如设置选择对象模式、点选对象、框选对象、栏选对象、围选对象、快速选择、编组等，以及改变图形形状、其他修改命令、复杂图形的编辑、高级编辑辅助工具等。最后通过实战演练来学习 AutoCAD 电桥、断路器的绘制，以及组合线路图，为后面的学习打下坚实的基础。

第5章

创建面域和图案填充

面域是用闭合的形状或环创建的二维区域，它是一个面对象；本章通过创建面域掌握面域的 3 种逻辑运算方法；图案填充是用指定的图案或者线条来对图形中指定的区域进行填充，用于表达剖面、切面和不同类型物体对象的外观纹理。

- ◆ 掌握面域的创建方法
- ◆ 不同类型的图案填充方法
- ◆ 渐变填充的设置方法
- ◆ 面域对象的各种布尔运算方法
- ◆ 图案填充的编辑方法
- ◆ 工具选项板的使用方法

5.1 将图形转换为面域

面域是具有边界的平面区域，内部可以包含孔。闭合的多条直线和闭合的多条曲线都是有效的选择对象。曲线包括圆弧、圆、椭圆弧、椭圆和曲线。面域可用于应用填充和着色并可以通过逻辑运算，将苦干区域合并到单个复杂区域。

5.1.1 创建面域

面域是具有物理特性（如质心）的二维封闭区域，可以通过以下任意一种方法来执行"面域"命令：

✧ 面板：在"绘图"面板中单击"面域"按钮 ◎ 。
✧ 命令行：在命令行中输入或动态输入"Region"命令，（快捷命令为"Reg"并按Enter 键。

启动命令后，根据如下命令行提示"选择对象："，再选择内部小圆对象，如图 5-1 所示，再按 Enter 键，则系统自动将选中的图形对象转换为面域，如图 5-2 所示。

```
命令：REGION    //执行"面域"命令
选择对象：找到 1 个
选择对象：          //选择内小圆为面域的对象
已提取 1 个环。
已创建 1 个面域。
```

图 5-1 选择对象

图 5-2 面域结果

::::·经验分享——面域对象的分解

在 AutoCAD 中，可以把二维图形转换为面域对象；同样，也可以将面域对象进行分解，转换为二维对象：选择"修改"\"分解"菜单命令，再选择要分解的面域对象即可。

跟踪练习——通过边界创建面域对象

Note

视频\05\通过边界创建面域.avi
案例\05\创建面域.dwg

本实例中，首先绘制正方形对象，再对其绕中心旋转复制 45°，再使用"边界"命令对其指定的区域进行边界面域操作，其具体操作步骤如下：

Step 01 启动 AutoCAD 2014，在快速访问工具栏中单击"保存"按钮🖫，将其保存为"案例\05\创建面域.dwg"。

Step 02 在"绘图"面板中单击"矩形"按钮▭，绘制 50mm×50mm 的矩形，如图 5-3 所示。

Step 03 在"修改"面板中单击"旋转"按钮○，选择矩形对象，捕捉矩形中点，再选择"复制（C）"选项，并输入旋转角度为 45°，旋转复制结果如图 5-4 所示。

图 5-3　绘制矩形

图 5-4　复制并旋转操作

Step 04 在"绘图"面板中单击"边界"按钮▭，弹出"边界创建"对话框，在"对象类型"下拉列表中选择"面域"，并单击"拾取点"按钮🖾，然后在视图封闭区域内单击，再按 Enter 键，即可创建一个面域，如图 5-5 所示。

图 5-5　创建面域的步骤

Step 05 由于所创建的面域在二维线框模式下无法观察到，此时在"视图"标签下"视觉样式"面板中单击"视觉样式"下拉列表中选择"灰度"选项，如图 5-6 所示。

❻ "灰度"模式下的面域效果

图 5-6　面域后的效果

Step 06 至此，面域创建完成，按 Ctrl+S 组合键进行保存。

经验分享——面域的显示与特性

在"二维线框"模式下，面域后的对象在外观上没有多大的改变，这时，可以在"视图"选项卡下的"视觉样式"中选择"灰度"项转换模式后，再单击面域对象，"特性"面板中会显示和面域相关的特性（如面积、周长等），并从外观上发生了变化，如图 5-7 所示。

图 5-7　灰度视图下的效果

5.1.2　对面域进行逻辑运算

布尔运算是数学上的一种逻辑运算，也可以用在面域的运算中，包含并集、交集和差集 3 种。

经验分享——"三维工具"标签的显示

在"草图与注释"工作空间，在功能区或者菜单栏空白处右击，弹出"显示选项卡"快捷窗口，再勾选"三维工具"项，即可以启动"三维工具"标签，如图5-8所示。

图5-8 标签和面板的显示

可以通过以下几种方式来执行"布尔运算"命令：

◇ 面板：在"三维工具"标签下的"实体编辑"面板中单击"并集"按钮⑩、"差集"按钮⑩、"交集"按钮⑩，如图5-9所示。

图5-9 "三维工具"标签

◇ 命令行：在命令行中输入"UNION"（并集）、"SUBTRACT"（差集）、"INTERSECT"（交集）命令，按空格键确定。

启动命令后，若执行"交集"和"并集"命令，其命令行提示"选择对象："，选择要相交或者合并的三维实体、曲面或面域对象，并按 Enter 键，系统将会对所选的对象作交集和并集计算。

若执行"差集"命令，其命令行提示"选择要从中减去的实体曲面和面域："，选择执行减操作的对象，并按 Enter 键，再选择要减去的对象，按 Enter 键结束，其命令行提示如下：

```
命令：_subtract                              //执行"差集"命令
选择要从中减去的实体、曲面和面域...          //选择减去对象
选择对象： 选择要减去的实体、曲面和面域...    //选择被减去对象
```

例如，对一个圆和一个矩形对象进行逻辑运算的操作步骤如下：

Step 01 执行"圆"（C）和"矩形"（REC）等命令，分别绘制一个圆和一个矩形，并进行相交放置，如图5-10所示。

Step 02 在"绘图"面板中单击"面域"按钮，将矩形和圆对象进行面域，如图5-11所示为面域前选中图形的效果，如图5-12所示为面域后选中的效果。

Step 03 执行"差集"命令（SU），根据命令行提示"选择要从中减去的实体、曲面和面域："，选择"圆"对象，并按空格键确定；接着命令行提示"选择要减去的实体、曲面和面域："，再选择"矩形"对象，并按空格键确定；从而完成差集操作，如图5-13所示。

图 5-10　绘制图形

图 5-11　面域前选中效果

图 5-12　面域后选中效果

Note

Step 04 执行"并集"命令（UNI），根据命令行提示，选择整个图形对象，就得到并集的效果，如图 5-14 所示。

Step 05 执行"交集"命令（IN），根据命令行提示，选择整个图形对象，就得到交集的效果，如图 5-15 所示。

图 5-13　差集效果

图 5-14　并集效果

图 5-15　交集效果

经验分享——布尔运算的条件

复合实体是使用以下任意命令从两个或两个以上实体、曲面或面域中创建的："UNI"（并集）、"SU"（差集）、"INTERSECT"（交集）。对于普通的线条图形对象无法使用布尔运算，也就是说，要想对图形进行布尔运算，必须先将普通的线条图形创建成面域。

5.2　图案填充

图案填充是指将现有对象或封闭区域，使用填充图案、纯色填充或渐变色来填充，还可以创建新的图案填充对象。

5.2.1　创建图案边界

当进行图案填充时，首先要确定图案填充的边界。定义边界的对象只能是直线、双向射线、单向射线、多段线、样条曲线、圆弧、圆、椭圆、椭圆弧、面域等，或用这些对象定义的图，而且作为边界的对象，在当前屏幕上必须全部可见。

可采用以下方法执行边界命令：

◇　面板：在"绘图"面板中单击"边界"按钮 。

图 5-16　"边界创意"对话框

♦ 命令行：在命令行中输入或动态输入"BOUNDARY"命令（快捷命令为"BO"）并按 Enter 键。

执行命令后，弹出"边界创意"对话框，如图 5-16 所示。该对话框可以使用由对象封闭的区域内的指定点，定义用于创建面域或多段线的对象类型、边界集和孤岛检测方法。

5.2.2 创建图案填充

可以用以下任意一种方法来执行"图案填充"命令：

♦ 面板：在"绘图"面板中单击"图案填充"按钮 ▦ 。

♦ 命令行：在命令行中输入或动态输入"BHATCH"命令（快捷命令为"H"）并按 Enter 键。

启动命令之后，根据命令行提示，选择"设置（T）"项，弹出"图案填充和渐变色"对话框，如图 5-17 所示，设置好填充的图案、比例、填充原点等，再根据要求选择一封闭的图形区域，即可对其进行图案填充，如图 5-18 所示。

图 5-17 "图案填充和渐变色"对话框

图 5-18 填充的效果

"图案填充"用来定义要应用的填充图案的外观。在"图案填充"对话框中可以设置类型、图案、角度、比例及图案填充原点等。

对话框中主要选项的含义如下：

♦ "类型"：在其下拉列表中，可以选择图案的类型，包括"预定义"、"用户定义"和"自定义"3 个选项。

♦ "图案"：在其下拉列表中，可以选择填充的图案，单击其后的 按钮，弹出"填充图案选项板"对话框，如图 5-19 所示，显示

图 5-19 "填充图案选项板"对话框

选择的 ANSI、ISO 和其他行业标准填充图案的预览图像。

◇　"颜色"：使用填充图案和实体填充的指定颜色或者背景色。

◇　"样例"：显示选定图案的预览图像。单击样例可弹出"填充图案选项板"对话框。

◇　"自定义图案"：列出可用的自定义图案。最近使用的自定义图案将出现在列表顶部。只有将"类型"设定为"自定义"时，其"自定义图案"选项才可用。

提示——自定义填充图案的加载

由于 AutoCAD 软件自身并没有提供自定义填充图案，这时用户应该将自定义的填充图案对象加载到 AutoCAD 安装目录下的 "Support" 文件夹中，如图 5-20 所示。这时在"填充图案选项板"的"自定义"选项卡中才能够显示出所自定义的图案对象，如图 5-21 所示。

在随书光盘"案例\05\图案填充文件"文件夹中，存放有自定义的填充图案，用户可以将这些填充图案复制到 AutoCAD 安装目录下的 "Support" 文件夹。

图5-20　自定义图案的"Support"文件夹

图5-21　"自定义"选项卡

◇　角度：指定填充图案的角度（相对当前 UCS 坐标系的 X 轴）。其下拉列表中可设置图案填充时的角度，如图 5-22 所示为填充不同角度的效果。

图 5-22　不同填充角度效果

◇　"比例"：其下拉列表中可设置图案填充的比例，如图 5-23 所示为填充不同比例的效果。

图 5-23　不同填充比例效果

- ❖ "双向"：对于用户定义的图案，绘制与原始直线成 90°角的另一组直线，从而构成交叉线。只有将"类型"设定为"用户定义"，此选项才可用。
- ❖ "相对图纸空间"：相对于图纸空间单位缩放填充图案。使用此选项可以按适合于命名布局的比例显示填充图案。该选项仅适用于命名布局。
- ❖ "间距"：指定用户定义图案中的直线间距。只有将"类型"设定为"用户定义"时，此选项才可用。

经验分享——地砖与墙砖的填充技巧

在绘制室内地材图过程中，在对地砖的布置时，就可以应用到"用户定义"图案。如 600×600 的方形地砖，应在"类型"下选择"用户定义"，再选择"双向"复选框，再在下侧的"间距"文本框中输入 600（方形砖的尺寸）即可，如图 5-24 所示。

而对于非方形墙砖的填充（如 200×300），这时就可以先填充 200 的纵线（旋转 90°），如图 5-25 所示；再填充 300 的横线（填充对象为四周的边界对象），如图 5-26 所示。

图 5-24　填充的方形地砖

图 5-25　填充 200 宽的纵线

◇ "ISO 笔宽"：基于选定笔宽缩放 ISO 预定义图案。只有将"类型"设定为"预定义"，并将"图案"设定为一种可用的 ISO 图案时，此选项才可用。

◇ "使用当前原点"：选择该项，在图案填充时使用当前 UCS 的原点作为原点。

◇ "指定原点"：选择该项，可以注意设置图案填充的原点。

图 5-26　填充 300 宽的横线

◇ "单击以设置新原点"：选择该项，并单击其前的 按钮，可在绘图区指定原点。

◇ "默认为边界范围"：勾选该复选框，可在其后的下拉列表中选择原点为图案边界"左上"、"左下"、"右上"、"右下"中的任意一项。

◇ "存储为默认原点"：选择该项，将重新设置的新原点保存为默认原点。

◇ "添加拾取点"：以拾取点的形式来指定填充区域的边界，单击 按钮，系统自动切换至绘图区，在需要填充的区域内任意指定一点，出现虚线区域被选中，如图 5-27 所示，再按空格键，得到的填充效果如图 5-28 所示。

图 5-27 添加拾取区域　　　　　　图 5-28 填充结果

◇ "添加选择对象"：单击　按钮，系统自动切换至绘图区，在需要填充的对象上单击，如图 5-29 所示，填充效果如图 5-30 所示。

图 5-29 选择矩形对象　　　　　　图 5-30 填充结果

◇ "删除边界"：单击该按钮可以取消系统自动计算或用户指定的边界，如图 5-31 所示。

图 5-31 删除边界填充图形

◇ "重新创建边界"：重新设置图案填充边界。

◇ "查看选择集"：查看已定义的填充边界。单击该按钮后，绘图区会亮显共边线。

◇ "注释性"：勾选该复选框，填充图案为可注释的。

◇ "关联"：勾选该复选框，则其创建边界时随之更新图案和填充。

◇ "创建独立的图案填充"：勾选该复选框，则创建的填充图案为独立的图案填充。

◇ "绘图次序"：在其下拉列表中可以选择图案填充的绘图顺序。即可放在图案填充边界及所有其他对象之后或之前。

◇ "透明度"：可设置其填充图案的透明度。

◇ "继承特性"：单击该按钮，可将现有的图案填充或填充对象的特性应用到其他图案填充或填充对象中。

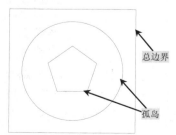

◇ "孤岛检测"：在进行图案填充时，将位于总填充区域内的封闭区域称为孤岛，如图 5-32 所示。在使用"BHATCH"命令填充时，AutoCAD 系统允

图 5-32 内部孤岛

许用户以拾取点的方式确定填充边界，即在希望填充的区域内任意拾取一点，系统会自动确定出填充边界，同时也确定该边界内的岛。如果用户以选择对象的方式填充边界，则必须确切地选取这些岛。

◇ "普通"：用普通填充方式填充图形时，是从最外层的外边界向内边界填充，即第一层填充，第二层则不填充，如此交替进行填充，如图 5-33 所示。

◇ "外部"：该方式只填充从最外边界至第一边界之间的区域，如图 5-34 所示。

◇ "忽略"：该方式将忽略最外层边界的其他任何边界，从最外层边界向内填充全部图形，如图 5-35 所示。

图 5-33　普通填充　　　　图 5-34　外部填充　　　　图 5-35　忽略填充

◇ "保留边界"：勾选该复选框，可将填充边界以对象的形式保留，并可以从"对象类型"的下拉列表中选择填充边界的保留类型。

◇ "边界集"：在其下拉列表中，可以定义填充边界的对象集，默认"当前视口"中所有可见对象确定其填充边界，也可以单击"新建"按钮，在绘图区重新指定对象类定义边界集。之后，"边界集"下拉列表中将显示为"现在集合"选项。

◇ "公差"：用户可以在其后的文本框内设置允许间隙大小，默认值为 0 时，这时对象是完全封闭的区域。在该参数范围内，可以将一个几乎封闭的区域看作是一个闭合的填充边界。

◇ "使用当前源点"：点选该项，在使用"继承特性"创建图案填充时继承图案填充原点。

◇ "用源图案填充源点"：点选该项，在使用"继承特性"创建图案填充时继承源图案填充原点。

图 5-36　"图案填充和渐变色"选项板

5.2.3　继承特性

继承特性是指继承填充图案的样式、颜色、比例等所有属性。在"图案填充和渐变色"对话框中，其右下侧有一个"继承特性"按钮，该按钮可以使选定的图案填充对象对指定的边界进行填充，如图 5-36 所示。

单击"继承特性"按钮后，将返回绘图区域，提示用户选择一个填充图案，如

图 5-37 所示。相关命令行的提示如下：

```
命令：_HATCH                              //执行"图案填充"命令
拾取内部点或 [选择对象（S）/设置（T）]：T    //输入选项，弹出"图案填充和
渐变色"对话框，单击"继承特性"按钮⬚
继承特性：名称<CORK>，比例<1>，角度<270>
拾取内部点或 [选择对象（S）/设置（T）]：       //在床铺位置内部拾取一点
选择图案填充对象：
拾取内部点或 [选择对象（S）/设置（T）]：正在选择所有对象...
正在选择所有可见对象...
正在分析所选数据...
正在分析内部孤岛...
拾取内部点或 [选择对象（S）/设置（T）]://单击"关闭图案填充编辑器"按钮✖
```

❶ 填充前　　　　　　❷ 填充后的效果

图 5-37　图案填充

⁙⁙⁘ 经验分享——使用"继承特性"的条件

使用继承特性的功能，要求是绘图区域内至少有一个填充图案存在。

5.3　编辑图案填充

对图案填充后，可以再次对图案进行图案、比例、角度等的编辑操作。

5.3.1　快速编辑图案填充

无论关联填充图案还是非关联填充图案，选中填充的图案对象，在视图上侧的面板区将新增"图案填充创建"选项卡，如图 5-38 所示，用户可以在此重新设置填充的区域、填充图案、比例、角度等。

图 5-38　"图案填充创建"选项卡

Auto CAD 将关联图案填充对象作为一个块处理，它的夹点只有一个，位于填充区域的外接矩形的中心点上。

经验分享——填充边界的编辑

如果要对图案填充本身的边界轮廓直接进行夹点编辑，则要执行"OP"命令，在弹出的"选项"对话框中勾选"在块中显示夹点"和"关联图案填充"复选框，如图 5-39 所示，就可以选择边界进行编辑。

图 5-39　"选项"对话框

在"修改"面板中单击"编辑图案填充"按钮；或者执行"HATCHEDIT"命令（快捷键 **HE**），根据命令行的提示，选择需要编辑的填充图案。

完成选择后，将弹出"图案填充编辑"对话框，通过该对话框可以修改现有填充图案的属性，包括更换图案、比例、角度等，如图 5-40 所示。

图 5-40　"图案填充编辑"对话框

在绘制地面铺贴图时，常常会标注填充图形的间距（如地砖、墙砖的长、宽度等）来预算铺贴成本等。AutoCAD 将关联图案填充对象作为一个块处理，它的夹点只有一个，因此用鼠标捕捉不到端点。

如果要对图案填充本身进行直接测量，则要执行"OP"命令，弹出"选项"对话框，切换到"绘图"选项卡，取消勾选"忽略图案填充对象"复选框，就可以对填充图案捕捉编辑，如图 5-41 所示。

图 5-41　"绘图"选项卡

5.3.2　分解图案

图案是一种特殊的块，称为"匿名"块，无论形状多复杂，它都是一个单独的对象。可以使用"分解"命令来分解一个已存在的关联图案。

图案被分解后，它将不再是一个单一的对象，而是一组组成图案的线条。例如，在矩形内填充"CORK"图案，分解图案前后对比如图 5-42 所示。

❶ 图案分解前为一个整体　　❷ 图案分解后变成单一的线条

图 5-42　图案分解前后的效果

◈ 经验分享——分解后的图案

分解后的图案失去了与图形的关联性，变成了单一线条，因此，将无法使用"编辑图案填充"命令（HE）再次进行编辑操作。

5.3.3　设置填充图案的可见性

对图形进行图案填充操作后，由于打印机要花很长时间填充对象的内部，可使用系统变量控制其图案的可见性，以简化显示和打印，从而提高效率。

在命令行可执行"FILL"命令来控制填充图案的可见与否，即填充的图案可以显示出来，也可以不显示出来。执行该命令后，其命令行的相关提示如下：

```
命令：_FILL        //执行命令
输入模式 [开（ON）/关（OFF）] <开>：OFF     //输入选项，ON 表示显示填充图
案；OFF 表示不显示填充图案
```

或者在命令行执行"FILLMODE"命令，其命令行的相关提示如下：

```
命令：_FILLMODE        //执行命令
输入 FILLMODE 的新值 <0>：1     //输入选项，1 表示显示填充图案；0 表示不显
示填充图案
```

◈ 技巧与提示

执行"FILL"命令后，会发现之前填充的图案未发生变化。此时，需要立即执行"重生成"命令（Regen），这样才能观察到填充图案显示或隐藏后的效果；打印图形时，才能打印或不打印填充图案。

5.3.4　修剪填充图案

在 AutoCAD 中，用户可以按照修剪任何其他对象的方法来修剪填充图案。

同样执行"修剪"命令（TR），或者单击"修改"面板中的"修剪"按钮 ⊁-，将矩形与圆对象相交的图案修剪掉，其对比效果如图 5-43 所示

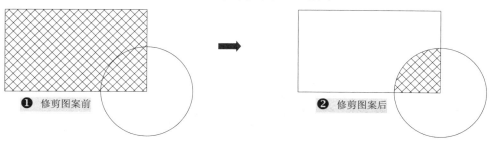

❶ 修剪图案前　　　　　❷ 修剪图案后

图 5-43　图案修剪前后的效果

Note

5.4 填充渐变色

渐变色填充就是使用渐变色填充封闭区域或选定对象。渐变色填充属于实体图案填充，能够体现光照在平面上产生的过渡颜色效果。

可以用以下方法执行"渐变色填充"命令：

❖ 面板：在"绘图"面板中单击"渐变色"按钮 。

❖ 命令行：在命令行中输入或动态输入"Gradient"命令并按 Enter 键。

执行命令后，在面板中将新增"图案填充创建"选项卡，如图 5-44 所示。

图 5-44 "图案填充创建"选项卡

或者执行渐变色命令后，在命令选择提示下，选择"设置（T）"选项，将弹出"图案填充和渐变色"对话框，其"渐变色"选项卡用来定义要应用的渐变填充的外观，可以设置颜色和方向等，如图 5-45 所示。

图 5-45 "渐变色"选项卡

技巧与提示

执行 Gradient（渐变色）命令后，系统会弹出"图案填充和渐变色"对话框，与"图案填充（H）"使用同一个对话框。

5.4.1　创建单色渐变填充

单色渐变填充就是使用一种颜色的不同灰度之间的过渡进行填充。执行"渐变色"命令（Gradient），在弹出的"图案填充和渐变色"对话框中，选择"单色"单选按钮，表示应用单色对所选择的对象进行渐变填充，如图 5-46 所示。

选择了单色渐变后，还需要选择一种渐变样式，AutoCAD 提供了 9 种渐变样式，如图 5-47 所示。

图 5-46　选择"单色"单选按钮

图 5-47　渐变样式

⠿· 技巧与提示

在单色渐变中，默认的填充颜色为蓝色。

例如，在一矩形内进行单色渐变的填充。首先在"图案填充和渐变色"对话框中选择第 1 行第 2 个样式作为渐变填充样式，然后单击"添加：拾取点"按钮，如图 5-48 所示。

系统回到绘图区域，在矩形内单击，然后按 Enter 键返回"图案填充和渐变色"对话框，单击"确定"按钮，结果如图 5-49 所示。

图 5-48　选择渐变样式

图 5-49　单色渐变的效果

5.4.2 创建双色渐变填充

Note

"创建双色渐变填充"方式就是从一种颜色过渡到另一种颜色。

下面以一个圆为例，打开"图案填充和渐变色"对话框，在"渐变色"选项卡中选择"双色"单选按钮（表示应用双色所对所选择的对象进行渐变填充），然后再选择一种填充样式，包含 9 个渐变方式，即线性、球形和抛物线形等方式，如图 5-50 所示。

单击"单色"选项下面的 按钮，弹出"选择颜色"对话框，选择双色渐变的第一种颜色，如图 5-51 所示。

图 5-50 选择"双色"按钮

图 5-51 选择第一种颜色

单击"双色"选项下面的 按钮，弹出"选择颜色"对话框，选择双色渐变的第二种颜色，如图 5-52 所示。

完成设置后，在"图案填充和渐变色"对话框中，单击"添加：拾取点"按钮，系统回到绘图区域，在圆图形内单击，填充结果如图 5-53 所示。

图 5-52 选择第二种颜色

图 5-53 填充渐变的效果

经验分享——角度渐变

"角度"下拉列表：表示在该下拉列表中选择角度，此角度为渐变色倾斜的角度，不同的渐变色填充如图 5-54 所示。

❶ 单色线性居　　❷ 单色线性居　　❸ 双色线性不居　　❹ 双色抛物线居
　中 0° 渐变　　　　中 45° 渐变　　　中 0° 渐变　　　　中 0° 渐变

图 5-54　不同渐变填充效果

5.4.3　通过"快捷特性"修改渐变填充

通过"快捷特性"面板也可以修改渐变填充的属性。选中填充图案后，右击，在弹出的菜单中选择"快捷特性"命令，如图 5-55 所示。

在"快捷特性"面板中，可以修改填充图案的图层、颜色、类型、角度、比例等，如图 5-56 所示。

图案填充		
颜色	■ ByLayer	
图层	0	
类型	预定义	
图案名	CROSS	
注释性	否	
角度	270	
比例	1	
关联	是	
背景色	☑ 无	

图 5-55　选择"快捷特性"命令　　　　　图 5-56　"快捷特性"面板

▓▓▓ 经验分享——使用快捷键

在底侧的状态栏中单击"快捷特性"按钮 ▣ ，使其由灰色变成高亮色显示，然后在需要编辑的填充图案上单击，快速出现"快捷特性"面板。

或者使用"SE"命令打开"草图设置"对话框，选择"快捷特性"选项卡，勾选"选择时显示快捷特性选项板（Ctrl+Shift+P）"复选框，单击"确定"按钮，如图 5-57 所示。选择需要编辑的填充图案，也可快速出现"快捷特性"面板，进行相应的编辑即可。

Note

图 5-57　"草图设置"对话框

5.5　工具选项板

　　AutoCAD 2014 增强了工具选项板功能，它提供了一种用来组织、共享和放置块及图案填充及其他工具的有效方法。

　　如果向图形中添加块或填充图案，只需将其从工具选项板中拖曳至图形中即可。可以用以下任意一种方法来打开"工具选项板"面板。

　　◇　面板：单击"视图"选项卡的"选项板"面板中"工具选项板"按钮▊。

　　◇　命令行：在命令行中输入或动态输入"Toolpalettes"命令并按 Enter 键。

　　◇　快捷键：按 Ctrl+3 组合键。

图 5-58　图案填充

　　执行该命令后，系统将打开"工具选项板"面板，如图 5-58 所示。工具选项板中有很多选项卡，每个选项卡中都放置了不同的块或填充图案。

5.5.1　工具选项板简介

　　工具选项板中包含了很多选项卡，这些选项卡中集成了很多命令、工具、样例。例如，在"绘图"选项卡中集成了常用的一些绘图命令；"土木工程"选项卡中有很多土木工程制图需要的图块；"机械"选项卡中有很多常用的机械样例，如图 5-59 所示。

图 5-59　常用的工具选项板

默认情况下，工具选项板不会显示所有选项卡，如果要调出隐藏的选项卡，可以在选项卡列表的最下端右击，然后在弹出的菜单中选择相应的选项，如图 5-60 所示。

5.5.2　通过工具选项板填充图案

通过工具选项板填充图案的前提同样是绘图区域内存在着封闭图形。

首先应打开工具选项板，然后调出"图案填充"选项卡，单击一个填充图案不放，将其拖曳到封闭的图形内，释放鼠标后就可以完成填充，如图 5-61 所示。

图 5-60　调出隐藏的选项卡

❶ 图形填充前　　❷ 选择图案　　❸ 填充的效果　　❹ 填充的效果

图 5-61　填充图案

> **提示——图案填充的技巧**
>
> 在拖曳填充图案的过程中，光标上面将附着填充图案的缩略图。
> 在使用工具选项板填充图案时，如果所填充图案的比例不适合填充区域，需要修改比例，可通过前面学习的编辑方法，修改图案的比例值，从而适合图形的需要。

5.5.3 修改填充图案属性

修改填充图案的属性时，在填充图案上右击，然后在弹出的菜单中选择"特性"命令，如图 5-62 所示。

系统弹出"工具特性"面板，在其中可以修改图案名称、填充角度、比例、间距、颜色等属性，修改完毕之后单击"确定"按钮，如图 5-63 所示。

图 5-62　选择"特性"命令　　　　图 5-63　　"工具特性"面板

> **提示**
>
> 在修改填充图案的属性时，一定要根据实际绘图需要进行修改，不可随意修改。

5.5.4 自定义工具选项板

用户还可以自定义工具选项板，比如在工具选项板上添加自己常用的图案或者图块，下面介绍几种自定义工具选项板的方法。

第 1 种：按 Ctrl+2 组合键，打开"设计中心"面板，把其中的图块从设计中心拖曳到工具选项板上，如图 5-64 所示。

图 5-64　通过"设计中心"自定义工具选项板

> **::::: 提示与技巧**
>
> 在拖曳图块的过程中，要一直按住鼠标左键不放，待进入工具选项板之后，选择一个合适的位置，再释放鼠标左键即可。

第 2 种：使用"剪切"、"复制"和"粘贴"功能，可以把一个选项卡的图案转移到另一个选项卡中，比如将"图案填充"选项中的图案转移到"机械"选项卡中，如图 5-65 所示。

图 5-65 自定义工具选项板

> **::::: 提示与技巧**
>
> 图 5-65 所示的菜单均为右键菜单，左边的菜单是右击"Ar-conc"图案弹出的，右边的菜单是右击选项板空白区域弹出的。

第 3 种：拖曳工具选项板中的图案可以对其位置进行重排。

5.6 实战演练

5.6.1 初试身手——上下敷管符号的绘制

视频\05\上下敷管符号.avi
案例\05\上下敷管符号.dwg

此实例以圆、直线、多边形、旋转、移动、修剪、填充等命令来绘制该图形，其操作步骤如下：

Note

Step 01 启动 AutoCAD 2014，按 Ctrl+S 组合键，将其保存为"案例\05\上下敷管符号.dwg"文件。

Step 02 执行"圆"命令（C），绘制半径为 200 的圆，如图 5-66 所示。

Step 03 执行"直线"命令（L），按 F10 键打开极轴捕捉，以上一步骤圆的圆心为起点，向下绘制一条长度为 745，角度为 45°的斜线，如图 5-67 所示。

图 5-66　绘制圆

图 5-67　绘制斜线

Step 04 执行"多边形"命令（POL），输入侧面数为 3，再提示"指定正多边形的中心点或 [边 (E)]:"时，选择"边 (E)"项，任意单击一点，在正交模式下水平拖动，再输入长度 149，从而绘制出边长为 149 的正三角形，如图 5-68 所示。

Step 05 执行"旋转"命令（RO），捕捉三角形右下角点为基点，再输入-45，将三角形旋转-45°，效果如图 5-69 所示。

图 5-68　绘制三角形

图 5-69　旋转效果

Step 06 执行"移动"命令（M），将三角形以右上角点为基点，移动捕捉到前面圆和斜线的交点上，如图 5-70 所示。

Step 07 执行"修剪"命令（TR），将三角形以斜线往左的部分和圆内线段修剪掉，如图 5-71 所示。

Step 08 执行"图案填充"命令（H），选择"设置 (T)"项，弹出"图案填充与渐变色"对话框，单击 按钮，在弹出的"填充图案选项板"对话框中选择"SOLID"样例，再添加拾取圆与三角形内部为填充区域，填充效果如图 5-72 所示。

图 5-70　移动图形

图 5-71　修剪结果

❻ 在圆和三角形内部单击

图 5-72　设置填充图案

Step 09 执行"复制"命令（CO），将斜线及填充的三角形图形选中，按 F3 打开对象捕捉，捕捉到斜线上端点向上拖动，在捕捉到与圆的垂足点时，单击进行移动，如图 5-73 所示。

Step 10 至此，上下敷管图形已经绘制完成，可按 Ctrl+S 组合键对文件进行保存。

图 5-73　最终效果

5.6.2 深入训练——电源插座的绘制

视频\05\电源插座的绘制.avi
案例\05\电源插座.dwg

通过矩形、圆、移动、直线、镜像、修剪等命令来绘制该图形，其操作步骤如下：

Step 01 启动 AutoCAD 2014，按 Ctrl+S 组合键，将其保存为 "案例\05\电源插座.dwg" 文件。

Step 02 执行 "矩形" 命令（REC），绘制一个 200×350 的矩形，如图 5-74 所示。

Step 03 执行 "圆" 命令（C），以上步绘制矩形的左上角点为圆心，绘制半径为 10 的圆，如图 5-75 所示。

图 5-74 绘制矩形

图 5-75 绘制圆

Step 04 执行 "移动" 命令（M），捕捉圆心为基点，分别垂直向下移动 65，水平向右移动 50，如图 5-76 所示。

Step 05 执行 "直线" 命令（L），以圆心为起点，向左绘制长度为 210 的水平直线段，如图 5-77 所示。

图 5-76 移动圆

图 5-77 绘制线段

Step 06 执行"圆"命令（C），以水平线段的左端点为圆心绘制半径为 10 的圆，如图 5-78 所示。

Step 07 执行"镜像"命令（MI），将绘制的水平线和圆对象以矩形的水平中线向右镜像复制一份，如图 5-79 所示。

图 5-78　绘制圆

图 5-79　镜像图形

Step 08 执行"镜像"命令（MI），将上步镜像得到的图形选中，然后以矩形垂直中线进行镜像，结果如图 5-80 所示。

Step 09 执行"修剪"命令（TR），将圆内多余线段修剪掉，如图 5-81 所示。

图 5-80　向下镜像

图 5-81　修剪线段

Step 10 至此，电源插座绘制完成，按 Ctrl+S 组合键对文件进行保存。

5.6.3　熟能生巧——绘制加热器

视频\05\加热器的绘制.avi
案例\05\加热器.dwg

　　首先调用"卫生间平面图.dwg"文件，使用构造线命令，绘制垂直引申线段；再使用构造线、修剪、偏移、矩形等命令，绘制大样图的轮廓；再插入相应的图块，填充不同的图案，从而完成卫生间大样图的绘制。

Step 01 启动 AutoCAD 2014，按 Ctrl+S 组合键将其保存为"案例\05\加热器.dwg"文件。

Step 02 执行"矩形"命令（REC），在视图中绘制 17×1.8 的矩形，如图 5-82 所示。

执行"复制"命令（CO），将矩形向下复制 4 的距离，且复制两份，如图 5-83 所示。

图 5-82　绘制矩形

图 5-83　复制矩形

Step 03 执行"直线"命令（L），分别捕捉矩形左、右的中点绘制水平线段，如图 5-84 所示。

Step 04 利用夹点编辑功能，将绘制的水平线左、右端点各向外拉长 2.5，如图 5-85 所示。

图 5-84　绘制水平线

图 5-84　拉长水平线

Step 05 执行"直线"命令（L），连接上下水平线端点，绘制两条垂直线段，如图 5-86 所示。

Step 06 执行"修剪"命令（TR），将矩形内部的线条修剪掉，结果如图 5-87 所示。

图 5-86　绘制垂直线段

图 5-87　修剪效果

Step 07 执行"编组"命令（G），将上步图形成组为一个整体。

Step 08 执行"多边形"命令（POL），绘制半径为 25 内接于圆的正三角形，如图 5-88 所示。

Step 09 执行"复制"命令（CO），将绘制的加热器图形符号复制到正三角形的水平边中点处，如图 5-89 所示。

Step 10 执行"旋转"命令（RO），选择加热器图形，指定三角形左下角点为基点，再根据命令提示选择"复制（C）"项，再输入角度为 60°，将加热器符号旋转 60°，刚好在三角形另一条边上，如图 5-90 所示。

图 5-88　绘制三角形

图 5-89　移动图形

Step 11 根据同样的方法将加热器复制旋转-60°，复制到另一条边上，结果如图 5-91 所示。

图 5-90　旋转复制

图 5-91　旋转复制

Step 12 执行"修剪"命令（TR），将矩形中间的线段修剪掉，结果如图 5-92 所示。

图 5-92　修剪图形

Step 13 至此，加热器绘制完成，可按 Ctrl+S 组合键对文件进行保存。

5.7　本章小结

本章主要讲解了 AutoCAD 2014 创建面域和图案填充，包括 AutoCAD 将图形转换为面域，如创建面域、对面域进行逻辑运算等；AutoCAD 2014 的图案填充；AutoCAD 2014 的编辑图案填充、填充渐变色，以及工具选项板等；最后通过实战演练来学习 AutoCAD 上下敷管符号、电源插座、加热器的绘制，为后面的学习打下坚实的基础。

第6章

创建文字与表格

在 AutoCAD 中可以设置多种文字样式，便于各种工程图的注释及标注的需要创建文字对象，可以通过单行文字和多行文字两种方式进行，双击文字对象，可进入在位编辑状态修改文字内容，或者通过"特性"面板和"文字编辑器"选项卡修改文字内容。

同样，AutoCAD 中也可以设置表格的样式，并能以制定的表格样式来创建表格对象，并对其表格的单元格进行合并与分割等操作，以及设置表格属性及文字属性。另外，还可以在表格中进行公式的计算。

内容要点

◆ 文字样式的创建方法　　　　◆ 表格样式的创建方法

◆ 单行文字和多行文字的输入方法　◆ 表格的编辑和表格内容的输入方法

◆ 文字内容的编辑与特性的设置方法◆ 表格中公式的计算方法

6.1 设置文字样式

图形中的任何文字都有其自身的样式，所以文字样式在 AutoCAD 中是一种快捷、方便的文字注释方法，可以设置字体、大小、倾斜角度、方向和其他文字特征。

6.1.1 创建文字样式

在 AutoCAD 2014 软件中，除了默认的 Standard 文字样式外，还可以创建所需的文字样式。可以通过以下任意一种方式来创建文字样式。

图 6-1　单击【文字样式】按钮

- ◇ 面板 1：在"常用"标签下的"注释"面板中单击"文字样式"按钮 🄰，如图 6-1 所示。
- ◇ 面板 2：在"注释"标签下的"文字"面板中，单击右下角的"文字样式"按钮 ⌐。
- ◇ 命令行：在命令行中输入"Style"并按 Enter 键。

执行上述命令后，系统弹出"文字样式"对话框，如图 6-2 所示。单击"新建"按钮，将弹出"新建文字样式"对话框，如图 6-3 所示，在"样式名"文本框中输入样式的名称，然后单击"确定"按钮开始新建文字样式。

图 6-2　"文字样式"对话框　　　　图 6-3　"新建文字样式"对话框

经验分享——文字样式的命名

在"样式名"文本框中输入的文字样式名称，不能与已经存在的样式名称重复。文字样式名称最长可达 255 个字符，其中包括字母、数字和特殊字符，如没有符号（$）、下划线（_）和连字符（-）等。如果不输入文字样式名，应用程序自动将文字样式命名为"样式 n"，其中"n"表示从 1 开始的数字。

在删除文字样式的操作中，不能对默认的 Standard 和 Annotative 文字样式进行删除。

在"文字样式"对话框中，各选项的含义如下：

- ◇ "样式"列表框：用来显示图形中的样式列表，列表框中的"Standard"为系统默认的文字样式，用户可以创建一个新的文字样式或修改文字样式，以满足绘图的要求。
- ◇ "字体"选项组：用来更改样式的字体。
- ◇ "大小"选项组：用来更改文字的大小。

⠿ 提示与技巧——文字样式字体的选择

在"字体"选项组中可以选择文字的字体及样式。字体分为两种，一种是 Windows 提供的字体，即 TrueType 类型的字体；另一种是 AutoCAD 特有的字体（扩展名.shx）。AutoCAD 提供了符合标注要求的字体形文件："gbenor.shx"、"gbeitc.shx"和"gbcbig.shx"文件；其中，"gbenor.shx"和"gbeitc.shx"文件分别用于标注直体和斜体字母与数字；"gbcbig.shx"则用于标注中文。

如图 6-4 所示为文字的各种效果。

标准 宋体 AutoCAD中各种文字效果比较

标准 黑体 **AutoCAD中各种文字效果比较**

标准 楷体 AutoCAD中各种文字效果比较

宽度因子：1.2 AutoCAD中各种文字效果比较

倾斜：30度 *AutoCAD 中各种文字效果比较*

颠倒

反向

图 6-4　文字的各种效果

6.1.2　应用文字样式

在"文字样式"对话框中，设置好"图内说明"文字样式的相关参数后，单击"应用"按钮，再单击"置为当前"按钮，"图内说明"便成为当前的文字样式，最后单击"关闭"按钮，如图 6-5 所示。

⠿ 经验分享——注释性与非注释性的区别

在"文字样式"对话框中，勾选"注释性"复选框，可以创建注释性文字对象，为图形中的说明和标签使用注释性文字，该样式设置了文字在图纸上的高度，如当前注释比例将自动确定文字在模型空间视口或图纸空间视口中的显示大小，而非注释性则相反的。若将现有的非注释文字的注释性特性更改为"是"，就可将文字更改为注释性文字。

6.1.3　重命名文字样式

如果需要对文字样式进行重命名，需要在"文字样式"对话框中选中将要重命名的文字样式，按 F2 键；或者不连续双击文字样式名，待该文本框呈编辑状态时，输入新的样式名称"文字标注"，从而完成文字样式的重命名操作，如图 6-6 所示。

图 6-5　将文字样式置为当前

图 6-6　重命名文字样式

::::: 提示与技巧——使用Rename命令进行重命名

在命令行输入 Rename 并按 Enter 键，则弹出"重命名"对话框，在"命名对象"列表框中选择"文字样式"选项，此时在右侧的"项数"列表框中出现所有的文字样式；再选择"图内说明"，单击"重命名为（R）："按钮，并在右侧的文本框中输入新的文字样式名称"轴号文字"，如图 6-7 所示。

图 6-7　"重命名"对话框

::::: 提示

不能对"Standard（标准）"文字样式进行重命名。

6.1.4　删除文字样式

用户可以将不需要的文字样式删除。在"文字样式"对话框中，选中要删除的文字样式，然后单击"删除"按钮；或者右击，在弹出的快捷菜单中选择"删除"命令，即可删除文字样式，如图 6-8～图 69 所示。

Note

图 6-8　删除文字样式　　　　　　　　　图 6-9　快捷菜单删除方式

提示——文字样式的删除

不能对"Standard（标准）"文字样式进行删除。而对于当前的文字样式和已经被引用的文字样式也不能被删除，但可以重命名。

6.2　创建与编辑单行文字

输入文字也称创建文字标注，可添加图形文字，用于表达各种信息，如技术要求、设计说明、标题栏信息和标签等，而文字的输入又分为单行文字和多行文字两种。

6.2.1　单行文字

单行文字可以用来创建一行或多行文字，所创建的每行文字都是独立的、可被单独编辑的对象。

可以通过以下任意一种方式来执行"单行文字"命令：

◇　面板 1：在"常用"标签下的"注释"面板中单击"单行文字"按钮 **A**。
◇　面板 2：在"注释"标签下的"文字"面板中单击"单行文字"按钮 **A**
◇　命令行：在命令行中输入"DTEXT"（快捷命令为 **DT**），并按 Enter 键。

执行上述命令后，根据命令行提示如下，即可创建单行文字，如图 6-10 所示：

```
命令：_text                         //执行"单行文字"命令
当前文字样式："轴号"  文字高度：2.5000  注释性：否
指定文字的起点或 [对正(J)/样式(S)]://指定文字的起点
指定高度 <2.5000>：<正交 开> 500 //指定文字的高度
指定文字的旋转角度 <0>：            //在光标闪烁处输入文字
```

指定文字位置　　　　　输入文字　　　　　再次输入文字

图 6-10　创建单行文字

6.2.2　编辑单行文字

在创建单行文字后，可以对其内容、特性等进行编辑，如要更改文字内容，调整其位置，更改其字体大小等，以满足精确绘图的需要。

可以通过以下任意一种方式来执行"文字编辑"命令：

◇　鼠标键：选中需要编辑的文字对象，右击，在快捷菜单中选择"编辑"命令，如图 6-11 所示。

◇　鼠标键：双击需要编辑的文字对象。

◇　命令行：在命令行中输入"DDEDIT"命令（快捷命令为"ED"）并按 Enter 键。

图 6-11　选择"编辑"命令

执行上述命令后，命令行提示如下：

```
命令:DDEDIT            //执行"文字编辑"命令
注释对象或 [放弃(U)]：  //指定需要被编辑的文本对象
```

当选择需要被重新编辑的文本对象后，即可进入编辑状态，然后输入相应的文字内容即可，如图 6-12 所示。

AutoCAD中单行文字在位编辑状态

图 6-12　单行文字的在位编辑

6.2.3　输入特殊符号

在实际绘图过程中，有时需要标注一些特殊符号，使用"单行文字"命令中的字符功能可以非常方便地创建一些如度数、直径符号、正负号等特殊符号。

由于这些符号不能直接从键盘上输入，AutoCAD 中提供了一些控制码用来实现这些要求，控制码用两个百分号（%%）加一个字符构成。常用的控制码如表 6-1 所示。

表 6-1 AutoCAD 中常用控制码

输入代号	符号	输入代号	符号
%%c	ϕ（直径）	\u+00B2	^{2}（平方）
%%d	°（度数）	\u+00B3	^{3}（立方）
%%p	±（正负符号）	\u+2082	$_2$（下标）
%%u	（下划线）	%%134	≤（小于等于）
%%O	（上划线）	%%135	≥（大于等于）

6.2.4 文字对正方式

文字的对正指的是文字的哪一位置与插入点对齐，文字的对正方式是基于如图 6-13 所示的 4 条参考线而言的，这 4 条参考线分别为顶线、中线、基线和底线。另外，文字的各种对正方式可参见图 6-14。

图 6-13 文本对正参考线

图 6-14 文字的对正方式

执行"文字对正"命令的方法以如下几种：

◇ 面板：在"注释"选项卡下的"文字"面板中单击"对正"按钮。

◇ 命令行：在命令行中输入"Justifytext"并按 Enter 键。

执行命令后，其命令行中各选项的含义如下：

◇ "指定文字的起点"：在此提示下直接在绘图区屏幕上点取一点作为文本的起始点。命令行的提示如下：

```
指定高度 <2.5000>:            //确定文本的高度
指定文字的旋转角度 <90>:       //确定文本的倾斜角度
输入文字:                     //输入文本
输入文字:     //继续输入文本或按 Enter 键，结束单行文字命令
```

提示与技巧

如果在文字样式中已定义了字体高度或旋转角度，那么在命令行中就不会出现相关的信息提示，AutoCAD 会按照文字样式中定义的字高或角度来创建文字。

◇　"对正"：在上面的提示下输入"（对正）J"选项，用来确定文本的对齐方式，对齐方式决定文本的哪一部分与所选的插入点对齐。选择此选项，命令行提示如下：

输入选项 [对齐 (A) / 布满 (F) / 居中 (C) / 中间 (M) / 右对齐 (R) / 左上 (TL) / 中上 (TC) / 右上 (TR) / 左中 (ML) / 正中 (MC) / 右中 (MR) / 左下 (BL) / 中下 (BC) / 右下 (BR)]：

◇　"样式"：用来选择已被定义的文字样式，选择该项后，命令行出现如下提示：

输入样式名或 [?] <Standard>：　　//输入文字样式名

用户可直接在命令行输入"？"，并按 Enter 键，系统将弹出"Auto CAD 文本窗口"窗口，显示当前文档的所有文本样式及其特性，如图 6-15 所示。

图 6-15　显示视图中的所有文本样式

6.3　创建与编辑多行文字

6.3.1　多行文字

多行文字是一种易于管理与操作的文字对象，可以用来创建两行或两行以上的文字，而每行文字都是独立的、可被单独编辑的整体。

可以通过以下任意一种方式来输入多行文字：

◇　面板 1：在"常用"标签下的"注释"面板中单击"多行文字"按钮A。
◇　面板 2：在"注释"标签下的"文字"面板中单击"多行文字"按钮A。
◇　命令行：在命令行中输入"MTEXT"命令（快捷命令为"MT"）并按 Enter 键。

执行上述命令后，根据如下命令行提示确定其文字矩形编辑框，将会弹出"文字格式"对话框，根据要求设置格式及输入文字内容，然后单击"确定"按钮即可：

Note

```
命令：_mtext    //执行"多行文字"命令
当前文字样式："STANDARD"  文字高度：500  注释性：否
指定第一角点：    //指定文字第一角点
指定对角点或 [高度(H)/对正(J)/行距(L)/旋转(R)/样式(S)/宽度(W)/栏(C)]：
                //指定第二角点
```

当前 AutoCAD 软件环境处在"草图与注释"空间模式下，此时用户创建多行文字时，则在面板区显示"文字编辑器"标签，其中包含了"样式"、"格式"、"段落"、"插入"、"拼写检查"、"工具"和"选项"、"关闭"等 8 个功能面板，如图 6-16 所示。

图 6-16　"文字编辑器"标签

在"文字编辑器"标签中，主要面板的说明介绍如下：

◇ "样式"面板：包括样式、注释性和文字高度。样式为多行文字对象应用文字样式。默认情况下，"标注"文字样式处于活动状态。

◇ "格式"面板：包括粗体、斜体、下划线、上划线、字体、颜色、倾斜角度、追踪和宽度因子。单击"格式"面板上的倒三角按钮，将显示出更多的选项，如图 6-17 所示。

◇ "段落"面板：包括多行文字、段落、行距、编号和各种对齐方式，单击"对正"按钮，显示"文字对正"下级菜单，并有 9 个对齐选项可用，如图 6-18 所示；单击"行距"按钮，同时显示出系统拟定的行距选项，也可以选择"更多"项来做一些设置，如图 6-19 所示。

图 6-17　"格式"面板　　　　图 6-18　"对正"按钮　　　　图 6-19　"行距"按钮

◇ "插入"面板：包括符号、列和字段。单击"列"按钮，会显示如图 6-20 所示的"分栏/列"菜单；单击"符号"按钮显示如图 6-21 所示的"符号"菜单；单击"字段"按钮则弹出如图 6-22 所示的"字段"对话框。

图 6-20 "分栏/列"菜单　　图 6-21 "符号"菜单　　　图 6-22 "字段"对话框

◇ "选项"面板：包括查找和替换、拼写检查、放弃、重做、标尺和选项等设置项。

◇ "堆叠"按钮：是数学中分子/分母的形式，期间使用符号"\"和"^"来分隔，然后选择这一部分文字，再单击该按钮即可，其示意图如图 6-23 所示。

图 6-23 堆叠效果

经验分享——上标、下标的创建

除了以上堆叠的效果外，还可以创建上标和下标效果，如图 6-24 所示。

图 6-24 创建上标和下标

6.3.2 编辑多行文字

在创建多行文字后，可以对其内容、特性等进行编辑，如更改文字内容，调整其位置，更改其字体大小等，以满足精确绘图的需要。

可以通过以下任意一种方式来执行"文字编辑"命令：

◇ 鼠标键 1：选中需要编辑的文字对象，右击，在快捷菜单中选择"编辑多行文字"命令，如图 6-25 所示。

◇ 鼠标键 2：双击需要编辑的文字对象。

◇ 命令行：在命令行中输入"DDEDIT"命令（快捷命令为"ED"）并按 Enter 键。

图 6-25 选择"编辑多行文字"命令

执行上述命令后，在面板中将新增"文字编辑器"选项卡，如图 6-26 所示，进入编辑状态，然后输入相应的文字内容即可，最后单击"关闭文字编辑器"按钮，如图 6-27 所示。

图 6-26 "文字编辑器"选项卡

图 6-27 多行文字的在位编辑

6.3.3 通过"特性"面板修改文字

对于所创建的单行文字对象，如果要改变其单行文字大小，可先选择该文本对象，再按 Ctrl+1 键打开"特性"面板，然后在其中改变"高度"值即可，如图 6-28 所示。

图 6-28 设置文字高度

除了改变单行文字的高度外，用户可在其"特性"面板中对单行文字进行更多特性的设置，如设置宽度因子、倾斜、旋转、注释比例等，如图 6-29 所示。

原始文本　AutoCAD中单行文字特性的设置

文本高度：3　AutoCAD中单行文字特性的设置

倾斜：30 度　*AutoCAD中单行文字特性的设置*

宽度因子：0.7　AutoCAD中单行文字特性的设置

旋转：30 度　AutoCAD中单行文字特性的设置

图 6-29　更改文字特性

6.3.4　设置文字比例

在 AutoCAD 中，使用"Scaletext"（比例）命令，即可对选中的文字进行缩放。执行"文字比例"命令的方法以如下几种：

◇　面板：在"注释"标签下的"文字"面板中单击"缩放"按钮。
◇　命令行：在命令行中输入"Scaletext"并按 Enter 键。

相比较而言，对于多行文字，想要修改文字的大小比例，通过"文字编辑器"显然要方便一些。因此"Scaletext"命令主要用于调整单行文字的比例。

执行："Scaletext"命令，根据命令行的如下提示，缩放对比结果如图 6-30 所示：

```
命令: _scaletext 找到 1 个　　//执行"文字缩放"命令
输入缩放的基点选项
[现有(E)/左对齐(L)/居中(C)/中间(M)/右对齐(R)/左上(TL)/中上(TC)/右上
(TR)/左中(ML)/正中(MC)/右中(MR)/左下(BL)/中下(BC)/右下(BR)] <现有>: E
指定新模型高度或 [图纸高度(P)/匹配对象(M)/比例因子(S)] <196.2451>: S
指定缩放比例或 [参照(R)] <0.5>: 0.5
1 个对象已更改。
```

Auto CAD 水暖电设计　➡　Auto CAD 水暖电设计

原有的文字效果　　　　　　　缩放后的的文字效果

图 6-30　进行文字缩放

6.3.5　向多行文字添加背景

为了在看起来很复杂的图形环境中突出文字，可以向多行文字添加不透明的背景，下面以设置"洋红色"背景为例进行讲解：

Step 01 在命令行输入"MT"并按 Enter 键，然后确定文字的输入区域，接着在新增的"文字编辑器"选项卡中选择"轴号文字"文字样式；在下面的文本输入框中输入文字"Auto CAD 水暖电设计"，如图 6-31 所示。

图 6-31　输入多行文字

Step 02 在"文字编辑器"选项卡中单击" 背景遮罩 "按钮，弹出"背景遮罩"对话框，勾选"使用背景遮罩（M）"复选框，并在"填充颜色"下拉列表中选择"洋红"，最后单击"确定"按钮，如图 6-32 所示。

> **提示**
>
> 勾选"使用图形背景颜色"复选框，表示设置文字背景颜色与图形背景颜色一致。

Step 03 关闭"背景遮罩"对话框，返回"文字编辑器"选项卡，单击"关闭文字编辑器" ✕ 按钮完成背景设置，其文字效果如图 6-33 所示。

图 6-32　"背景遮罩"对话框

Auto CAD 水暖电设计

图 6-33　添加背景的文字效果

6.4　创建与设置表格样式

　　表格是由包含注释（以文字为主，也包含多个块）的单元构成的矩形阵列。表格也作为一种信息的简洁表达方式，常用于如材料清单、零件尺寸一览表等有许多组件的图形对象中。

6.4.1　创建表格样式

表格外观由表格样式控制，用户可以使用默认表格样式"Standard"，也可以创建自己的表格样式。

在 AutoCAD 中可以通过以下方式来创建表格样式：

◇ 面板：在"常用"标签下的"注释"面板中单击"表格样式"按钮，如图 6-34 所示。

◇ 命令行：在命令行中输入或动态输入"TableSytle"命令（快捷命令为"TS"）并按 Enter 键。

执行上述"表格样式"命令过后，将弹出"表格样式"对话框，如图 6-35 所示。

图 6-34　单击"表格样式"按钮

在该对话框中，单击"新建"按钮，弹出"创建新的表格样式"对话框，如图 6-36 所示。在"新样式名"文本框中，可以输入新的表格样式名；在"基础样式（S）"下拉列表中，选择一种基础样式作为模板，新样式将在该样式的基础上进行修改，然后单击"继续"按钮，弹出"新建表格样式"对话框，如图 6-37 所示。

图 6-35　"表格样式"对话框

图 6-36　"创建新的表格样式"对话框

在"新建表格样式"对话框中，可以设置数据、列表题和标题的样式。

◇ 在"起始表格"选项组中单击"选择起始表格"按钮，选择绘图窗口中以创建的表格作为新建表格样式的起始表格，单击其右边的按钮，可取消选择。在"基本"选项组的"表格方向"下拉列表中选择表格的生成方向，有"向上"和"向下"两种方式，其下的白色区域为表格的预览区域。

◇ 表格的单元样式有"标题"、"表头"、"数据"3 种。其中在"单元样式"下拉列表中依次选择 3 种单元，如图 6-38 所示，可以通过"常规"、"文字"和"边框"3 个选项卡对每种单元样式进行设置。

图 6-37 "新建表格样式"对话框

图 6-38 "单元样式"下拉列表

◇ 单击"创建新单元样式"按钮，弹出"创建新单元样式"对话框，如图 6-39 所示，创建一个新的单元样式。单击"继续"按钮，在"单元样式"下拉列表中添加一个新的单元样式。

◇ 单击"管理单元样式"按钮，弹出"管理单元样式"对话框，如图 6-40 所示，可以新建、重命名和删除单元样式。

图 6-39 "创建新单元样式"对话框

图 6-40 "管理单元样式"对话框

◇ "常规"选项卡可以对填充颜色、对齐方式、格式、类型和页边距进行设置。单击"格式"右侧的按钮，弹出"表格单元格式"对话框，如图 6-41 所示，从中可以进一步定义格式选项。

图 6-41 "表格单元格式"对话框

◇ "类型"主要是将单元样式指定为标签或数据，在包含起始表格的表格样式中插入默认文字时使用，也用于在工具选项板上创建表格工具的情况。"创建行/列时合并单元"复选框表示将使用当前单元样式创建的所有新行或列合并到一个单元中。

◇ "文字"选项卡可以对文字样式、文字高度、文字颜色和文字角度进行设置，如图 6-42 所示。对文字样式进行设置时，可以单击右侧按钮，弹出"文字样式"对话框并创建新的文字样式。"文字高度"选项仅在选定文字样式的文字高度为 0 时可用（默认文字样式为"Standard"，文字高度为 0）。如果选定的文字样式指定了固定的文字高度，则此选项不可用。文字角度可以输入−359°～359°之间的任何角度。

◇ "边框"选项卡可以控制当前单元样式的表格网格线的外观。设置完成后，单击"确定"按钮，完成表格样式的创建，如图 6-43 所示。

图 6-42　"文字"选项卡

图 6-43　"边框"选项卡

6.4.2　跟踪练习——电气设计表格样式的创建

视频\06\电气设计表格样式的创建.avi
案例\06\电气设计的表格样式.dwg

　　通过本实例的操作，让用户掌握了创建表格样式的操作方法，以及设置表格样式的步骤，其具体操作步骤如下：

Step 01 正常启动 AutoCAD 2014 软件，在"常用"标签下的"注释"面板中单击"表格样式"按钮，弹出"表格样式"对话框，单击"新建"按钮，弹出"创建新的表格样式"对话框，用户可以在"样式名称"栏输入新建表格样式的名称，然后单击"继续"按钮，如图 6-44 所示。

Step 02 此时弹出"新建表格样式：XXX"对话框，在"单元样式"下拉列表中选择"标题"项，在"常规"选项卡下设置填充颜色为"青"，对正方式为"正中"，如图 6-45 所示。

Step 03 切换至"文字"选项，设置标题栏的文字样式；再切换至"边框"选项卡下，设置标题栏的边框样式，如图 6-46 所示。

图 6-44　新建表格样式　　　　　图 6-45　设置表格标题栏常规特性

图 6-46　设置表格标题栏的文字和边框格式

Step 04 在"单元样式"下拉列表中选择"表头"项，在"文字"和"边框"选项卡下分别设置相应的参数，如图 6-47 所示。

图 6-47　设置表格表头栏样式

Step 05 同样，设置表格的数据项样式，如图 6-48 所示。

Step 06 至此，该表格的样式已经设置完毕，在左下侧的白色预览区可显示出当前表格的样式，然后单击"确定"按钮返回"表格样式"对话框，此时在"样式"列表框中即可看到当前表格样式的名称。单击"置为当前"按钮，并单击"关闭"按钮，如图 6-49 所示。

图 6-48　设置表格数据栏样式

Step 07 这时，用户在"注释"标签下的"表格"面板中可以看出当前的文字样式为"电气设计表格"，如图 6-50 所示。

图 6-49　建立好的表格样式

图 6-50　当前表格样式

Step 08 至此，该表格样式已经创建完毕，按 Ctrl+S 组合键将该文件保存为"案例\06\电气设计的表格样式.dwg"文件。

提示与技巧——表格样式的修改

用户在创建好表格样式后，同样可以对表格样式进行再次修改设置，只需要单击表格样式右侧的"修改"按钮，系统就会弹出"修改表格样式"对话框，从而对表格样式进行修改。

6.5　创建与编辑表格

6.5.1　创建表格

在 AutoCAD 2014 中，表格可以从其他软件中复制再粘贴过来生成，或从外部导入生成，也可以在 CAD 中直接创建生成表格。

可以通过以下任意一种方式来创建表格。

◇ 面板：在"常用"选项卡下的"注释"面板中单击 "表格"按钮 ▦，如图 6-51 所示。

◇ 命令行：在命令行中输入"TABLE"并按 Enter 键。

执行"表格"命令后，系统将打开"插入表格"对话框，设置列数为 4，行数为 8，列宽为 100，行高为 4，然后单击"确定"按钮，即可创建一个表格，如图 6-52 所示。

图 6-51　单击"表格"按钮

图 6-52　创建表格

在"插入表格"对话框中，部分选项的功能与含义如下：

◇ "表格样式"下拉列表：可选择已被创建的表格样式，或者单击其后的按钮，弹出 "表格样式"对话框，新建需要的表格样式。

◇ "从空表格开始（S）"可以插入一个空的表格。

◇ "自数据链接（L）"可通过从外部导入数据来创建表格。

◇ "自图形中的对象数据（数据提取）（X）"可通过从可输出到表格或外部文件的图形中提取数据来创建表格。

◇ "指定插入点（I）"可在绘图区中指定的点处插入固定大小的表格。

◇ "指定窗口（W）"可在绘图区中通过移动表格的边框来创建任意大小的表格。

⋮⋮⋮• 经验与分享——表格行数的设置

从图 6-52 中可以发现绘制的表格总共有 10 行，但开始设置的行数为 8 行，为何会多出 2 行呢？其实，多出的 2 行分别是标题行和表头行，而之前设置的 8 行指的是表格的数据行。所以数据行、表头行和标题行加起来，一共有 10 行。

6.5.2　编辑表格

表格创建完成后，用户可以对表格进行剪切、复制、删除、移动、缩放和旋转等操作，还可以均匀调整表格的行列大小，删除所有特性替代。

选择"输出"命令时，还可以打开"输出数据"对话框，以".csv"格式输出表格中的数据。用户在编辑表格时，可以通过以下几种方式来操作：

◇ 单击该表格上的任意网格线以选中该表格，然后通过夹点修改该表格，如图 6-53 所示。

图 6-53　表格各夹点及其作用

◇ 编辑表格单元的单元格时，在单元格内单击以选中它，单元格边框的中点将显示夹点，如图 6-54 所示。在另一个单元格内单击，可以将选择的内容移到该单元格，拖动单元格上的夹点可以使单元及其列或行更宽或更小。

图 6-54　单元格的各夹点及其作用

◇ 在表格单元内部单击时，将显示"表格"工具栏，如图 6-55 所示。

图 6-55　"表格"工具栏

在 AutoCAD 的"草图与注释"空间绘制表格时，会出现如图 6-56 所示的面板。

图 6-56　"表格单元"面板

∷∷ 经验与分享——重复执行上一个操作

选择单元后，右击，可以使用快捷菜单命令插入或删除列和行，合并相邻单元或进行其他修改选择其他单元。选择其他单元，按 Ctrl+Y 组合键可重复上一个操作。

6.5.3　在表格中使用公式

在 AutoCAD 表格单元中，可以包含使用其他表格单元中的值进行计算的公式。用户在选定表格单元后，可以通过"表格"工具栏及快捷菜单插入公式，也可以打开在位文字编辑器，然后在表格单元中手动输入公式。

在公式中，可以通过单元格的列字母和行号引用单元格，这与 Excel 中的表格表示是一样的。

在选中单元格的同时，将显示"表格单元"选项卡，从而可以借助该选项卡对 AutoCAD 的表格进行多项操作，如图 6-57 所示。

图 6-57　"表格单元"选项卡

❖ 输入公式：公式必须以等号（＝）开始；用于求和、求平均值和计数的公式将忽略空单元格以及解析为数据值的单元格；如果在算术表达式中的任何单元格为空，或者包括非数据，则其他公式将显示错误（#）。

❖ 复制单元格：在表格中将一个公式复制到其他单元格时，范围会随之更改，以反应新的位置。

❖ 绝对引用：如果在复制和粘贴公式时不希望更改单元格地址，应在地址的列或行处添加一个"$"符号。例如，如果输入"$E7"，则列会保持不变，但行会更改：如果输入"E7"，则列和行都保持不变。

6.5.4　在表格中填写文字

表格创建完成之后，如图 6-58 所示，用户可以在标题栏、表头行和数据行中输入文字。方法是双击单元格，打开"文字格式"编辑器，然后就可以设置文字属性并输入相应的文字。

在输入文字时，可采用方向键上、下、左、右或者按"Tab"键来切换需要编辑的单元格。在单元格中输入文字时，单元格的高、宽度会随着文字的高、宽度而自动变化，如图 6-59 所示。

图 6-58　空白表格

图 6-59　填写文字后的表格

6.5.5　向表格中添加行/列

在表格的某个单元格内单击，在"表格单元"面板中，分别有"行"、"列"面板，单击这些工具按钮，就可以插入相应的行和列，如图 6-60 所示。

图 6-60　"行/列" 工具按钮

提示与技巧

单击 1 次单元格，将新增"表格单元"面板；单击 2 次单元格，将新增"文字编辑器"面板，添加或修改文字。

提示与技巧

在右击单元格打开的快捷菜单中，还可以对单元格进行合并、对齐、锁定、特性，编辑文字等，如图 6-61 所示。

图 6-61　右击菜单中选择"行/列"命令

6.6　实战演练

6.6.1　初试身手——创建"电动机"文字样式

视频\06\电动机文本的创建.avi
案例\06\电动机文本.dwg

如果要创建"电动机"文字样式，这里将用实际的辅助练习的文字进行操作，操作步骤如下：

Step 01 启动 AutoCAD 2014，按 Ctrl+S 组合键，将该空白文件保存为 "案例\06\电动机文本.dwg" 文件。

Step 02 在 "常用" 标签下的 "注释" 面板中单击 "文字样式" 按钮 ，弹出 "文字样式" 对话框，再单击 "新建" 按钮，将弹出 "新建文字样式" 对话框，在 "样式名" 文本框中输入 "电动机"，如图 6-62 所示。

Step 03 单击 "确定" 按钮，在 "字体名" 下拉列表中选择 "宋体"，在 "高度" 文本框中输入 "3.5"，然后依次单击 "应用"、"置为当前" 和 "关闭" 按钮即可，如图 6-63 所示。

图 6-62　新建文字样式名称

图 6-63　设置文字样式的格式

Step 04 在 "常用" 标签下的 "绘图" 面板中单击 "圆" 按钮 ，在视图中绘制半径为 5mm 的圆，如图 6-64 所示。

Step 05 在 "常用" 标签下的 "注释" 面板中单击 "单行文字" 按钮 ，然后按照如下命令行提示，在圆内输入文字 "M"，按 Enter 键换行后再输入 "－" 号，如图 6-65 所示。

```
命令: _text //执行 "单行文字" 命令
当前文字样式: "轴号"　文字高度: 3.5.0000　注释性: 否
指定文字的起点或 [对正(J)/样式(S)]: J　//选择 "对正 (J)" 选项
输入选项 [对齐(A)/布满(F)/居中(C)/中间(M)/右对齐(R)/左上(TL)/中上
(TC)/右上(TR)/左中(ML)/正中(MC)/右中(MR)/左下(BL)/中下(BC)/右下(BR)]:
MC //选择 "正中 (MC)" 项
指定文字的中间点:　　　　//捕捉圆心点并单击
指定文字的旋转角度 <0>: //按 Enter 键
//输入文字 "M"，Enter 键换行再输入 "－"，在外侧单击，按 Esc 键退出。
```

图 6-64　绘制圆

图 6-65　输入的文字

Step 06 至此，该电动机文本属性图块已经定义完毕，按 Ctrl+S 组合键进行保存。

6.6.2 深入训练——劳动力计划表的创建

视频\06\劳动力计划表的创建 avi
案例\06\劳动力计划表.dwg

　　在创建装修劳动力计划表时，首先要在视图中创建一个表格，再对表格中的单元格合并，然后输入相应的内容，最后计算出计划表达的求和结果。其步骤如下：

Step 01 启动 AutoCAD 2014，按 Ctrl+S 组合键，将该空白文件保存为"案例\06\劳动力计划表.dwg"文件。

Step 02 在"常用"标签下的"注释"面板中单击"表格"按钮，系统将弹出"插入表格"对话框，并设置其参数，如图 6-66 所示。

图 6-66　插入表格

Step 03 按照如图 6-67 所示的要求合并单元格，使之符合设计要求。

Step 04 然后在指定的单元格内输入相应的文字内容，效果如图 6-68 所示。

图 6-67　合并单元格

		劳动力计划表			
	工种名称	工程进度情况			小计
		基础工程	主体工程	安装工程	屋面工程	
	木工	30	5	20	30	
	砖工	25	35	20	50	
	抹灰工	10	20	20	40	
	普工	20	60	30	10	
	钢筋工	15	30	10	10	

图 6-68　输入文字内容

Step 05 选择 F4 单元格，在"表格单元"选项卡下的"插入"面板中单击"公式"按钮 fx，选择"求和"选项，然后在命令行提示下分别选择 B4 和 E4 单元格，此时在 F4 单元格中显示"=Sum（B4：E4）"，然后按 Ctrl+Enter 组合键确定，即可计算出求和结果，如图 6-69 所示。

劳动力计划表

工种名称	工程进度情况				小计
	基础工程	主体工程	安装工程	屋面工程	
木工	30	5	20		
砖工	25	35	20		
抹灰工	10	20			
普工	20	60	30	10	
钢筋工	15	30	10	10	

❶ 显示求和公式 =Sum(B4:E4)]

劳动力计划表

工种名称	工程进度情况				小计
	基础工程	主体工程	安装工程	屋面工程	
木工	30	5	20	30	85
砖工	25	35	20	50	
抹灰工	10	20		40	
普工	20	60	30	10	
钢筋工	15	30	10	10	

❷ 显示求和结果

图 6-69 求和计算

Step 06 选择 F4 单元格，拖动右下角夹点，将其拖至 F8 单元格处，将快速分别计算出相应单元格的求和结果，如图 6-70 所示。

劳动力计划表

工种名称	工程进度情况				小计
	基础工程	主体工程	安装工程	屋面工程	
木工	30	5	20	30	85
砖工	25	35	20	50	
抹灰工	10	20	20	10	
普工	20	60	30	10	
钢筋工	15	30	10	10	

❶ 单击夹点
❷ 拖动至此处

劳动力计划表

工种名称	工程进度情况				小计
	基础工程	主体工程	安装工程	屋面工程	
木工	30	5	20	30	85
砖工	25	35	20	50	130
抹灰工	10	20	20	40	90
普工	20	60	30	10	120
钢筋工	15	30	10	10	65

❸ 快速计算并显示结果

图 6-70 快速求和计算

Step 07 至此，该劳动力计划表已创建完成，按 Ctrl+S 组合键进行保存。

∷∷∷ 经验分享——Excel表格复制到AutoCAD的方法

如果要将 Excel 中的表格复制到 AutoCAD 中，可以采用以下三步：

(1) 在 EXCEL 中选中表格，并按 Ctrl+C 组合键将其复制到内存中。

(2) 打开并切换至 AutoCAD 环境中，按 Ctrl+V 组合键进行粘贴操作。

(3) 调整其大小并移动到需要位置即可。

6.6.3 熟能生巧——绘制电气图纸标题栏

视频\06\绘制电气图纸标题栏.avi
案例\06\标题栏.dwg

在绘制标题栏之前，首先要再绘图区域内插入一个表格，再分别对指定的单元格合并，并输入相应的文字，从而完成标题栏的绘制，其具体操作步骤如下：

Step 01 启动 AutoCAD 2014，按 Ctrl+S 组合键，将该空白文件保存为 "案例\06\标题栏.dwg" 文件。

Step 02 在 "常用" 标签下的 "注释" 面板中单击 "表格" 按钮 ▦，系统将弹出 "插入表格" 对话框，并设置其参数，如图 6-71 所示。

图 6-71　"插入表格"对话框

Step 03 在绘图区域内指定一点单击，从而形成表格对象，如图 6-72 所示。

	A	B	C	D	E	F
1						
2						
3						
4						
5						
6						
7						
8						
9						
10						

图 6-72　插入表格

Step 04 单击表格，根据拉动单元格相应的夹点，调整列宽与行高，通过双击并按 Shift 键，连续选择多个相应单元格，在"合并"面板上单击"合并全部"按钮，将单元格进行合并操作，如图 6-73 所示。

图 6-73　合并单元格

Step 05 双击单元格，使之呈现文字输入的状态，输入文字对象，如图 6-74 所示。

	A	B	C	D	E	F	
1		(单位名称)					← 表头注释性比例为6
2	批准			工程		设计	
3	核定					部分	
4	审核						
5	审查						← 数据注释性比例为4.5
6	校核						
7	设计						
8	制图						
9	发证单位		比例		日期		
10	设计证号		图号				

图 6-74　输入文字

Step 06 至此，该标题栏的绘制已完成，按 Ctrl+S 组合键进行保存。

6.7 本章小结

　　本章主要讲解了在 AutoCAD 2014 中如何创建文字与表格，包括 AutoCAD 设置文字样式，如创建文字样式、应用文字样式、重合名文字样式、删除文字样式等；AutoCAD 2014 的创建与编辑单行文字；AutoCAD 2014 的创建与编辑多行文字；AutoCAD 的创建与设置表格样式；AutoCAD 的创建与编辑表格等；最后通过实战演练来学习 AutoCAD 中"电动机"文字样式、劳动力计划表、电气图纸标题栏的创建与绘制，为后面的学习打下坚实的基础。

第7章

图块的制作与插入

　　在 AutoCAD 2014 中，如果图形中有大量相同或相似的内容，或者所绘制的图形与已有的图形相同，则可以把需要重复绘制的图形创建成块，在需要绘制图形的地方直接插入；也可以将已有的图形文件直接插入到当前图形中，从而提高绘图效率。另外，用户可以根据需要为块创建属性，用来指定块的名字、用途及设计信息等。

　　在绘制图形时，如果一个图形需要参照其他图形或图像来绘制，而又希望能节省存储空间，这时则可以使用 AutoCAD 的外部参照功能，把已有的图形文件或图像以参照的方式插入到当前图形中。如果一个所需的对象是另一个文件中的一部分，可使用设计中心来完成。

内容要点

◆　图块的创建与插入方法　　　　◆　图块的修改方法

◆　图块属性的创建和提取方法　　◆　动态图块的创建方法

7.1 创建和插入图块

图块（简称块）是由多个对象组成的集合并具有块名。通过建立图块可以将多个对象作为一个整体来操作，可以随时将图块作为单个对象插入到当前图形中的指定位置。

7.1.1 定义块

块的定义就是将图形中选定的一个或几个实体组合成一个整体，并为其取名保存，这样它就被视作一个实体在图形中随时进行调用和编辑。

可以通过以下任意一种方式来执行"创建图块"命令：

◇ 面板 1：在"常用"标签下的"块"面板中单击"创建"按钮 ，如图 7-1 所示。
◇ 面板 2：在"插入"标签下的"块定义"面板中单击"创建块"按钮 ，如图 7-2 所示。

图 7-1 单击"创建"按钮   图 7-2 单击"创建块"按钮

◇ 命令行：在命令行中输入"BLOCK"命令（快捷命令为"B"），并按 Enter 键。

执行上述命令后，将打开"块定义"对话框，如图 7-3 所示。

图 7-3 "块定义"对话框

"块定义"对话框中各主要选项的功能与含义如下：

◇ "名称"文本框：在此框中输入块的名称，最多可使用 255 个字符。当名称中有多个块时，则可以在其下拉列表中选择已有的块。

◇ "基点"选项组：设置块的插入基点位置。用户可以直接在"X"、"Y"、"Z"文本框中输入，也可以单击"拾取点"按钮，切换到绘图窗口并选择基点。一般情况下，基点选在块的对称中心、左下角或其他有特征的位置。

经验分享——图块基点

在定义块对象时，应指定块的基点位置，在插入该块的过程中，就可以围绕基点旋转；旋转角度为0的块，将根据创建时使用的 UCS 定向。如果输入的是一个三维基点，则按照指定标高插入块。

在命令行中输入"Base"命令，并按 Enter 键；或者单击"常用"标签下的"块"面板中"设置基点" 按钮，都可重新设置当前图形的基点。

◇ "对象"选项组：设置组成块的对象。该选项组中部分选项含义如下：
- ✓ "在屏幕上指定"：用于指定新块中要包含的对象，以及选择创建块以后是保留或删除选定的对象还是将该对象换成块引用。
- ✓ "保留"：创建块以后，将选定对象保留在图形中，选择此方式可以对各实体进行单独编辑、修改，而不会影响其他实体。
- ✓ "转换为块"：创建块以后，将选定对象转换成图形中的块进行引用。
- ✓ "快速选择"：单击该按钮将弹出"快速选择"对话框，在该对话框中可以定义选择集，如图 7-4 所示。

图 7-4　"快速选择"对话框

◇ "方式"选项组：设置组成块的对象的显示方式。
◇ "设置"选项组：用于设置块的单位和分解控制，以及对块进行相关的说明。
◇ "块单位"：从 AutoCAD 设计中心拖动块时，指定缩放块的单位。
◇ "超链接"：单击该按钮，将弹出"插入超链接"对话框，在此可以插入超链接的文档，如图 7-5 所示。
◇ "说明"文本框：在该文本框中输入对图块进行相关说明的文字。

图 7-5 "插入超链接"对话框

经验分享——内部的应用范围

创建块时，必须先绘出要创建快的对象。如果新块的名称与已定义的块名称相同，系统将显示警告对话框，要求用户重新定义块的名称。另外，使用"BLOCK"命令，创建的块（内部图块）只能由块所在的当前图形文件使用，而不能由其他图形文件使用。如果希望在其他图形文件中也使用此块，则需要使用"WBLOCK"命令来创建块。

7.1.2 创建外部图块

在 AutoCAD 2014 中，用户可以将图块进行存盘操作（即写块操作），从而能在任何一个文件中使用。

可以通过以下任意一种方式来执行"创建外部图块"命令：

◇ 面板：在"插入"标签下的"块定义"面板中单击"写块"按钮，如图 7-6 所示。
◇ 命令行：在命令行中输入"WBLOCK"命令（快捷命令为"W"），并按 Enter 键。

执行块存盘"W"命令后，就可以将所选择的图形对象以图形文件的形式单独保存在计算机上，系统将弹出如图 7-7 所示的"写块"对话框。

图 7-6 "写块"按钮　　　　　　　　图 7-7 "写块"对话框

在"写块"对话框中，很多选项的含义与"块定义"对话框大致相同，下面不同选项介绍如下：

Note

◇　"块"：用于将使用"BLOCK"命令创建的块写入到磁盘中，可在其下拉列表中选择块名称，然后确定保存的路径和名称，从而将"虚拟"图块保存为实体图块。

◇　"整个图形"：用于将当前的全部图形对象写入到磁盘中。

◇　"对象"：用于指定需要保存到磁盘的块对象。选择该选项时，用户可以根据需要使用"基点"选项组设置块的插入基点位置，使用"对象"选项组来设置组成块的对象，在"目标"选项组中设置块保存的名称和路径。

◇　"文件名和路径"：用于输入块文件的名称和保存位置，也可以单击其后的 ⋯ 按钮，使用弹出的"浏览文件夹"对话框来设置文件的保存位置。

◇　"插入单位"：用于选择从 AutoCAD 设计中心中拖动块时的缩放单位。

::::: 经验分享——将"虚拟"图块保存为实体图块

如果用户要将通过"BLOCK"命令方式所定义的图块保存在磁盘上，就应在"源"区域中选择"块"，并在其后的下拉列表中选择指定的块对象，然后确定保存的路径和名称正确即可，从而将"虚拟"图块保存为实体图块。

7.1.3　图块颜色、线型、线宽

在 AutoCAD 中，一般在"0 图层"创建图块，这样插入后的图块可随着所在图层的颜色、线型等特性而变化，即图块具有图层的继承性。

Bylayer 设置就是在绘图时把当前颜色、当前线型或当前线宽设置为 Bylayer。如果当前颜色（当前线型或当前线宽）使用 Bylayer 设置，则所绘对象的颜色（线型或线宽）与所在图层的图层颜色（图层线型或图层线宽）一致，所以 Bylayer 设置又称为随层设置。

Byblock 设置就是在绘图时把当前颜色、当前线型或当前线宽设置为 Byblock。如果当前颜色使用 Byblock 设置，则所绘对象的颜色为白色（White）；如果当前线型使用 Byblock 设置，则所绘对象的线型为实线（Continuous）；如果当前线宽使用 Byblock 设置，则所绘对象的线宽为默认线宽（Default），一般默认线宽为 0.25mm，默认线宽也可以重新设置，Byblock 设置又称为随块设置。

7.1.4　插入图块

当在图形文件中定义了图块后，即可在内部文件中进行任意的插入块操作，还可以改变所插入图块的比例和选中角度。

可以通过以下任意一种方式来执行"插入块"命令：

◇　面板 1：在"常用"标签下的"块"面板单击"插入"按钮 ⊡。

◇　面板 2：在"插入"标签下的"块"面板单击"插入"按钮 ⊡。

◇ 命令行：在命令行中输入"INSERT"命令（快捷命令为"I"），并按 Enter 键。

执行上述命令后，将弹出"插入"对话框，如图 7-8 所示，各主要选项的功能与含义如下：

◇ "名称"：在该文本框中可以输入要插入的块名，或在其下拉列表中选择要插入的块对象的名称。

◇ "浏览"：用于浏览文件。单击该按钮，将弹出"选择图形文件"对话框，可在该对话框中选择要插入的外部块文件名，如图 7-9 所示。

图 7-8　"插入"对话框　　　　　　图 7-9　"选择图形文件"对话框

◇ "路径"：用于显示插入外部块的路径。
◇ 插入点区域：用于选择图块基点在图形中的插入位置。
◇ 比例区域：用于控制插入图块的大小。
◇ 旋转区域：用于控制图块在插入图形中时改变的角度。

7.1.5　跟踪练习——等分插入筒灯

视频\07\等分插入筒灯.avi
案例\07\等分插入筒灯.dwg

本实例中，首先绘制矩形对象，再绘制圆和直线段以此作为筒灯对象，并将绘制好的筒灯对象创建为图块对象，再执行定数等分命令，将创建好的图块对象等分插入在矩形上，其操作步骤如下：

Step 01 启动 AutoCAD 2014，在快速访问工具栏中单击"保存"按钮 🖫，将其保存为"案例\07\等分插入筒灯.dwg"文件。

Step 02 单击"绘图"面板中的"矩形"按钮 ▭，在"指定第一个角点："提示时，使用鼠标在视图中的任意一位置单击，然后在"指定另一个角点："提示时，输入（@3000，2000），并按 Enter 键，从而绘制 3000×2000 的矩形，如图 7-10 所示。

Step 03 单击"绘图"面板中的"圆"按钮 ⊘，绘制半径为 75 的圆。

Step 04 单击"绘图"面板中的"直线"按钮 ／，分别捕捉圆上、下、左、右侧象限点，绘制垂直和水平的线段，从而绘制好筒灯对象，如图 7-11 所示。

图 7-10　绘制矩形

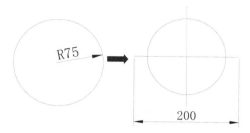

图 7-11　绘制筒灯

Step 05 在"插入"标签下的"块定义"面板中单击"创建块"按钮 ，在弹出的"块定义"对话框中输入"名称"为"D"，单击"选择对象"按钮，回到绘图区域，选择筒灯，并按空格键，回到对话框中，再单击"添加拾取点"按钮，回到绘图区域中捕捉圆心并单击，按空格键，然后单击"确定"按钮，如图 7-12 所示，从而将筒灯对象创建为块。

图 7-12　创建块

Step 06 单击"绘图"面板中的"定数等分"按钮 ，选择矩形对象，根据命令行提示选择"块（B）"选项，按空格键确定，再输入创建好的块名"D"，并按 Enter 键确定，输入定数等分数目为 10，从而完成对筒灯的布置，其命令提示如下，效果如图 7-13 所示。

```
命令:DIVIDE                   //执行定数等分命令
选择要定数等分的对象:          //选择矩形对象
输入线段数目或 [块(B)]: b     //选择"块（B）"选项
输入要插入的块名: d //输入创建好的筒灯块名"D"
是否对齐块和对象? [是(Y)/否(N)] <Y>:   //按空格键确定
输入线段数目: 10             //输入等分的数目
```

图 7-13　等分插入块效果

经验分享——间隔插入图块

若选择"块（B）"选项时，表示在测量点处插入指定的块，在等分点处，按当前点样式设置绘制测量点，最后一个测量段的长度不一定等于指定分段的长度。在等分图形对象之前，若不存在插入块时，都需要修改点的默认样式，将其修改成在绘图区易于可见。另外，在输入等分对象的数量时，其输入值为 2～32767。

Step 07 至此，筒灯布置完成，按 Ctrl+S 组合键进行保存。

7.2　修改图块

与其他 AutoCAD 图形文件相同，图块也可以进行修改，主要有重命名、分解和重定义图块等编辑操作。

7.2.1　重命名图块

创建图块后，可根据需要对其进行重命名操作。对于外部图块，直接更改其文件名即可；而对于内部图块，则可使用重命名命令来更改。

重命名图块的命令如下：

◇　命令行：在命令行中输入"Rename"命令（快捷命令"Ren"）并按 Enter 键。

执行上述命令后，将弹出"重命名"对话框，如图 7-14 所示，在其中即可对图块进行重命名操作。

图 7-14　"重命名"对话框

7.2.2　分解图块

在对图块的实际应用中，插入的图块有时并不完全是需要的图形。

分解图块的命令如下：

◇　面板：在"修改"面板中单击"分解"按钮 ⬚。

◇　命令行：在命令行中输入"Explode"命令（快捷命令为"X"）并按 Enter 键。

执行上述命令后，效果如图 7-15 所示。

在完成图块分解后，可以将其重新定义为新的图块，重新创建图块的方法与创建图块的方法基本相同。使用"Block"命令重新定义图块，在完成创建时，将弹出如图 7-16 所示的对话框，询问用户是否替换原有图块，选择"替换现有的***内容"选项，即可重新定义图块。

图块分解前，为一个整体　　　图块分解后，变成单一线段

图 7-15　图块的分解

图 7-16　提示对话框

7.3　图块属性

图块的属性是附属于块的非图形信息，是块的组成部分，可包含在块定义中的文字对象。在定义一个图块时，属性必须提前定义而后选定。通常属性用于在块的插入过程中进行自动注释。

7.3.1　定义块属性

块的属性是将数据附着到块上的标签或标记，属性中可能包含的数据包括零件编号、价格、注释和物主的名称等。

可以通过以下方式来定义"图块的属性"：

◇　面板 1：在"常用"标签下的"块"面板中单击"定义属性"按钮 ⬚，如图 7-17 所示。

❖ 面板 2：在"插入"标签下的"块定义"面板中，单击"定义属性"按钮 💭，如图 7-18 所示。

❖ 命令行：在命令行中输入"ATTDEF"命令（快捷命令为"ATT"）并按 Enter 键。

图 7-17　"块"面板

图 7-18　"块定义"面板

执行上述命令后，将弹出"属性定义"对话框，如图 7-19 所示。在"属性定义"对话框中，各选项的功能与含义如下：

❖ "模式"选项组：用于设置属性的模式。

✓ "不可见"复选框：表示插入块后是否显示其属性值。

✓ "固定"复选框：设置属性是否为固定值。当为固定值时，插入块后该属性值不再发生变化。

✓ "验证"复选框：用于验证所输入的属性值是否正确。

✓ "预设"复选框：用于设置是否将属性值直接预设为它的默认值。

✓ "锁定位置"复选框：用于固定插入块的坐标位置。

✓ "多行"复选框：用于使用多段文字来标注块的属性值。

图 7-19　"属性定义"对话框

❖ "插入点"选项组：用于设置属性值的插入点，即属性文字排列的参照点。用于可直接在"X"、"Y"、"Z"文本框中输入点的坐标。

❖ "属性"选项组：用于定义块的属性。

✓ "标记"文本框：用用于输入属性的标记。

✓ "提示"文本框：用于插入块时系统显示的提示信息。

✓ "默认"文本框：用于输入属性的默认值。

❖ "文字设置"选项组：用于设置属性文字的格式，包括"对正"方式、"文字样式"、"高度"以及"旋转角度"等。

❖ "在上一个属性定义下对齐"复选框：可为当前属性采用上一个属性的文字样式、字高、旋转角度，且另起一行，按上一个属性的对齐方式排列。

设置好"属性定义"对话框中的各项内容后，单击对话框中的"确定"按钮，系统将完成一次属性定义。用户可根据以上方法为块定义多个属性。

7.3.2　修改块属性

当用户插入带属性的图块时，可对其图块的属性进行修改。

可以通过以下任意一种方式来修改所插入的属性图块。

◇　命令行：在命令行中输入"DDEDIT"命令并按 Enter 键。

◇　鼠标键：双击带属性块的对象。

执行上述命令后，将弹出"增强属性编辑器"对话框，如图 7-20 所示。各主要选项的功能与含义如下：

◇　"属性"选项卡：其列表框中显示了块中每个属性的标识、提示和值。在列表框中选择某一属性后，"值"文本框中将显示出与该属性对于的属性值，用户可通过它来修改属性值。

◇　"文字选项"选项卡：用于修改属性文字的格式，该选项卡如图 7-21 所示。

图 7-20　"增强属性编辑器"对话框

图 7-21　"文字选项"选项卡

◇　"特性"选项卡：用于修改属性文字的图层、线宽、线型、颜色及打印样式等，该选项卡如图 7-22 所示。

◇　"选择块"按钮：可以切换到绘图窗口并选择要编辑的块对象。

◇　"应用"按钮：确定已经的修改。

图 7-22　"特性"选项卡

7.3.3　编辑块属性

如果用户需要对所创建的属性块进行编辑，则可以通过以下方式来进行属性块的编辑：

◇　面板：在"常用"标签下的"块"面板中单击"编辑属性"按钮，此下拉列表中有"单个"和"多个"两种命令。

◇　命令行：在命令行中输入"ATTEDIT"命令（快捷命令为"ATE"）并按 Enter 键。

执行上述命令后，将弹出"编辑属性"对话框，在其中输入要修改的内容，然后单击"确定"按钮，则该属性将发生相应的变化，如图 7-23 所示。

图 7-23 编辑块属性的方法

7.3.4 提取块属性

在 AutoCAD 2014 中，属性的提取主要有两种方式：一是使用"ATTEXT"命令提取；二是用"数据提取"向导提取属性。下面就将这两种提取方法进行讲解。

1. 使用"ATTEXT"命令提取

直接在命令行中输入"ATTEXT"命令并按 Enter 键，即可打开"属性提取"对话框，可立即提取块属性的数据，如图 7-24 所示。

在"属性提取"对话框中，各选项的功能与含义如下：

◇ "文件格式"选项组：设置数据提取的文件格式。用户可在 CDF、SDF、DXF 3 种文件格式中选择，选择相应的按钮即可。

◇ "逗号分隔文件（CDF）"项：CDF（Conmma Delimited File）文件是.TXT 类型的数据文件，是一种文本文件。该文件把每个块及其属性以一个记录的形式提取，其中每个记录的字段由逗号分隔符隔开，字符串的定界符默认为单引号对。

◇ "空格分隔文件（SDF）"项：SDF（Space Delimited File）文件是.TXT 类型的数据文件，也是一种文本文件。该文件把每个块及其属性以一个记录的形式提取，但在每个记录的字段使用空格分隔符，记录中每个字段占有预先规定的宽度（每个字段的格式由样板文件规定）。

◇ "DXF 格式提取文件（DXF）"项：DXF（Drawing Interchange File，即图形交换文件）格式与 AutoCAD 的标准图形交换文件格式一致，文件类型为.DXF。

◇ "选择对象"按钮：单击此按钮，AutoCAD 将切换到绘图窗口，用户可选择带有属性的块对象，按 Enter 键后返回"属性提取"对话框。

◇ "样板文件"按钮：用户可直接在"样板文件"按钮后的文本框中输入样板文件的名称；也可单击"样板文件"按钮，在弹出的"样板文件"对话框中选择样板文件，如图 7-25 所示。

◇ "输出文件"按钮：可直接在其后的文本框中输入文件名，也可单击"输出文件"按钮，在弹出的"输出文件"对话框中，指定保存数据文件的位置和文件名称。

图 7-24　"属性提取"对话框

图 7-25　"样板文件"对话框

2. 使用"数据提取"向导提取

可以通过以下几种方法来打开"数据提取"对话框，将以向导的形式帮助提取图形中块的属性数据：

◇　面板：在"插入"标签下的"链接和提取"面板中单击"提取数据"按钮。

◇　命令行：在命令行中输入"EATTEXT"命令并按 Enter 键。

在执行了"数据提取"命令后，按照如下操作步骤，可提取前面所定义块的属性数据：

Step 01 在"插入"标签下的"链接和提取"面板中单击"提取数据"按钮，将弹出"数据提取"向导中的"数据提取－开始"对话框，单击"创建新数据提取"项，将新建一个提取作为样板文件，单击"下一步"按钮，如图 7-26 所示。

Step 02 在弹出的"将数据提取另存为"对话框中，设置文件保存的路径和名字，如图 7-27 所示。

图 7-26　"数据提取-开始"对话框

图 7-27　"将数据提取另存为"对话框

Step 03 单击"保存"按钮，在弹出的"数据提取－定义数据源"对话框中，选择"在当前图形中选择对象"项，然后单击后面的按钮，在图形中选择需要提取属性的块，单击"下一步"按钮，如图 7-28 所示。

Step 04 在弹出的"数据提取－选择对象"对话框中，在"对象"列表框中勾选提取数据的对象，这里选择的是"BASE"，此时对话框右侧可以预览该对象，单击"下一步"按钮，如图 7-29 所示。

Note

图 7-28 "数据提取-定义数据源"对话框

图 7-29 "数据提取-选择对象"对话框

Step 05 在弹出的"数据提取－选择特性"对话框的"类别过滤器"列表框中，勾选对象特性，此处勾选的是"常规"和"属性"两个选项，单击"下一步"按钮，如图 7-30 所示。

Step 06 在弹出的"数据提取－优化数据"对话框中，可重新设置数据的排列顺序，这里不做修改，单击"下一步"按钮，如图 7-31 所示。

图 7-30 "数据提取-选择特性"对话框

图 7-31 "数据提取-优化数据"对话框

Step 07 在弹出的"数据提取－输出"对话框中，勾选"将数据提取处理表插入图形"复选框，然后单击"下一步"按钮，如图 7-32 所示。

Step 08 在弹出的"数据提取－表格样式"对话框中，可以设置存放数据的表格样式，这里选择默认样式，单击"下一步"按钮，如图 7-33 所示。

Step 09 此时属性数据提取完毕，在弹出的"数据提取－完成"对话框中，单击"下一步"按钮，如图 7-34 所示。

图 7-32　"数据提取-选择输出"对话框

图 7-33　"数据提取-表格样式"对话框

图 7-34　"数据提取-完成"对话框

Step ⑩ 指定插入点，此时提取的属性数据出现在绘图窗口，如图 7-35 所示。

计数	名称	A	超链接	打印样式	图层	线宽	线型	线型比例	颜色
1	BASE	1		ByLayer	0	ByLayer	ByLayer	1.0000	ByLayer
1	BASE	2		ByLayer	0	ByLayer	ByLayer	1.0000	ByLayer

图 7-35　提取的属性数据

7.4　动态图块

AutoCAD 从 2006 版本开始就已经新增了动态块功能，用户可以根据绘图需要方便地调整块的大小、方向、角度等。

⁑ 经验分享——动态图块的特点

动态块具有灵活性和智能性，用户在操作时可以通过自定义的夹点或自定义特性来操作动态块，可以对图块中的几何图形进行修改、添加、删除、旋转等操作。

可以通过以下方式执行"动态块"命令：

❖ 面板 1：在"常用"标签下的"块"面板中单击"编辑"按钮 。

❖ 面板 2：在"插入"标签下的"块定义"面板中单击"块编辑器"按钮 。

❖ 命令行：在命令行中输入"BEDIT"命令（快捷命令为"BE"）并按 Enter 键。

执行上述命令后，系统弹出"编辑块定义"对话框，如图 7-36 所示，选择需要创建或编辑的图块名称，然后单击"确定"按钮，弹出"块编写选项板"面板，并在视图中显示该图块的对象，以及在窗口的上侧面板区显示"块编辑器"标签，如图 7-37 所示。

图 7-36 "编辑块定义"对话框　　　　　图 7-37 "块编写"选项板

7.5 实战演练

7.5.1 深入训练——插入"编号"外部图块

视频\07\插入外部图块.avi
案例\07\测量电气线路.dwg

首先创建一个带属性的外部图块，再插入到另外一个图形文件中的指定位置，其操作步骤如下：

Step 01 启动 AutoCAD 2014，切换至"草图与注释"空间，打开一空白文件。

Step 02 使用"圆"命令（C），绘制一个半径为 4 的圆。

Step 03 在"常用"标签下的"块"面板中单击"定义属性"按钮，将弹出"属性定义"对话框，然后按照如图 7-38 所示对其进行属性定义的操作。

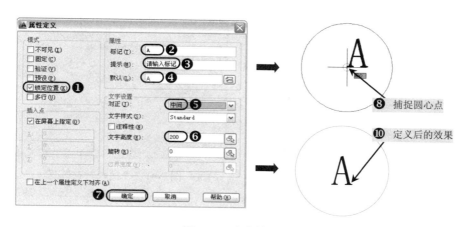

图 7-38　定义块属性

Step 04 在命令行中执行"写块"命令（W）并按 Enter 键，将弹出"写块"对话框，将其保存为"案例\07\编号.dwg"文件，如图 7-39 所示，这样，带属性的块就创建好了。

图 7-39　"写块"对话框

Step 05 在快速访问工具栏中单击"打开"按钮，将"案例\07\测量电气线路.dwg"文件打开，如图 7-40 所示。

Step 06 在"常用"标签下的"块"面板中单击"插入"按钮，将弹出"插入块"对话框；单击"名称"文本框后的"浏览"按钮，选择上一步创建的图块，即"案例\07\编号.dwg"图块对象，然后单击"确定"按钮，如图 7-41 所示。

Step 07 此时在系统的命令行中提示插入点的位置，并在光标上附着有待插入的图块对象，将鼠标指针移动至图形中间垂直线段的中点处并单击，如图 7-42 所示。

Step 08 此时在光标附近将显示一文本框，表示要输入的属性值，在此输入"V"并按 Enter 键，则所插入的图块属性变为 V，如图 7-43 所示。

233

图 7-40   打开的文件

图 7-41   "插入"对话框

图 7-42   指定插入点

图 7-43   输入属性值

Step 09 根据同样的方法，再执行"插入"命令，继续将"编号"属性块插入图形相应位置，且使其属性值保持为"A"，插入的效果如图 7-44 所示。

Step 10 再执行"修剪"命令 (TR)，修剪电流表和电压表符号中的多余线段，结果如图 7-45 所示，完成该线路的绘制。

图 7-44   再次插入图块

图 7-45   修剪效果

7.5.2   熟能生巧——创建动态电机图块

视频\07\创建动态电机图块.avi
案例\07\动态电机图块.dwt

　　本实例详细介绍了创建动态电机图块的过程和方法，让读者能掌握到创建动态图块的方法和步骤，从而能更好地学习 AutoCAD 软件，其操作步骤如下：

Step 01 启动 AutoCAD 2014，按 Ctrl＋O 组合键，将 "案例\07\电机符号.dwg" 文件打开，如图 7-46 所示。

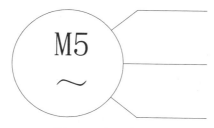

图 7-46 打开的图形

Step 02 再单击 "另存为" 按钮💾，将文件另存为 "案例\07\动态电机图块.dwg" 文件。

Step 03 执行 "创建块" 命令（B），将门对象创建为图块，创建图块的名称为 "电机"。

Step 04 在 "块" 面板中单击 "编辑" 按钮，弹出 "编辑块定义" 对话框，选择上一步定义好的 "电机" 块对象，并单击 "确定" 按钮，将打开块编辑器窗口，同时在视图中打开门图块对象，如图 7-47 所示。

图 7- 47 打开块编辑器窗口

Step 05 在 "块编写选项板" 的 "参数" 选项中选择 "线性" 和 "旋转" 项，根据命令行提示，创建一个线性参数和旋转参数，如图 7-48 所示。

图 7-48 设置参数

Note

Step 06 在"块编写选项板"的"动作"选项中选择"缩放"项，然后根据命令行提示，选择创建的线型，系统提示"选择对象："时，选择所有电机对象，按空格键确定，从而形成一个缩放图标，表示创建好了动态缩放，如图7-49所示。

图7-49　创建动态缩放

Step 07 用同样的方法，再给门对象创建一个动态旋转，如图7-50所示。

图7-50　创建动态旋转

Step 08 在块编辑器窗口左上方单击"保存块定义"按钮，然后关闭块编辑器，这时选中创建的动态电机图块将显示出3个特征点对象，如图7-51所示。

Step 09 拖动图中上侧的三角形特征点，就可以随意对门对象进行缩放；关闭"正交"模式，选择图中的圆形特征点，就可以随意的将门对象旋转一定的角度，如图7-52所示。

图 7-51　选中创建好的动态门效果　　　　图 7-52　动态块的缩放和旋转

Step 10　至此，创建动态电机图块绘制完成，按 Ctrl＋S 组合键进行保存。

7.6　本章小结

　　本章主要讲解了 AutoCAD 2014 图块的制作与插入，包括 AutoCAD 的创建和插入图块，如定义块、创建外部图块、图块颜色（线型、线宽）、插入图块等，AutoCAD 2014 的修改图块，AutoCAD 2014 的图块属性，CAD 的动态图块等，最后通过实战演练来学习 AutoCAD 定义块、插入外部图块、创建动态电机图块的方法，从而为后面的学习打下坚实的基础。

第8章

参数化绘图

自 AutoCAD 2010 版本以来，新增加了令人兴奋的新功能——参数化，它无疑使得 AutoCAD 用来绘图时更能接近"设计"的思维模式，使之真正从"电子图板"转向"计算机辅助设计"。

内容要点

- ◆ 几何约束的方法
- ◆ 标注约束的方法
- ◆ 自动约束的方法

- ◆ 几何约束的设置
- ◆ 标注约束的设置

在 AutoCAD 2014 版本的"草图与注释"模式下，在顶部的"参数化"选项卡中，分别有"几何"、"标注"、"管理" 3 个面板，如图 8-1 所示。

图 8-1　"参数化"选项卡

8.1 几何约束

在 AutoCAD 中，几何是建立绘图对象的几何特性（如要求某一直线具有固定的角度），或是两个或更多图形对象的关系类型（如要求几个圆弧具有相同的半径）。利用几何约束可指定绘图对象必须遵守的条件，或与其他图形对象必须维持的关系。

在"视图"标签下的"界面"面板中单击"工具栏"按钮，在下拉列表中选择"AutoCAD"下的"几何约束"选项，如图 8-2 所示；此时在绘图窗口中，将出现"几何约束"工具栏，如图 8-3 所示。

图 8-2　选择"几何约束"选项

图 8-3　"几何约束"工具栏

8.1.1 重合约束

"重合（GcCoincident）" 是约束两个点使其重合，或约束一个点使其位于曲线（或曲线延长线）上，可以使对象上的约束与某个对象重合，也可以使其与另一对象上的约束重合，如图 8-4 所示。

图 8-4　重合约束

经验分享——重合点的确定

根据具体情况，选择线段的端点、中点；选择不同的点，得到的重点约束效果也不会相同。
选择第二个约束点时，选择底侧水平线段左、右端点的效果如图 8-5 和图 8-6 所示。

选择垂直线段的端点　　选择该水平线段的端点

图 8-5　左端点 "重点约束"

选择垂直线段的端点　　选择水平线段的端点

图 8-6　右端点 "重点约束"

8.1.2　共线约束

"共线（GcCollinear）" ✓ 是使两条或多条线段直线沿同一直线方向，使它们共线，
如图 8-7 所示。

❷ 第 1 条线段　　　　　　❹ 共线约束（2 条线段）　　　❺ 共线约束（6 条线段）

❸ 第 2 条线段

❶ 绘制的线段

图 8-7　共线约束

8.1.3　同心约束

"同心（GcConcentric）" ◎ 是将两个圆弧、圆或椭圆约束到同一个中心点，结果与
将重合约束应用于曲线的中心点所产生的效果相同，如图 8-8 所示。

图 8-8　同心约束

8.1.4　固定约束

"固定（GcFix）" 🔒 是将几何约束应用于一对对象时，选择对象的顺序以及选择每个对象的点可能会影响对象彼此间的放置方式，如图 8-9 所示。

图 8-9　固定约束

> **经验分享**
>
> 在选择对象进行固定约束时，一般会自动拾取对象的特征点，如圆的圆心、圆弧的圆心、端点、线段的中点、端点等。
>
> 一条线段最多有 3 个约束，封闭的圆只有一个约束，而开放的圆弧则有 3 个约束，当再次进行固定约束时，会弹出"约束"对话框，如图 8-10 所示。

图 8-10　"约束"对话框

8.1.5　平行约束

"平行（GcParallel）" ⫽ 是使选定的直线位于彼此平等的位置，平行约束在两个对象之间应用，如图 8-11 所示。

图 8-11　平行约束

8.1.6　垂直约束

"垂直（GcPerpendicular）" ⟋ 是使选定的直线位于彼此垂直的位置，垂直约束在两个对象之间应用，如图 8-12 所示。

图 8-12　垂直约束

8.1.7　水平约束

"水平（GcHorizontal）" ▤ 是使直线或点位于与当前坐标系 X 轴平行的位置，默认选择类型为对象，如图 8-13 所示。

图 8-13　水平约束

8.1.8　竖直约束

"竖直（GcVertical）" ⫼ 是使直线或点位于与当前坐标系 Y 轴平行的位置，如图

8-14 所示。

图 8-14　竖直约束

8.1.9　相切约束

"相切（GcTangent）" 　 是将两条曲线约束为保持彼此相切或其延长线相切，相切约束在两个对象之间应用，如图 8-15 所示。

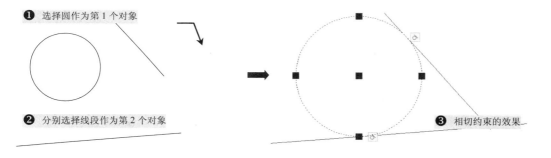

图 8-15　相切约束

8.1.10　平滑约束

"平滑（GcSmooth）" 　 是将样条曲线约束为连续，并与其他样条曲线、直线、圆弧或多段线保持连续性，如图 8-16 所示。

图 8-16　平滑约束

Note

经验分享

在选择对象的特征点进行平滑约束时，选择不同的约束点，其约束的效果也不相同，如图 8-17 所示。

图 8-17 平滑约束

8.1.11 对称约束

"对称（GcSymmetric）" 中 是使选定对象受对称约束，相对于选定直线对称，如图 8-18 所示。

图 8-18 对称约束

经验分享——对称约束的顺序

选择第 1、2 个对象时，其顺序的不同，产生的约束效果则相差甚远，如图 8-19 所示。

图 8-19 对称约束

8.1.12　相等约束

"相等（GcEqual）" $=$ 是将选定圆弧和圆的尺寸重新调整为半径相同，将选定直线的尺寸重新调整为长度相同，如图 8-20 所示。

图 8-20　相等约束

经验分享——相等约束的顺序

选择第 1、2 个对象时，其顺序的不同，产生的约束效果则相差甚远，如图 8-21 所示。

图 8-21　相等约束

在实际的几何约束过程中，可以进行多种约束并存。例如图 8-22 中，其右下角点"固定约束"，且两条线段的交点"重合约束"；再使用"相等约束"时，就变成了平行四边形。

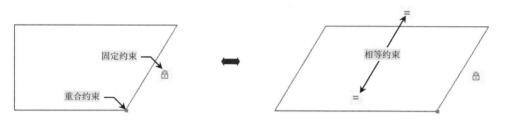

图 8-22　多种约束的效果

8.1.13 设置几何约束

Note

系统提供了可选择十多种几何约束类型，能够辅助定位不同要求的图形对象。

可以通过以下任意一种方式来打开"约束设置"对话框进行设置（见图 8-23）：

◇ 工具栏：在"参数化"的工具面板上单击"约束设置" 按钮（ ）。

◇ 命令行：在命令提示栏内输入"ConstraintSettings"并按 Enter 键。

图 8-23 "约束设置"对话框

"几何"选项卡中各部分选项的功能和含义如下：

◇ "推断几何约束"：创建和编辑几何图形时推断几何约束。

◇ "仅为处于当前平面的对象显示约束"：勾选该复选框，则为当前平面上受几何约束的对象显示约束栏。

◇ "将约束应用于选定对象后显示约束栏"：手动应用约束或使用"Autoconstrain"命令进行显示相关的约束栏。

经验分享——Constraintrelax变量

我们在编辑对象时，Constraintrelax 变量用于控制约束是处于强制实行状态还是释放状态。默认值为 0。

变量值=0 时，编辑对象时，该对象上的约束将被保持。

变量值=1 时，编辑对象时，该对象上的约束将被释放。

8.2 标注约束

建立尺寸约束可以限制图形几何的大小，也就是与在草图上标注尺寸相似，同样设置尺寸标注，与此同时也会建立相应的表达式。不同的是可以在后续的编辑工作中实现尺寸的参数化驱动。

在"视图"标签下的"界面"面板中单击"工具栏"按钮，在下拉列表中选择"AutoCAD"下的"标注约束"选项，如图 8-24 所示；此时在绘图窗口中，将出现"标注约束"工具栏，效果如图 8-25 所示。

图 8-24　选择"标注约束"选项

图 8-25　"标注约束"工具栏

8.2.1　水平约束

"水平（DcHorizontal）"是约束对象两点之间或不同对象的两点之间 X 方向的距离，如图 8-26 所示。

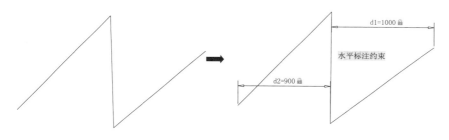

图 8-26　水平约束

经验分享——标注约束值的修改

在进行标注约束时，会自动出现一些标注数值，可以默认为约束值，或者在出现的文本框中输入新的数值，按 Enter 键，即标注约束上的数值为新输入的数值。

8.2.2　竖直约束

"竖直（DcVertical）"是约束对象两点之间或不同对象的两点之间 Y 方向的距离，如图 8-27 所示。

图 8-27　竖直约束

8.2.3 对齐约束

"对齐（DcAligned）"是约束对象两点之间或不同对象的两点之间的距离，如图 8-28 所示。

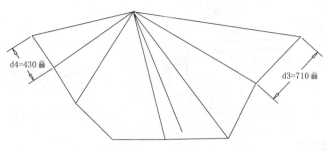

图 8-28 对齐约束

8.2.4 半径约束

"半径（DcRadius）"是约束圆或圆弧的半径。

绘制一半径为 500 的圆，执行"半径约束"操作，设置其半径约束值为 480，如图 8-29 所示。

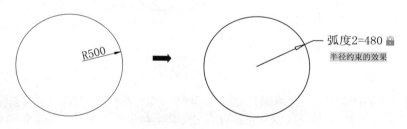

图 8-29 半径约束

::::: 经验分享——半径约束

对前面半径为 500 的圆进行半径约束后再执行"半径标注"命令（DRA），此时标注的半径值发生了变化，其值为约束后"R480"，而不是之前"R500"，如图 8-30 所示。

图 8-30 约束后的半径尺寸标注

8.2.5　直径约束

"直径（DcDiameter）" 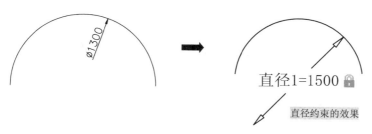 是约束圆或圆弧的直径。其约束可参照半径约束的方法，如图 8-31 所示。

图 8-31　直径约束

8.2.6　角度约束

"角度（DcAngular）" 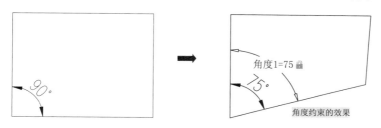 是约束对象之间的任意角度，如图 8-32 所示。

图 8-32　角度约束

经验分享——角度约束

对于矩形对象，其 4 个对角分别为 90°，如果约束其中一个角度，随即会发生形状上的变化，变成一个多边形。

8.2.7　设置标注约束

标注约束控制设计的大小和比例，而设置尺寸约束可控制显示标注约束时的配置，它主要可以约束对象之间或对象上点之间的距离以及角度。

可以通过以下任意一种方式来打开"约束设置"对话框时行设置，如图 8-33 所示。

◇　工具栏：单击"参数化"标签下的"约束设置"按钮 ，弹出约束设置对话框，选择"标注"选项卡。

图 8-33　"标注"选项卡

Note

◇ 命令行：在在命令提示栏内输入"ConstraintSettings"并按 Enter 键。

"标注"选项卡中各选项的功能含义如下：

◇ "标注名称格式"：该下拉列表为应用标注约束时显示的文字指定的格式。
◇ "为注释性约束显示锁定图标"复选框：勾选该复选框表示已应用注释性约束的对象显示锁定图标。
◇ "为选定对象显示隐藏的动态约束"复选框：勾选该复选框表明显示选定时已设置为隐藏的动态约束。

8.3 自动约束

可以通过以下任意一种方式来打开"约束设置"的对话框并进行设置，如图 8-34 所示。

图 8-33 "自动约束"选项卡

◇ 工具栏：单击"参数化"标签下的"约束设置"按钮 ，弹出"约束设置"对话框，选择"自动约束"选项卡。
◇ 命令行：在在命令提示栏中输入"Constrainsettings"并按 Enter 键。

"自动约束"选项卡中各选项的功能和含义如下：

◇ "约束类型"：列表框中显示自动约束的类型及优先级。可以通过单击"上移"和"下移"按钮来调整优先级的先后顺序，单击 图标选择或去掉某种类型的约束作为自动约束类型。
◇ "相切对象必须共用同一交点"：勾选该复选框便指定两条曲线必须共用一个点（在距离公差内设置）应用相切约束。
◇ "垂直对象必须共用同一交点"：勾选该复选框便指定直线必须相交或一条直线的端点必须与另一条直线或直线的端点重合（在距离内设置）。
◇ "距离"：设置可接受的距离公差值。
◇ "角度"：设置可接受的角度公差值。

如图 8-35 所示为自动约束后的效果。

❷ 单击"自动约束"按钮

❶ 选中全部的图形　　　　　　　　　　❸ 自动约束的效果

图 8-35　自动约束后的效果

8.4 实战演练

8.4.1　初试身手——花朵的绘制

视频\08\花朵的几何约束.avi
案例\08\花朵.dwg

在花瓣的绘制中，首先执行"圆"命令，绘制 4 个半径相同的圆；然后使用"相切约束"使之两两相切；再执行修剪命令，将多余的圆弧进行修剪；最后在中心位置绘制一个小圆，表示花心，从而完成花瓣的绘制。操作步骤如下：

Step 01 启动 AutoCAD 2014，按 Ctrl+S 组合键，将打开的空白文件保存为"案例\08\花朵.dwg"文件。

Step 02 执行"圆"命令（C），绘制 4 个半径为 100mm 的圆，如图 8-36 所示。

Step 03 单击"几何约束"工具栏上的"相切" 按钮，使绘制的圆两两相切，如图 8-37 所示。

Step 04 执行"修剪"命令（TR），修剪多余的线段，如图 8-38 所示。

Step 05 执行"圆"命令（C），在花瓣中心的适当位置，绘制半径为 50mm 的圆，如图 8-39 所示。

图 8-36　绘制的圆

图 8-37　两两相切

图 8-38　修剪线段的效果

图 8-39　绘制的花心

 至此，图形绘制完成，按 Ctrl+S 组合键对文件进行保存。

8.4.2　深入训练——零件平面图的绘制

> 视频\08\零件平面图的约束.avi
> 案例\08\零件平面图.dwg

在绘制零件平面图时，首先绘制多段线，然后开启"极轴追踪"功能，绘制斜线段；并执行圆、矩形、直线命令，绘制圆矩形和直线段；最后执行"镜像"命令，向右镜像绘制的图形对象，从而完成零件平面图的绘制。操作步骤如下：

Step 01 启动 AutoCAD 2014，按 Ctrl+S 组合键，将打开的空白文件保存为"案例\08\零件平面图.dwg"文件。

Step 02 按 F8 键，打开"正交"模式。执行"直线"命令（L），绘制多段线，如图 8-40 所示。

Step 03 执行"草图设置"命令（SE），弹出"草图设置"对话框，选择"极轴追踪"选项卡，勾选"启用极轴追踪"复选框，增量角设为 60°，如图 8-41 所示。

图 8-40　绘制多段线

图 8-41　"极轴追踪"选项卡

Step 04 按 F8 键关闭"正交"模式。执行"直线"命令（L），绘制斜线段，待出现一提示信息的绿色斜线段，如图 8-42 所示。

Step 05 单击"参数化"标签下"标注"面板中的"对齐约束"按钮，启动"对齐约束"命令，标注绘制的斜线段 A，并将其标注的数据修改为 14，如图 8-43 所示。

图 8-42　绘制斜线段 A

图 8-43　对齐约束

Step 06 参照前面设置增量的方法，重新设置增量角 50°；执行"直线"命令（L），绘制斜线 B。

Step 07 单击"参数化"标签下"标注"面板中"对齐约束"按钮，启动"对齐约束"命令，标注绘制的斜线段，将标注的数据修改为 10，如图 8-44 所示。

Step 08 执行"圆"命令（C），在命令行"指定圆的圆心："提示下输入"from"，在"基点："提示下捕捉点 A，在"偏移："提示下输入"@10，-13"，然后以此点为圆心，绘制半径为 4.5mm 的圆。

Step 09 执行"矩形"命令（REC），在命令行"指定第一个角点："提示下输入"from"，在"基点："提示下捕捉点 B，在"偏移："提示下输入"@9，0"，再输入第二个角点的坐标值"@7，-24"，绘制的矩形效果如图 8-45 所示。

图 8-44　绘制斜线段 B

图 8-45　对齐约束

Step 10 按 F8 键打开"正交"模式。执行"镜像"命令（MI），捕捉点 C，鼠标向上，出现一条垂直辅助轴线，框选左边所有的图形对象，向右镜像一份，结果如图 8-46 所示。

Step 11 执行"直线"命令（L），在图形上端绘制长 26 的水平连接线段，如图 8-47 所示。

图 8-46　绘制圆

图 8-47　绘制矩形

Note

图 8-48　向右镜像　　　　　　　　图 8-49　绘制水平线段

Step 12　至此，图形绘制完成，按 Ctrl+S 组合键对文件进行保存。

8.4.3　熟能生巧——保护测量图的绘制

视频\08\保护测量图的绘制.avi
案例\08\保护测量图.dwg

　　使用多段线、标注约束、镜像命令，绘制洗面盆的轮廓；再将案例下的图块，插入并分解，进行几何相关约束，从而完成洗面盆的绘制。操作步骤如下：

Step 01　启动 AutoCAD 2014，按 Ctrl+S 组合键，将打开的空白文件保存为"案例\08\保护测量图.dwg"文件。

Step 02　执行"圆弧"命令（ARC），指定任意一点，再根据命令提示，选择"端点（E）"项，在提示"指定圆弧端点"时，向下拖动鼠标，输入 2 的距离，确定端点，再选择命令提示中的"角度（A）"项，输入"-180"，则绘制出半圆弧，如图 8-50 所示。

Step 03　执行"复制"命令（CO），将上步圆弧向下复制 3 份，如图 8-51 所示。

Step 04　执行"直线"命令（L），捕捉上、下端点分别向左绘制长为 2 的水平线段，形成电感线圈效果，如图 8-52 所示。

图 8-50　绘制圆弧　　　　　图 8-51　复制圆弧　　　　　图 8-52　绘制线段

Step 05 执行"直线"命令（L），分别捕捉电感线圈的上、下端点，水平向左绘制长度为7的水平线，并连接水平线段端点，绘制垂直线段，如图 8-53 所示。

Step 06 执行"圆"命令（C），分别捕捉水平线段的中点为圆心，绘制半径为 0.25 的两个圆，再捕捉垂直线段的中点为圆心，绘制半径为 0.5 的圆，如图 8-54 所示。

图 8-53　绘制水平线

图 8-54　绘制圆

Step 07 执行"直线"命令（L），分别过半径 0.25 的圆心，绘制夹角为 45°，长度为 1 的斜线，其中要将圆内多余线段修剪掉，如图 8-55 所示。

Step 08 执行"直线"命令（L），绘制垂直线段为 1，水平线段为 0.7 且垂直相交的线段，如图 8-56 所示。

图 8-55　绘制斜线

图 8-56　绘制线段

Step 09 执行"偏移"命令（O），将水平线段向下偏移两次，偏移距离为 0.3，如图 8-57 所示。

Step 10 利用夹点编辑功能，修改偏移线段的长度，按照如图 8-58 所示线段的长度进行修改从而完成接地图形的绘制。

Step 11 执行"移动"命令（M），将接地符号垂直上端点移动捕捉到前面图形下侧圆的圆心处，，如图 8-59 所示。

Step 12 执行"修剪"命令（TR），将图形中多余的线条修剪掉，结果如图 8-60 所示。

图 8-57　偏移线段　　　　　　图 8-58　拉伸线段

图 8-59　移动图形　　　　　　图 8-60　修剪效果

Step 13 至此，图形绘制完成，可按 Ctrl+S 组合键对文件进行保存。

8.5　本章小结

　　本章主要讲解了 AutoCAD 2014 参数化绘图，包括 AutoCAD 的几何约束，如重合、共线、同心、固定、平行、垂直、水平、竖直、相切、平滑、相等、对称等约束；AutoCAD 2014 的标注约束；AutoCAD 2014 的自动约束等；最后通过实战演练来学习 AutoCAD 绘制花朵、绘制零件平面图、绘制洗面盆的方法，为后面的学习打下坚实的基础。

第9章

图形对象的尺寸标注

在 AutoCAD 2014 中，尺寸标注是经常用到的功能，本章将向介绍有关尺寸标注的基本概念、尺寸标注的组成以及创建尺寸标注的步骤，为以后创建尺寸标注打下基础。

内容要点

◆ 尺寸标注的规则与组成　　　◆ 尺寸标注样式的创建与设置方法

◆ 各种尺寸标注工具的使用方法　◆ 形位公差标注的使用方法

◆ 多重引线的标注与编辑方法　　◆ 标注样式及尺寸标注对象的修改方法

9.1　尺寸标注的组成与规定

尺寸标注可以精确地反映图形对象各部分的大小及其相互关系，尺寸标注是建筑设计和机械图样中必不可少的内容，是使用图纸指导施工的重要依据。尺寸标注包括基本尺寸标注、文字标注、尺寸公差、形位公差和表面粗糙度等内容。

9.1.1　尺寸标注的规定

在我国的"工程制图国家标准"中，对尺寸标注的规则做出了一些规定，要求尺寸标注必须遵守以下基本规则：

- ◇　物体的真实大小应以图形上所标注的尺寸数值为依据，与图形的显示大小和绘图的精确度无关。
- ◇　图形中的尺寸以毫米为单位时，不需要标注尺寸单位的代号或名称。如果采用其他单位，则必须注明尺寸单位的代号或名称，如度、厘米、英寸等。
- ◇　图形中所标注的尺寸为图形所表示的物体的最后完工尺寸，如果是中间过程的尺寸（如在涂镀前的尺寸等），则必须另加说明。
- ◇　物体的每一尺寸，一般只标注一次，并应标注在最能清晰反映该结构的视图上。

尺寸标注是向图形中添加测量注释的过程。系统提供了 5 种基本的标注类型：线性标注、径向标注、角度标注、坐标标注和弧长标注，这 5 种标注类型包含了所有的尺寸标注命令。

线性标注可以创建尺寸线水平、垂直和对齐的线性标注，包含线性标注、对齐标注、基线标注、连续标注和倾斜标注等命令。

- ◇　径向标注：包含半径标注、直径标注、折弯标注等命令。
- ◇　角度标注：用来测量两条直线或 3 个点之间的角度，包含角度标注命令。
- ◇　坐标标注：用来测量原点到测量点的坐标值，包含坐标标注命令。
- ◇　弧长标注：用于测量圆弧或多段线弧线段上的距离，包含弧长标注命令。

9.1.2　尺寸标注的组成

一个完整的尺寸标注由尺寸界线、延伸线、箭头符号和尺寸文字等 4 部分组成，如图 9-1 所示。尺寸标注的关键数据，其余参数由预先设定的标注系统变量来自动提供并完成标注，从而简化了尺寸标注的过程。

- ◇　尺寸界线：是指图形对象尺寸的标注范围，它以延伸线为界，两端带有箭头。尺寸线与被标注的图形平行。尺寸线一般是一条线段，有时也可以是一条圆弧。
- ◇　延伸线（超出尺寸界线）：是指从被标注的图形对象到尺寸线之间的直线，也表示尺寸线的起止和终止。

❖ 箭头符号（尺寸起止符号）：是位于尺寸线两端，用来表明尺寸线的起止位置，AutoCAD 2014 提供了多种多样的终端形式，通常在机械制图中习惯以箭头来表示尺寸终端，而建筑制图中则习惯以短斜线来表示。也可以根据自己的需要自行设置终端形式。

❖ 尺寸文字：是表示被标注图形对象的标注尺寸数值，该数值不一定是延伸线之间的实际距离值，可以对标注文字进行文字替换。尺寸文字既可以放在尺寸线之上，也可以放在尺寸线之间，如果延伸线内放不下尺寸文本时，系统会自动将其放在延伸线外面。

图 9-1　AutoCAD 尺寸标注的组成

⋮⋮⋮ 经验分享——尺寸数据的准确性

由于尺寸标注命令可以自动测量所标注图形的尺寸，所以绘图时应尽量准确，这样可以减少修改尺寸文字所花费的时间，从而加快绘图的速度。

9.2　创建与设置标注样式

在对图形对象进行标注时，可以使用系统中已经定义的标注样式，也可以创建新的标注样式来适应不同风格或类型的图纸。

9.2.1　打开标注样式管理器

在标注尺寸之前，第一步要建立标注样式，如果不建立标注样式而直接进行标注，系统可使用默认的 Standard 样式。可以通过"标注样式管理器"对话框进行设置。

可通过以下几种方法打开"标注样式管理器"对话框：

❖ 面板 1：在"注释"标签下的"标注"面板中单击右下角的"标注样式"按钮 ，如图 9-2 所示。

❖ 面板 2：在"常用"标签下的"注释"面板中单击 注释▾ 按钮，在出现的下拉列表中选择"标注样式" ，如图 9-3 所示。

❖ 命令行：在命令行中输入"DimStyle"（快捷命令为"D"）并按 Enter 键。

执行上述命令后，系统弹出"标注样式管理器"对话框，如图 9-4 所示。

图 9-2　单击"标注样式"按钮

图 9-3　选择"标注样式"项

图 9-4　"标注样式管理器"对话框

在"标注样式管理器"对话框中，各部分选项的含义如下：

◇ "新建"按钮：单击该按钮，将弹出"创建新标注样式"对话框，可以创建新的标注样式。

◇ "修改"按钮：单击该按钮，将弹出"修改当前样式"对话框，可以修改标注样式。

◇ "替代"按钮：单击该按钮，将弹出"替代当前样式"对话框，可以设置标注样式的临时替代样式。

◇ "比较"按钮：单击该按钮，将弹出"比较标注样式"对话框，可以比较两种标注样式的特性，也可以列出一种样式的多有特性，如图 9-5 所示。

◇ "帮助"按钮：单击该按钮，将弹出"AutoCAD 2014-帮助"窗口，在此可以查找到需要的帮助信息，如图 9-6 所示。

图 9-5　"比较标注样式"对话框

图 9-6　"AutoCAD 2014-帮助"窗口

9.2.2 创建标注样式

Note

在"标注样式管理器"对话框中单击"新建"按钮后，弹出"创建新标注样式"对话框，如图 9-7 所示，在该对话框中可以创建新的标注样式。其中部分选项的含义如下：

- ✧ 基础样式：在该下拉列表中可以选择一种基础样式，在该样式的基础上进行修改，从而建立新样式，如图 9-8 所示。

图 9-7 "新建标注样式"对话框　　　　　　图 9-8 选择基础样式

::::· 经验分享——尺寸基础样式的选择

指定基础样式时，选择与新建样式参数相近的样式，可减少后面对标注样式参数的修改量。

- ✧ 用于：可以限定所选标注格式只用于某种确定的标注形式，可以在下拉列表中选择所要限定的标注形式，如图 9-9 所示。
- ✧ 注释性：勾选是否运用注释性。
- ✧ 继续：单击此按钮，弹出"新建标注样式"对话框，从而可以进行设置和修改标注样式的相关参数。

图 9-9 选择限定的标注

::::· 提示与技巧

在创建好一个标注样式后，在该样式的基础上还可以创建具有一些限定的标注样式，如角度标注、直径标注、半径标注。

如果当前标注样式已设置的"箭头"为"建筑标记"，"文字对齐"为"与尺寸线对齐"；需要再创建一个"角度标注"样式，其"箭头"为"实心闭合"，"文字对齐"为"水平"，在当前标注样式下，进行角度标注时，则箭头方式和文字对齐方式即为上述所设置的效果。

9.2.3　设置标注样式

在"标注样式管理器"对话框中单击"新建"按钮来新建标注样式的名称，如图9-10所示，然后单击"继续"按钮，即可弹出"新建标注样式：×××"对话框，如图9-11所示。

图 9-10　新建标注样式名称

图 9-11　"新建标注样式：×××"对话框

在"新建标注样式：×××"对话框中，可以通过"线"、"符号和箭头"、"文字"、"调整"、"主单位"、"换算单位"和"公差"等7个选项来进行各项参数的设置。

1. 线

在"线"选项卡中，可以设置标注内的尺寸线与尺寸界线的形式与特性，如图9-10所示，各选项的功能与含义如下：

（1）"尺寸线"选项组中，主要用于设置尺寸线的特性。

✧　"颜色（C）"下拉列表：可以设置尺寸线的颜色，如图 9-12 所示。可以是随层（ByLayer）、随块（ByBlock），或者是其他颜色。若选择"选择颜色"项，系统

Note

将弹出"选择颜色"对话框，可以通过该对话框来设置尺寸线的颜色，如图 9-13 所示。

图 9-12　"颜色"下拉列表

图 9-13　"选择颜色"对话框

◆ "线型（L）"下拉列表：可以设置尺寸线的线型，如图 9-14 所示。选择下拉列表框中的最后一项"其他"，将弹出"选择线型"对话框，也可以通过该对话框来设置并加载需要的线型，如图 9-15 所示。

图 9-14　"线型"下拉列表

图 9-15　"选择线型"对话框

◆ "线宽（G）"下拉列表：可以设置尺寸线的线宽。

◆ "超出标记（N）"下拉列表：当将尺寸线箭头设置为短斜线、短波线时，或尺寸线上无箭头时，可利用该微调框来调整尺寸线超出尺寸延伸线的距离，如图 9-16 所示。

图 9-16　超出标记图

◆ "基线间距（A）"文本框：可设置以基线方式标注尺寸时，相邻两尺寸线之间的距离。

◆ "隐藏"复选框组：在其后的两个复选框"尺寸线 1（M）"、"尺寸线（D）"中，勾选相应的复选框，则在标注中隐藏尺寸基线，如图 9-17 所示。

图 9-17　隐藏尺寸线

（2）"尺寸界线"选项组中，主要用于确定尺寸界线的特性。

◇　"颜色（R）"下拉列表：主要用于设置尺寸界线的颜色。

◇　"尺寸界线 1／2 的线型（I）"下拉列表：此两项用于设置尺寸线的线型。

◇　"线宽（W）"下拉列表：可以设置尺寸界线的线宽。

◇　"隐藏"复选框组：在其后的两个复选框"尺寸界线 1"、"尺寸界线 2"中，勾选相应的复选框则在标注中隐藏尺寸界线，如图 9-18 所示。

图 9-18　隐藏尺寸界线 1 效果

◇　"超出尺寸线（X）"文本框：用于确定延伸线超出尺寸线的距离，对应的尺寸变量是"DIMEXE"，如图 9-19 所示，为超出尺寸线时的效果。

◇　"起点偏移量（F）"文本框：可在其微调框中设置尺寸延伸线的实际起始点相对于指定的尺寸延伸线起始点的偏移量，如图 9-20 所示。

图 9-19　超出尺寸线效果比较

图 9-20　起点偏移量效果比较

❖ "固定长度的尺寸界线（O）"复选框：勾选该复选框，系统将以固定长度的尺寸延伸线标注尺寸，可以在其下面的"长度"文本框中输入长度值，如图 9-21 所示。

图 9-21　不同的固定长度效果比较

经验分享——室内施工图的尺寸标注规定

　　在绘制室内装潢施工图过程中，尺寸界线用细实线绘制，一般应与被标注的长度垂直，其一端应离开图样轮廓线 2～3mm（起点偏移量），另一端宜超出尺寸线 2～3mm；尺寸线也用细实线绘制，并与被标注长度平行，图样本身的图线不能用作尺寸线；尺寸起止符号一般用中粗斜短线绘制，其倾斜方向与尺寸界线成顺时针 45°，长度宜为 2～3mm，在轴测图中，尺寸起止符号一般用圆点表示；尺寸数字一般应依据其方向注写在靠近尺寸线的上方中部，尺寸数字的书写角度与尺寸线一致。图形对象的真实大小以图面标注的尺寸数据为准，与图形的大小及准确度无关。图样上的尺寸单位，除标高及总平面以米(m)为单位外，其他必须以毫米（mm）为单位。

　　尺寸适宜标注在图样轮廓以外，不宜与图线、文字以及符号等相交。图线不得穿过尺寸数字，不可避免时，应将尺寸数字处的图线断开。图样轮廓线以外的尺寸界线，距图样最外轮廓之间的距离，不宜小于10mm。平行排列的尺寸线的间距，宜为 7～10mm，并应保持一致。互相平行的尺寸线，较小的尺寸应距离轮廓线较近，较大的尺寸，距离轮廓线较远。尺寸标注的数字应距尺寸线 1～1.5mm，其字高为 2.5mm(在 A0、A1、A2 图纸)或字高 2mm(在 A3、A4 图纸)，如图 9-22 所示。

图 9-22　尺寸标注的组成及规格

2．符号和箭头

在"符号和箭头"选项卡中，可以设置箭头的类型、大小以及引线类型等，如图9-23所示，各个选项的功能与含义如下：

图 9-23　"符号和箭头"选项卡

（1）"箭头"选项组中，用于设置尺寸箭头的形式。

◇　"第一个（T）/第二个（D）"下拉列表：可以指定标注中尺寸线起点与终点的箭头，如图9-24所示。如图9-25所示为不同箭头样式的效果比较。

图 9-24　"箭头"类型的下拉列表

箭头　　　　　　　　　　圆点　　　　　　　　　　斜线

图 9-25　不同的箭头标记效果

❖ "引线（L）"下拉列表：可以指定标注尺寸的引线类型，如图 9-26 所示。

图 9-26　不同引线类型效果比较

❖ "箭头大小（I）"文本框：可在其微调框中设置箭头的大小，如图 9-27 所示。

图 9-27　不同箭头大小的效果

⣿ 经验分享——自定义箭头形式

还可以自定义箭头。在下拉列表中选择"箭头"选项，弹出"选择自定义箭头块"对话框，在"从图形块中选择"文本框中输入当前图形中已有的块名，然后单击"确定"按钮，则在 AutoCAD 2014 中将以该块作为尺寸线的箭头样式，此时块的插入基点与尺寸线的端点重合。

（2）"圆心标记"选项组中，用于设置半径标注、直径标注和中心标注中的中心标记和中心线形式。

❖ "无（N）"：选择该项，则没有任何标记。

❖ "标记（M）"：选择该项，可对圆或圆弧创建圆心标记，并在其后的"大小"文本框中设置标记的大小。

❖ "直线（E）"：选择该项，可对圆或圆弧绘制中心线，如图 9-28 所示。

图 9-28　不同的圆心标记效果

经验分享——圆心的标记

在"符号和箭头"选项卡中设置了圆心标记后，单击"注释"标签下"标注"面板中的小箭头按钮 ▾，在下拉列表中选择"圆心" ⊙，再选择需要被标注的圆或圆弧，就会显示圆心标记。

（3）"折断标注"选项组中，主要用于设置"折断大小（B）"选项，可在其中的文本框中设置标注折断的其尺寸架线被打断的长度，如图 9-29 所示。

图 9-29　不同的折断标记效果

（4）"弧长符号"选项组中，主要用于设置"标注文字的前缀（P）"、"标注文字的上方（A）"和"无（O）"选项，可选择其中一项来设置弧长符号的显示位置，如图 9-30 所示。

图 9-30　不同的弧长符号标记效果

（5）"半径折弯标注"选项组中，主要用于设置"折弯角度（J）"选项，在其后的文本框中输入角度值，可设置标注圆弧半径时标注线的折弯角度，如图 9-31 所示。

图 9-31　不同的半径折弯标记效果

（6）"线性折弯标注"选项组中，主要用于设置"线性折弯标注（P）"选项，在其下的文本框中输入比例值，可设置折弯标注被打断时折弯线的高度，如图 9-32 所示。

Note

折弯高度因子为1.5　　　折弯高度因子为3　　　折弯高度因子为5

图 9-32　不同的线性折弯标注

3. 文字

在"文字"选项卡中，可以设置文字的各项参数，如文字样式、颜色、高度、位置、对齐方式等，如图 9-33 所示，其中各个选项的功能与含义如下：

图 9-33　"文字"选项卡

（1）"文字外观"选项组中，主要用于设置标准文字的样式、颜色及大小。

◇　"文字样式（Y）"下拉列表：可以指定标注文字的样式。也可以通过单击其后的按钮打开"文字样式"对话框来修改或新建标注文字样式。如图 9-34 所示为不同文字样式的标注效果。

图 9-34　不同文字样式的标注效果

◇　"文字颜色（C）"下拉列表：可以设置标注文字的颜色，如图 9-35 所示。

图 9-35　不同文字颜色的标注效果

◇　"填充颜色（L）"下拉列表：可以设置标注文字填充的颜色，如图 9-36 所示。
◇　"文字高度（T）"文本框：通过在其后的微调框中输入数据来指定标注文字的高度，也可以使用"DIMTXT"命令来设置，如图 9-37 所示。

图 9-36　不同文字填充颜色的标注效果

图 9-37　不同文字高度的效果

◇　"分数高度比例（H）"文本框：在采用分数制的情况下用于表示尺寸数值。
◇　"绘制文字边框（F）"复选框：勾选该复选框将给标注文字加上边框，如图 9-38 所示。

图 9-38　绘制文字边框的效果

（2）"文字位置"选项组中，主要用于设置标注文字的位置。

◇ "垂直（V）"下拉列表：可以设置标注文字的垂直位置方法，包括居中、上、下、外部、JIS，5 个选项，如图 9-39 所示。

图 9-39　文字垂直方向的对齐方向

◇ "水平（Z）"下拉列表：可以设置标注文本的水平位置方式，包括居中、第一条尺寸线、第二条尺寸线、第一条尺寸线上方、第二条尺寸线上方 5 个选项，如图 9-40 所示。

图 9-40　文字水平方向的对齐方向

◇ "观察方法（D）"下拉列表：可以选择文字的观察方向，包括从左到右和从右到左，如图 9-41 所示。

图 9-41　文字水平方向的对齐方向

❖ "从尺寸线偏移（O）"文本框：在其后的微调框中指定标注文字与尺寸线之间的偏移距离，若标注文字在尺寸线之间，则表示断开处尺寸端点与尺寸文字的间距，如图 9-42 所示。

图 9-42　文字的偏移距离

（3）"文字对齐"选项组中，主要用于设置"水平"、"与尺寸线对齐"、"ISO 标准"选项，选择其中任意一项来设置标注文字的对其方式，如图 9-43 所示。

图 9-43　文字对齐方式

4．调整

在"调整"选项卡中，可以对标注文字、尺寸线及比例等进行修改与调整，如图 9-44 所示，其中各个选项的功能含义如下：

图 9-44　"调整"选项卡

（1）"调整选项"选项组中，当尺寸界线之间没有足够的空间，但又需要放置标注文字与箭头时，可以设置将文字或箭头放到尺寸线的外面。

◇ "文字或箭头"（最佳效果）：按照最佳效果自动移出文本或箭头。

◇ "箭头"：指定尺寸界线间距离不足以放下箭头时，箭头都放在尺寸界线外。

◇ "文字"：将文字移出到尺寸界线外。

◇ "文字和箭头"：当尺寸界线间距离不足以放下文字和箭头时，文字和箭头都放在尺寸界线外。

◇ "文字始终保持在尺寸界线之间"：始终将文字放在尺寸界线之间。

◇ "若箭头不能放在尺寸界线内，则将其消除"：勾选该复选框，当尺寸界线内没有足够的空间时，则自动隐藏箭头。

（2）"文字位置"选项组中，可以设置当文字不在默认位置上时，将会放置的位置是"尺寸线旁边"、"尺寸线上方，带引线"、"尺寸线上方，不带引线"中的哪一种。

（3）"标注特征比例"选项组中，用于设置注释性文本及全局比例因子。

◇ "注释性（A）"：勾选该复选框，则标注具有注释性。

◇ "将标注缩放到布局"：选择该项，系统将根据当前模型空间视口与布局空间之间的比例来确定比例因子。

◇ "使用全局比例（S）"：在其后的微调框中输入比例值，可调整所有的标注比例，包括文字和箭头的大小及高度等，但它并不改变数据的大小，如图 9-45 所示。

图 9-45　不同全局比例的效果

⁙⁙⁙ 经验分享——全局比例因子的妙用

全局比例因子的作用是整体放大或缩小标注的全部基本元素的尺寸，如文字高度为 3.5，全局比例因子调为 100，则图形文字高度为 350，当然标注的其他基本元素也被放大 100 倍。全局比例因子的设置，一般来讲，是参考当前图形的绘图比例来进行设置的。在模型空间中进行尺寸标注时，应根据打印比例设置此项参数值，其值一般为打印比例的倒数。

5．主单位

在"主单位"选项卡中，可以设置线性标注与角度标注。线性标注包括单位格式、精度、含入、测量单位比例、消零等。角度标注包括单位格式、精度、消零，如图 9-46 所示。

图 9-46　"主单位"选项卡

（1）"线性标注"选项组中，可以设置线型标注的格式和精度。

◇ "单位格式"文本框：用来显示或设置基本尺寸的单位格式，包括"科学"、"小数"、"工程"、"建筑"和"分数"等选项，如图 9-47 所示。

◇ "精度"文本框：用来控制除角度型尺寸标注之外的尺寸精度。

◇ "分数格式"文本框：用来设置分数型尺寸文本的书写格式，包括"对角"、"水平"和"非堆叠"栅格选项。

图 9-47　不同格式的单位

◇ "小数分隔符（C）"文本框：用来设置小数点分割符格式，包括"句点（.）"、"逗点（,）"和"空格"3 个选项，如图 9-48 所示。

1166.82	1166,82	1166 82
句点	逗点	空格

图 9-48 小数分隔符

◇ "舍入"文本框：可在该微调框中输入一个数值（出角度外）作为尺寸数字的舍入值。

◇ "前缀、后缀"文本框：可在该文本框中输入尺寸文本的前缀和后缀，如图 9-49 所示。

（2）"测量单位比例"选项组中，主要用于设置测量尺寸时的比例因子，以及布局标注的效果。

◇ "比例因子"文本框：在该文本框中输入比例因子，可以对测量尺寸进行缩放。在视图中绘制 500×200 的图形，在进行尺寸标注时，若按

图 9-49 标注的前缀与后缀的显示

1:1000 的比例绘制图形，那么可在此微调框中输入"1000"；如果按 2:1 的比例绘制图形，那么可在此微调框中输入"0.5"，如图 9-50 所示。

◇ "仅应用到布局标注"：勾选该复选框，则设置的比例因子只应用到布局标注，而不对绘图区的标注产生影响。

图 9-50 不同比例因子的效果

▓▓ 经验分享——常用长度单位的换算关系

常用的长度单位，其英制与公制的换算关系如下：

1 千米（公里）=2 市里=0.6241 英里=0.540 海里

1 米=3 市尺=3.281 英尺

1 米=10 分米=100 厘米=1000 毫米

1 海里=1.852 千米（公里）=3.074 市里=1.150 英里

1 市尺=0.333 米=1.094 英尺

1 英里=1.609 千米（公里）=3.219 市里

1 英尺=12 英寸=0.914 市尺

（3）"清零"选项组中，主要用于设置"前导"、"后续"选项，设置是否显示尺寸标注中的"前导"零和"后续"零，如图 9-51 所示。

图 9-51　前导零与后续零的显示

（4）"角度标注"选项组中，用于设置标注角度时采用的角度单位，以及是否清零。

◇　"单位格式（A）"下拉列表：可以指定角度标注的格式，如图 9-52 所示。

◇　"精度"下拉列表：可以设置角度标注的尺寸精度。

图 9-52　单位格式

◇　"前导（L）、后续（T）"复选框：用于设置是否显示角度标注中的"前导"零和"后续"零。

6．单位换算

在"换算单位"选项卡中，可以设置换算单位的格式，如图 9-53 所示，其中各个选项的功能与含义如下：

图 9-53　"换算单位"选项卡

图 9-54　显示换算单位

277

◆ "显示换算单位"复选框：可以设置是否标注公制或英制双套尺寸单位。选中该复选框，表明采用公制和英制双套单位来标注尺寸；若取消选中该复选框，表明只采用公制单位标注尺寸，如图 9-54 所示。

◆ 在"换算单位"选项组中，可以设置"单位格式"、"精度"、"换算单位倍数"、"舍入精度"、"前缀"、"后缀"、等选项。其中"换算单位倍数"用于设置单位的换算率。

◆ 在"位置"选项组中，用于设置换算单位的放置位置，即"主值后"和"主值下"两种，如图 9-55 所示。

图 9-55 单位的放置位置

7. 公差

"公差"选项卡如图 9-56 所示，可以设置尺寸公差的有关特征参数。其中各个选项的功能与含义如下：

（1）"公差格式"选项组中，用于设置公差的标注方式。

◆ "方式（M）"下拉列表：可以确定尺寸公差的形式，包括对称、极限偏差、极限尺寸和基本尺寸，如图 9-57 所示。

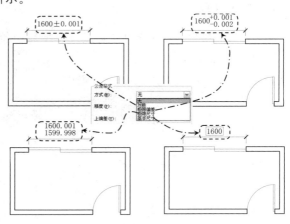

图 9-56 "公差"选项卡　　　　　　图 9-57 公差的显示方式

◆ "精度（P）"下拉列表：可以设置除角度之外的标注额尺寸精度。

◆ "上偏差、下偏差"文本框：当选择"极限尺寸"公差方式时，则上、下偏差均可进行设置。

◇　"高度比例（H）"文本框：用于设置公差数值的比例大小，如图9-58所示。

图9-58　设置公差比例大小

◇　"垂直位置"下拉列表：用于设置上、中、下3种选项，如图9-59所示。

（2）"公差对齐"选项组中，当设置为"极限偏差"和"极限尺寸"公差方式时，可以用于设置公差的对齐方式，即"对齐小数分隔符"和"对齐运算符"。

（3）"消零"选项组中，当设置了公差并设置了多位小数后，可以将公差"前导"和"后续"的零（0）消除。

图9-59　公差垂直对齐方式

跟踪练习——创建标注样式

视频\09\室内标注样式的创建.avi
案例\09\室内标注样式.dwg

本实例通过讲解室内施工图标注样式的创建过程，让读者能够熟练掌握和运用创建标注样式的方法和步骤，从而提高绘图效率。

Step 01　启动 AutoCAD，按 Ctrl+S 组合键，将该空白文档保存为"案例\09\室内标注样式.dwg"文件。

Step 02　在"注释"选项卡的"标注"面板中单击右下角的"标注样式"按钮↘，弹出"标注样式管理器"对话框，如图9-60所示。

Step 03　单击"新建"按钮，弹出"创建新标注样式"对话框，输入新建标注样式的名称为"室内设计-100"；再单击"继续"按钮，弹出"新建标注样式：室内设计-100"对话框，如图9-61所示。

图 9-60　"标注样式管理器"对话框

图 9-61　创建新标注样式

:::: 经验分享——标注样式的命名

标注样式的命名要遵守"有意义和易识别"的原则，如"1—100 平面"表示该标注样式是用于标注 1：100 绘图比例的平面图，又如"1—50 大样"表示该标注样式是用于标注大样图的尺寸。

Step 04　依次选择"室内标注样式"对话框中的"线"、"符号和箭头"选项卡，进行如图 9-62 所示的设置。

图 9-62　"线"和"符号和箭头"选项卡

经验分享——标注尺寸线随块

通常情况下，对尺寸标注线的颜色、线型、线宽无需进行特别的设置，采用 AutoCAD 默认的 ByBlock（随块）即可。

Note

Step 05 同样依次选择"室内标注样式"对话框中的"文字"、"调整"选项卡，进行如图 9-63 所示的设置。

图 9-63　"文字"和"调整"选项卡

经验分享——尺寸标注的文字为0

在进行"文字"参数设置中，只有在设置文字样式中的高度为 0 时，尺寸标注样式中的"文字高度"才可以设置。

Step 06 最后选择"室内标注样式"对话框中的"主单位"选项卡，进行如图 9-64 所示的设置，并默认"换算单位"和"公差"的设置。

图 9-64　"主单位"选项卡

Step 07 至此，室内施工图的标注样式基本设置完成，按 Ctrl+S 组合键进行保存。

9.3 修改标注样式

除了新建标注样式外，还可以修改已有的标注样式，或者删除不需要的标注样式，修改后的标注效果立即反映到当前图形的尺寸标注效果中。

1. 修改标注样式

在"标注样式管理器"对话框中，在"样式"列表框中选择要修改的样式，然后单击"修改"按钮，就可以对标注样式进行修改，如图 9-65 所示。

图 9-65　修改标注样式

2. 删除标注样式

在"标注样式管理器"对话框中，在左侧的"样式"列表框中选择要修改的样式，然后在该样式名称上右击，并在弹出的菜单中选择"删除"命令，如图 9-66 所示。

图 9-66　删除标注样式

Note

> **提示与技巧**
>
> 也可以选中需要删除的标注样式，按 Delete 键进行删除。

选择"删除"命令后，将弹出一个"标注样式—删除标注样式"对话框，提示是否删除，单击"是（Y）"按钮即可，如图 9-67 所示。

当前标注样式不能被删除，如果试图删除当前标注样式，系统会弹出提示对话框，如图 9-68 所示。

图 9-67　"删除标注样式"提示对话框

图 9-68　"无法删除标注样式"提示对话框

3．对标注样式重命名

对标注样式进行重命名的操作也较简单，只需在"标注样式管理器"对话框中选择需要重命名的标注样式，然后在样式名称上右击，并在弹出的菜单中选择"重命名"命令，最后输入新的名称即可，如图 9-69 所示。

图 9-69　重命名标注样式

下面以机械剖面图为例，进行标注样式修改的知识讲解。

跟踪练习——标注样式的修改

视频\09\机械标注样式的修改.avi
案例\09\机械剖面图.dwg

首先打开准备好的机械剖面图对象，通过修改"机械"标注样式中的箭头、文字位置和对齐方式等参数，当前视图的尺寸标注效果即会发生变化，其具体操作步骤如下：

Step 01 启动 AutoCAD 2014，在快捷访问工具栏中单击"打开"按钮 ➥，将"案例\09\机械剖面图.dwg"文件打开，如图 9-70 所示。

Step 02 在"注释"标签下的"标注"面板中单击右下角的"标注样式"按钮 ⤢，弹出如图 9-71 所示的"标注样式管理器"对话框，在"样式"列表框中选择"机械"样式，再在右侧单击"修改"按钮。

图 9-70　打开的文件

Step 03 随后弹出"修改标注样式：机械"对话框，切换至"符号和箭头"选项卡，设置"箭头"样式为"空心闭合"，如图 9-72 所示。

图 9-71　"标注样式管理器"对话框

图 9-72　修改箭头

Step 04 切换至"文字"选项卡，在"文字位置"选项组中设置"垂直"项为"上"，"水平"项为"居中"，"从尺寸线偏移"项为 1，再选择"与尺寸线对齐"项，如图 9-73 所示。

Step 05 标注样式修改完成后，依次单击"确定"和"关闭"按钮，当前的机械剖面图的尺寸标注效果发生了变化，如图 9-74 所示。

图 9-73　修改文字

图 9-74　修改样式后的效果

9.4　创建基本尺寸标注

在 AutoCAD 2014 的"草图与注释"空间模式，"注释"标签下的"标注"面板中提供了各种标注工具，如图 9-75 所示。在"常用"标签下的"注释"面板中选择"线性"按钮，将出现一些常用的尺寸标注，如图 9-76 所示。

图 9-75　"标注"面板　　　　　　　图 9-76　套用的尺寸标注

在 AutoCAD 2014 绘图中，直线型尺寸标注是绘图中最常见的标注方式，其中包括线性标注、对齐标注、基线标注、连续标注等方式。

9.4.1　线性标注

在 AutoCAD 2014 中，使用线性标注可以标注长度类型的尺寸，用于标注垂直、水平和旋转的线性尺寸，线性标注可以水平、垂直或对齐放置。创建线性标注时，可以修改文字内容、文字角度或尺寸线的角度。

可以通过以下任意一种方式来执行"线性标注"命令：

◇　面板 1：在"常用"标签下的"注释"面板中单击"线性"按钮。
◇　面板 2：在"注释"标签下的"标注"面板中单击"线性"按钮。
◇　命令行：在命令行中输入"Dimlinear"命令（快捷命令为"DLI"）并按 Enter 键。

调用线性标注命令后，可用于标注 XY 平面中两个点之间水平或垂直的距离测量值，并通过指定点或选择一个对象来实现，其命令行如下，其标注示意图如图 9-77 所示：

```
命令：_dimlinear                    //执行"线性标注"命令
```

```
指定第一个尺寸界线原点或 <选择对象>：   //选择第一点
指定第二条尺寸界线原点：             //选择第二点
指定尺寸线位置或
[多行文字(M)/文字(T)/角度(A)/水平(H)/垂直(V)/旋转(R)]：
                                  //指定尺寸线位置
标注文字 = 450                    //显示当前标注尺寸
```

图 9-77　线性标注示意图

经验分享——选择对象进行线型标注

当执行"线性标注"命令后，可以按 Enter 键后选择要进行标注的对象，而不需要指定第一点和第二点即可进行线性标注操作。如果选择的对象为斜线段，可根据尺寸线的位置来确定是标注的是水平距离还是垂直距离。

9.4.2　对齐标注

对齐标注是线性标注的一种形式，其尺寸线始终与标注对象保持平行；若是标注圆弧，则对齐尺寸标注的尺寸线与圆弧的两个端点所连接的弦保持平行。在对齐标注中，尺寸线平行于尺寸界线原点连成的直线。选定对象并指定对齐标注的位置后，将自动生成尺寸界线。

可以通过以下任意一种方式来执行"对齐标注"命令：

◇　面板 1：在"常用"标签下的"注释"面板中的单击"对齐"按钮。

◇　面板 2：在"注释"标签下的"标注"面板中的单击"对齐"按钮。

◇　命令行：在命令行中输入"Dimaligned"命令（快捷命令为"DAL"）并按 Enter 键。

调用对齐标注命令后，可用于标注 XY 平面中的两个点之间的距离测量值，并通过指定点或选择一个对象来实现，其命令行如下，其标注示意图如图 9-78 所示：

```
命令: _dimaligned              //执行"线性标注"标注命令
指定第一个尺寸界线原点或 <选择对象>：//选择第一点
指定第二条尺寸界线原点：        //选择第二点
指定尺寸线位置或
[多行文字(M)/文字(T)/角度(A)]：   //指定尺寸线位置
标注文字 = 67                   //显示当前标注尺寸
```

图 9-78　对齐标注示意图

9.4.3　基线标注

基线标注是自同一基线处测量的多个标注，可以从当前任务最近创建的标注中以增量的方式创建基线标注。

可以通过以下几种方式来执行"基线标注"命令：

◇　面板：在"注释"标签下的"标注"面板中单击"基线"按钮 。

◇　命令行：在命令行中输入"Dimbaseline"（快捷命令为"DBA"）并按 Enter 键。

调用基线标注命令后，其命令提示行如下，其标注示意图如图 9-79 所示：

```
命令：DIMBASELINE //执行"基线标注"命令
指定第二条尺寸界线原点或 [放弃(U)/选择(S)] <选择>://选择第二条尺寸线原点
标注文字 = 4462     //显示测量数值
指定第二条尺寸界线原点或 [放弃(U)/选择(S)] <选择>： //按 Esc 键退出
```

图 9-79　基线标注示意图

经验分享——基线间距的设置

在基线标注之前，应首先设置好合适的基线间距，以免尺寸线之间重叠。可以在设置尺寸标注样式时，在"线"选项卡的"基线间距"文本框中输入相应的数值来进行调整，如图 9-80 所示。

图 9-80 设置基线间距值

9.4.4 连续标注

连续标注是首尾相连的多个标注，在创建基线或连续标注之前，必须创建线性、对齐或角度标注。

可以通过以下几种方式来执行"连续标注"命令：

◇ 面板：在"注释"标签下的"标注"面板中单击"连续"按钮┣┫。
◇ 命令行：在命令行中输入"Dimcontinue"（快捷命令为"DCO"）并按 Enter 键。

调用连续标注命令后，即可根据之前的标注对象为基础，或者按照选择的标注对象为基础进行连续标注操作，其标注示意图如图 9-81 所示。

图 9-81 连续标注示意图

▓▓▓ 经验分享——基线和连续标注的起点

基线标注和连续标注都是从上一个尺寸界线处测量的，除非指定另一点作为原点。

9.4.5　半径标注

半径标注用于标注圆或圆弧的半径，半径标注是由一条具有指向圆或圆弧的箭头的半径尺寸线组成，并显示前面带有半径符号（R）的标注文字。

可以通过以下任意一种方式来执行"半径标注"命令：

- ✧　面板 1：在"常用"标签下的"注释"面板中单击"半径"按钮⊘。
- ✧　面板 2：在"注释"标签下的"标注"面板中单击"半径"按钮⊘。
- ✧　命令行：在命令行中输入"Dimradius"（快捷命令为"DRA"）并按 Enter 键。

调用半径标注命令后，可用于标注圆或圆弧在 XY 平面中的圆或圆弧的半径值，其命令行如下，其标注示意图如图 9-82 所示：

```
命令：DIMRADIUS       //执行"半径标注"命令
选择圆弧或圆：         //选择要标注的对象
标注文字 = 300        //显示当前标注的半径值
指定尺寸线位置或 [多行文字(M)/文字(T)/角度(A)]://确定尺寸线位置
```

图 9-82　半径标注示意图

> **⚙ 经验分享——半径符号（R）的输入**
>
> 在进行半径标注时，在其标注的数值前有一半径符号"R"。通过"多行文字(M)"或"文字(T)"选项重新确定尺寸文字时，只有给输入的尺寸文字加上前缀"R"才能标出半径尺寸符号，否则没有此符号。

9.4.6　直径标注

直径标注用于标注圆或圆弧的直径，直径标注是一条具有指向圆或圆弧的箭头的直径尺寸线，并显示前面带有直径显示符号（ϕ）的标注文字。

可以通过以下任意一种方式来执行"直径标注"命令：

- ✧　面板 1：在"常用"标签下的"注释"面板中单击"直径"按钮⊘。
- ✧　面板 2：在"注释"标签下的"标注"面板中单击"直径"按钮⊘。

✧ 命令行：在命令行中输入"Dimdiameter"（快捷命令为"DDI"）并按 Enter 键。

调用直径标注命令后，可用于标注圆或圆弧在 XY 平面中的圆或圆弧的直径值，其命令行如下，其标注示意图如图 9-83 所示：

命令：_dimdiameter　　//执行"直径标注"命令
选择圆弧或圆：　　　　//选择标注对象
标注文字 = 630　　　　//显示直径标注值
指定尺寸线位置或 [多行文字(M)/文字(T)/角度(A)]://确定尺寸线位置

图 9-83　直径标注示意图

经验分享——直径符号（φ）的输入

进行直径标注后，可在"特性"面板中修改标注的直径值，而直径符号（φ）的输入，在 AutoCAD 中则为"%%C"，如图 9-84 所示。

图 9-84　直径符号的输入

9.4.7　圆心标记

圆心标记用于对指定的圆弧画出圆心符号，其标记可以为短十字线，也可以是中心线。可以通过以下任意一种方式来执行"圆心标记"命令：

✧ 面板：在"注释"标签下的"标注"面板中单击"圆心标记"按钮⊙。
✧ 命令行：在命令行中输入"Dimcented"（快捷命令为"DCN"）并按 Enter 键。

调用圆心标注命令后，可对圆弧、圆和椭圆等对象在 XY 平面中进行圆心标记，其命令行如下，其标注示意图如图 9-85 所示：

命令：_dimcenter　//执行"圆心标记"命令（圆弧和圆）
选择圆弧或圆：

圆心标记为 50　　　　圆心标记为 30

图 9-85　圆心标记示意图

经验分享——圆心标记大小变量的修改

圆心标记的形式可以由系统变量"DIMCEN"设定。当此变量值大于 0 时，作圆心标记，且此值是圆心标记线长度的一半；当此变量值<0 时，将画出中心线，且此值是圆心处小十字线长度的一半。

9.5　创建其他尺寸标注

在各种工程图中，特别是一些机械工程图中，经常会遇到对其圆或圆弧进行的半径或直径标注，同时还可以使用圆心标注来指定其圆心位置点。

9.5.1　角度标注

角度标注是用于标注两条不平行直线之间的角度、圆和圆弧的角度或三点之间的角度。

可以通过以下方式来执行"角度标注"命令：

◇　面板 1：在"常用"标签下的"注释"面板中单击"角度"按钮△。
◇　面板 2：在"注释"标签下的"标注"面板中单击"角度"按钮△。
◇　命令行：在命令行中输入"Dimangular"（快捷命令为"DAN"）并按 Enter 键。

调用角度标注命令后，根据如下命令行提示依次指定第一、二点位置，并确定尺寸线的位置，从

图 9-86　角度标注示意图

而标注出角度值，如图 9-86 所示：

```
命令：_dimangular                        //执行"角度标注"命令
选择圆弧、圆、直线或 <指定顶点>：//选择圆对象指定第一点
指定角的第二个端点：                     //指定第二点
指定标注弧线位置或 [多行文字(M)/文字(T)/角度(A)/象限点(Q)]：
                                          //确定尺寸线位置
标注文字 = 92                            //显示角度值
```

▓▓▓▒ 经验分享——不同标注位置显示不同的角度值

在进行角度标注时，若指定尺寸线位置的不同，其角度标注的对象也将不同，如图 9-87 所示。

图 9-87   指定不同标注位置的标注效果

9.5.2　弧长标注

弧长标注用于测量圆弧或多段线弧线段上的距离，在标注文本的前面将显示圆弧符号。

可以通过以下方式来执行"弧长标注"命令。

❖　面板 1：在"常用"标签下的"注释"面板中单击"弧长"按钮 ⌒。

❖　面板 2：在"注释"标签下的"标注"面板中单击"弧长"按钮 ⌒。

❖　命令行：在命令行中输入"Dimarc"（快捷命令为"DAR"）并按 Enter 键。

调用弧长标注命令后，可对圆弧和圆等对象在 XY 平面中的弧长标注，其命令行如下，其标记示意图如图 9-88 所示：

图 9-88   弧长标注示意图

```
命令：_dimarc                            //执行"弧长标注"命令
选择弧线段或多段线圆弧段：              //选择弧长标注对象
指定弧长标注位置或 [多行文字(M)/文字(T)/角度(A)/部分(P)/引线(L)]：
                                          //确定标注位置
标注文字 = 443                           //显示标注值
```

跟踪练习——对圆形垫圈的尺寸标注

视频\09\对圆形垫圈的尺寸标注.avi
案例\09\圆形垫圈的标注.dwg

　　首先打开事先准备好的图形对象，然后分别对其进行直径、半径、折弯、圆心、线性等尺寸标注，并且通过"特性"面板来修改标注的文字，其具体操作步骤如下：

Step 01　启动 AutoCAD 2014，按 Ctrl+O 组合键打开文件"案例\09\圆形垫圈.dwg"文件，如图 9-89 所示。

Step 02　在"图层"面板的"图层控制"下拉列表中选择"DIM"图层作为当前图层。

Step 03　在"注释"标签下的"标注"面板中单击"直径标注"按钮 ，对图形左侧的两个同心圆进行直径标注，如图 9-90 所示。

图 9-89　打开的素材文件　　　　　　图 9-90　进行直径标注

Step 04　在"标注"面板中单击右下角的 ❑ 按钮，从弹出的"标注样式管理器"对话框中单击"修改"按钮，弹出"修改标注样式：习题"对话框。切换至"文字"选项卡，选择"ISO 标准"项，则当前所标注直径对象的对齐方式为"ISO 标准"，如图 9-91 所示。

图 9-91　改变标注对齐方式

Step 05　按 Ctrl+1 组合键弹出"特性"面板，选择 φ18 的直径标注对象，然后在"文字替代"文本框中输入"%%C18-3"，并按 Enter 键，则图形中的标注文字进行了替换；同样，对 φ11 的直径标注对象也替换为"%%C11-3"，如图 9-92 所示。

图 9-92　编辑标注文字

Step 06 在"注释"标签下的"标注"面板中单击"半径标注"按钮 ◯，对图形左上侧的圆弧进行半径标注，如图 9-93 所示。

Step 07 在"注释"标签下的"标注"面板中单击"半径折弯标注"按钮 ⤵，对图形下侧的圆弧进行半径折弯标注，如图 9-94 所示。

图 9-93　进行半径标注　　　　　　　　　图 9-94　进行折弯标注

Step 08 在"注释"标签下的"标注"面板中单击"圆心标记"按钮 ⊕，对图形的 3 组同心圆进行圆心标记，如图 9-95 所示。

Step 09 在"注释"标签下的"标注"面板中单击"线性标注"按钮 ⊢，对图形中 3 个圆心的位置进行线性标注，如图 9-96 所示。

图 9-95　进行圆心标记　　　　　　　　　图 9-96　进行线性标注

Step 10 在"注释"标签下的"标注"面板中单击"连续标注"按钮 ⊢⊢，进行连续标注，如图 9-97 所示。

Step 11 在"注释"标签下的"标注"面板中单击"对齐标注"按钮 ↖，进行对齐标注，如图 9-98 所示。

图 9-97　进行连续标注　　　　　　　　　图 9-98　进行对齐标注

Step 12 在"注释"标签下的"标注"面板中单击"角度标注"按钮△，对底侧的圆弧进行角度标注，如图 9-99 所示。

Step 13 在"注释"标签下的"标注"面板中单击"弧长标注"按钮，对右上侧的圆弧进行弧长标注，如图 9-100 所示。

图 9-99　进行角度标注　　　　　　　　　图 9-100　进行弧长标注

Step 14 至此，该圆形垫圈图形的尺寸标注已完成，按 Ctrl+S 组合键进行保存，并命令为"案例\09\圆形垫圈的标注.dwg"。

9.5.3　快速标注

快速标注用于快速地标注多个对象间的水平尺寸或垂直尺寸，是一种比较常用的复合标注。

可以通过以下方式来执行"快速标注"命令：

◇　面板：在"注释"标签下的"标注"面板中单击"快速标注"按钮。

◇　命令行：在命令行中输入"Qdim"并按 Enter 键。

执行"快速标注"命令后，根据如下提示，分别选择需要标注的几何图形，如图 9-101 所示，即可对图形对象进行快速标注，结果如图 9-102 所示。

命令：_Qdim	//执行"快速标注"命令
关联标注优先级 = 端点	
选择要标注的几何图形：找到 1 个	//选择对象 1
选择要标注的几何图形：找到 1 个，总计 2 个	//选择对象 2
选择要标注的几何图形：找到 1 个，总计 3 个	//选择对象 3
选择要标注的几何图形：找到 1 个，总计 4 个	//选择对象 4

选择要标注的几何图形：找到 1 个，总计 5 个   //选择对象 5
选择要标注的几何图形：
指定尺寸线位置或 [连续(C)/并列(S)/基线(B)/坐标(O)/半径(R)/直径(D)/基准点(P)/编辑(E)/设置(T)] <连续>：

❶ 依次选择对象 1~5

图 9-101   选择标注的几何图形

图 9-102   快速标注

9.5.4   折弯标注

折弯标注是 AutoCAD 2014 中提供的一种特殊半径标注方式，因此也称为"缩放的半径标注"，通常有线性折弯标注、半径折弯标注。

可以通过以下任意一种方式来执行"折弯标注"命令：

◇   面板 1：在"常用"标签下的"注释"面板中单击"折弯"按钮。
◇   面板 2：在"注释"标签下的"标注"面板中单击"折弯"按钮。
◇   命令行：在命令行中输入"Dimjogged"（快捷命令为"DJO"）并按 Enter 键。

调用折弯标注命令后，可用于标注圆弧和圆等对象在 XY 平面中的折弯标注值，其命令行如下，其标注示意图如图 9-103 所示。

命令：_dimjogged   //执行"折弯标注"命令（圆弧和圆）
选择圆弧或圆：   //选择折弯标注对象
指定图示中心位置：   //指定折弯的中心位置
标注文字 = 315   //显示折弯标注值
指定尺寸线位置或 [多行文字(M)/文字(T)/角度(A)]：
指定折弯位置：   //指定尺寸位置

图 9-103　折弯标注示意图

9.5.4　坐标标注

坐标尺寸的标注则是测量原点（成为基准）到标注特征的垂直距离。这种标注可以保持特征点与基准点的精确偏移量，从而避免增大误差。

可以通过以下方式来执行"坐标标注"命令：

◇　面板 1：在"常用"标签下的"注释"面板中单击"坐标"按钮。

◇　面板 2：在"注释"标签下的"标注"面板中单击"坐标"按钮。

◇　命令行：在命令行中输入"Dimordinate"（快捷命令为"DOR"）并按 Enter 键。

调用坐标标注命令后，根据提示选择要进行坐标标注的点，再使用鼠标确定是进行 X 或 Y 值标注即可，如图 9-104 所示：

```
命令:_dimordinate       //执行"坐标标注"命令
指定点坐标:             //指定需要进行坐标标注的点对象
指定引线端点或 [X 基准(X)/Y 基准(Y)多行文字(M)/文字(T)/角度(A)]:
                       //选择需要的选项
标注文字 = 20          //显示坐标标注文字
```

图 9-104　坐标标注效果

Note

跟踪练习——对图形进行尺寸标注

视频\09\机械图形的标注.avi
案例\09\机械图形的标注.dwg

　　首先打开准备好的图形对象，然后分别对其进行直径、半径、折弯、圆心、线性等尺寸标注，并且通过"特性"面板来修改标注的文本值，其具体操作步骤如下：

Step 01 启动 AutoCAD 2014，按 Ctrl+O 组合键打开文件"案例\09\机械图形.dwg"文件，如图 9-105 所示。

Step 02 在"图层"面板的"图层控制"下拉列表中选择"DIM"图层作为当前图层。

Step 03 在"注释"标签下的"标注"面板中单击"直径标注"按钮 ◯ 和"半径标注"按钮 ◯，对图形的圆角或圆对象分别进行直径和半径的标注，如图 9-106 所示。

图 9-105　打开文件　　　　　　　　　　图 9-106　直径和半径标注

Step 04 在"注释"标签下的"标注"面板中单击"线性标注"按钮 ⌐，对图形左下侧的指定点进行线性标注，如图 9-107 所示。

Step 05 在"注释"标签下的"标注"面板中单击"连续标注"按钮 ⊞，系统自动以上一步所进行的线性标注作为基础，然后分别在指定需要标注的位置单击，从而完成连续标注，如图 9-108 所示。

Step 06 在"注释"标签下的"标注"面板中单击"基线标注"按钮 ⊟，选择线型标注为 4 的对象，再捕捉右侧指定的点，从而完成基线标注对象，如图 9-109 所示。

Step 07 同样，在"注释"标签下的"标注"面板中单击"线性标注"按钮 ⌐，对图形中的 ❶~❼处进行线性标注，如图 9-110 所示。

图 9-107   线性标注

图 9-108   连续标注

图 9-109   基线标注

图 9-110   线性标注

Step 08 在"注释"标签下的"标注"面板中单击"连续标注"按钮，选择第❸处的线性标注对象作为基础，向右进行连续标注；选择第❹处的线性标注对象作为基础，然后向左进行连续标注，如图 9-111 所示。

Step 09 在"注释"标签下的"标注"面板中单击"基线标注"按钮，选择第❸处的线性标注对象作为基础，向右进行基续标注；选择第❺处的线性标注对象作为基础，向下进行基线标注，如图 9-112 所示。

图 9-111   连续标注

图 9-112   基线标注

Step 10 在"注释"标签下的"标注"面板中单击"角度标注"按钮，在图形的左下侧进行角度标注，如图 9-113 所示。

Step 11 在命令行中输入 UCS 命令，再使用鼠标指针捕捉图形左侧的圆心点位置，再按 Enter″ 键确定，从而将当前 UCS 坐标原点置于该原心点位置，如图 9-114 所示。

图 9-113　角度标注

图 9-114　设置 UCS 坐标原点

Step 12 在″注释″标签下的″标注″面板中单击″坐标标注″按钮，使用鼠标指针捕捉下侧夹角为 135 度的位置，从而来对其进行 X、Y 方向的坐标标注，其 X 轴为 26，Y 轴为 9，如图 9-115 所示。

Step 13 至此，该机械图形的尺寸已经标注完成，按 Ctrtl+S 组合键将该文件另存为″案例 \09\机械图形的标注.dwg″文件。

:::: 经验分享——选择参照标注要点

在进行基线标注和连续标注时，如果需要重新选择作为参照的标注对象时，应注意选择的位置关系，如果选择不当，就容易出现错误标注的情况，如图 9-116 所示则为错误选择参照标注对象的效果。

图 9-115　坐标标注

图 9-116　错误基线标注情况

9.5.5　引线注释

在 AutoCAD 2014 中，直接在命令行中输入″引线注释″命令的快捷命令为″QLE″，根据如下命令行提示进行操作即可进行引线标注，其标注示意图如图 9-117 所示：

```
命令：_qleader                              //执行"引线标注"命令
指定第一个引线点或 [设置(S)] <设置>：      //指定第一个引线点位置
指定下一点：                                //指定下一点位置
指定下一点：                                //按 Enter 键确认
指定文字宽度 <0.0000>：                     //指定文字高度
输入注释文字的第一行 <多行文字(M)>：        //输入注释文字内容
输入注释文字的下一行：                      //按 Enter 键确认
```

再按照相同的方法，完成图形中其他引线注释的内容，如图 9-118 所示。

图 9-117　引线注释示意图　　　　　　　　图 9-118　引线注释效果

在进行引线注释过程中，如果选择"设置(S)"项，将弹出"引线设置"对话框，可以设置注释的类型、多行文字的选项、引线样式、引线点数、箭头样式及角度、多行文字附着位置等，如图 9-119～图 9-121 所示。

图 9-119　"注释"选项卡　　　　　　　　图 9-120　"引线和箭头"选项卡

图 9-121　"附着"选项卡

Note

9.5.6 形位公差标注

在机械工程图中，经常使用"形位公差"命令来对图形特性进行形状、轮廓、方向、位置和跳动的允许偏差等的标注，可以通过特性控制框来添加形位公差，这些框中包含单个标注的所有公差信息。

:::: 经验分享——形位公差的特征控制框结构

特征控制框至少由两个组件组成，第一个特征控制框包含一个几何特征符号，表示应用公差的几何特征，例如位置、轮廓、形状、方向和跳动。形为公差控制直线、平面度、圆度和圆柱度；轮廓控制直线和表面，如图 9-122 所示。

图 9-122 特征控制框架

1. 形位公差

可以通过以下几种方式来执行"形位公差"命令：

❖ 面板：在"注释"标签下的"标注"面板中单击"公差"按钮 ⊞1，如图 9-123 所示。

❖ 命令行：在命令行中输入"Tolerace"（快捷命令为"TOL"）并按 Enter 键。

执行公差命令后，弹出"形位公差"对话框，如图 9-124 所示，可以指定特性控制框的符号和值。

图 9-123 单击"公差"按钮

图 9-124 形位公差标注示意图

2. 形位公差符号的含义

在"形位公差"对话框中，涉及符号、公差、基准标识符、高度、标识符和延伸公差带等各选项参数，其参数的含义说明如下：

◆ "符号"选项组：显示或设置所要标注形位公差的符号。单击该选项组中的图标框，将弹出"特征符号"对话框，如图 9-125 所示。在该对话框中，可直接单击某个形位公差代号的图样框，以选择相应的形位公差几何特征符号。如表 9-1 所示为形位公差符号及其含义。

◆ "公差 1"和"公差 2"选项组：表示 AutoCAD 将在形位公差值前加注直径符号"ϕ"。在中间的文本框中可以输入公差值，单击该列后面的图样框，将弹出"附加符号"对话框，如图 9-126 所示，从而可以为公差选择包容条件符号。如表 9-2 所示为附加符号及其含义。

图 9-125　"特征符号"对话框

图 9-126　"附加符号"对话框

表 9-1　形位公差符号及其含义

符　号	含　义	符　号	含　义
―	直线度	○	圆度
⌒	线轮廓度	⌒	面轮廓度
//	平行度	⊥	垂直度
⹀	对称度	◎	同轴度
⌀	圆柱度	∠	倾斜度
▱	平面度	⊕	位置度
↗	圆跳度	⤢	全跳度

表 9-2　附加符号及其含义

符　号	含　义
Ⓜ	材料的一般状况
Ⓛ	材料的最大状况
Ⓢ	材料的最小状况

◆ "基准 1"、"基准 2"、"基准 3"选项组：设置基准的有关参数，可在相应的文本框中输入相应的基准代号。

◆ "高度"文本框：可以输入投影公差带的值。投影公差带控制固定垂直部分延伸区的高度变化，并以位置公差控制公差精度。

◆ "延伸公差带"：除指定位置公差外，还可以指定延伸公差（也被称为投影公差），以使公差更加明确。例如，使用延伸公差控制嵌入零件的垂直公差带。延伸公差符号（⑲）的前面是高度值，它指定最小的延伸公差带。延伸公差带的高度和符号出现在特征控制框下的边框中。

Note

◇ "基准标识符"文本框:创建由参照字母组成的基准标识符号。

9.5.7 多重引线标注

在"视图"标签下的"界面"面板中单击"工具栏"按钮，在下拉列表中选择"AutoCAD"下的"多重引线"项，如图9-127所示；此时在绘图窗口中，将出现"多重引线"工具栏，效果如图9-128所示。

图 9-127 选择"多重引线"   图 9-128 "多重引线"工具栏

通过"注释"标签下的"引线"面板与"多重引线"工具栏，如图9-129所示，都可打开"多重引线样式"对话框。

图 9-129 "多重引线"工具栏和"引线"面板

▓▓▓ 经验分享——引线的结构

引线对象是一条线或样条曲线，其一端带有箭头，另一端带有多行文字对象或块。在某些情况下，有一条短水平线（又称为基线）将文字或块和特征控制框连接到引线上，如图9-130所示。

图 9-130 引线的结构

1. 创建多重引线样式

用户可以创建与标注、表格和文字中样式类似的多重引线样式，还可以将这些样式转换为工具，并将其添加到工具选项板中，便于快速访问。

可以通过以下几种方式来执行"多重引线样式"命令。

◇　面板：在"注释"标签下的"引线"面板中单击"多重引线样式"按钮 ⌐。
◇　工具栏：在"引线"工具栏中单击"多重引线样式"按钮 ⌐。
◇　命令行：在命令行中输入"MleaderStyle"（快捷命令为"MLS"）并按 Enter 键。

执行"多重引线样式"命令后，将弹出"多重引线样式管理器"对话框，在"样式"列表框中列出了已有的多重引线样式，并在右侧的"预览"框中看到该多重引线样式的效果。如果要创建新的多重引线样式，可单击"新建"按钮，将弹出"创建新多重引线样式"对话框，在"新样式名"文本框中输入新的多重引线样式的名称，如图 9-131 所示。

图 9-131　创建新的多重引线样式

单击"继续"按钮，系统将弹出"修改多重引线样式：×××"对话框，从而可以根据需要对其引线格式、结构和内容进行设置或修改，如图 9-132 所示。

图 9-132　修改多重引线样式

2. 修改多重引线

当创建了多重引线样式后，就可以通过此样式来创建多重引线，并且可以根据需要修改多重引线。

可以通过以下几种方式来创建或修改多重引线：

◇　面板：在"注释"标签下的"引线"面板中单击"多重引线"按钮 ⌐。
◇　工具栏：在"引线"工具栏中单击"多重引线"按钮 ⌐。
◇　命令行：在命令行中输入"Mleader"（快捷命令为"MLE"）并按 Enter 键。

启动多重引线命令之后，根据如下的提示信息进行操作，即可对图形对象进行多重引线标注，如图 9-133 所示（可打开"案例\09\多重引线示例.dwg"文件进行操作）：

```
命令：_mleader              //启动多重引线命令
指定引线箭头的位置或 [引线基线优先(L)/内容优先(C)/选项(O)] <选项>：
                           //指定箭头位置或设置选项
指定下一点：               //指定下一点位置
指定引线基线的位置：       //指定引线基线的位置
                           //开始输入引线的文字内容
```

再按照相同的方法来完成该立面图中其他多重引线的标注说明，如图 9-134 所示。

图 9-133　多重引线标注示意图　　　　　　图 9-134　完成其他多重引线的标注

∷∷∷・经验分享——通过"特性"面板修改多重引线

当需要修改选定的某个多重引线对象时，可以右击该多重引线对象，从弹出的快捷菜单中选择"特性"命令，将弹出"特性"面板，从而可以修改多重引线的样式、箭头样式与大小、引线类型、是否水平基线、基线间距等，如图 9-135 所示。另外，在创建多重引线时，所选择的多重引线样式类型应尽量与标注的类型一致，否则所标注出来的效果与标注样式不一致。

图 9-135　修改选择的多重引线

3．添加多重引线

当同时引出几个相同部分的引线时，可采取互相平行或画成集中于一点的放射线，这时就可以采用添加多重引线的方法来操作。

在"引线"面板中单击"添加多重引线"按钮 ，根据如下提示选择已有的多重引线，然后依次指定引线箭头的位置即可，如图 9-136 所示。

选择多重引线：	//使用鼠标选择已有的多重引线
找到 1 个	//显示已选择多重引线的数量
指定引线箭头的位置：	//指定多重引线箭头的位置

图 9-136　添加多重引线示意图

4．删除多重引线

如果在添加了多重引线过后，又觉得不符合需要，可以将多余的多重引线删除。

在"引线"面板中单击"删除多重引线"按钮 ，根据如下提示选择已有的多重引线，然后依次指定引线箭头的位置即可，如图 9-137 所示。

选择多重引线：	//使用鼠标选择已有的多重引线
找到 1 个	//显示已选择多重引线的数量
指定要删除的引线：	//选择需要删除的引线

图 9-137　删除多重引线示意图

5．对齐多重引线

当一个图形中有多处引线标注时，如果没有对齐操作，显得图形不规范，也不符合要求，这时可以通过 AutoCAD 提供的多重引线对齐功能来操作，它所需要的多个多重引线以某个引线为基准进行对齐操作。

在"引线"面板中单击"多重引线对齐"按钮 ，并根据如下提示选择要对齐的引线对象，再选择要作为对齐的基准引线对象及方向即可，如图 9-138 所示。

图 9-138　对齐多重引线示意图

```
命令：_mleaderalign              //启动多重引线对齐命令
选择多重引线：找到 1 个，总计 3 个   //选择多个要对齐的引线对象
选择多重引线：                   //按 Enter 键结束选择
当前模式：使用当前间距            //显示当前的模式
选择要对齐到的多重引线或［选项(O)]：//选择要对齐到的引线
指定方向：                      //使用鼠标来指定对齐的方向
```

9.6　尺寸标注的编辑

在对图形对象进行尺寸标注后，如果需要对其进行修改，可以使用标注样式、标注、标注文字等进行修改，也可以单独修改图形中的部分标注对象。

在"视图"标签中单击"工具栏"按钮 ，在出现的下拉列表中选择"AutoCAD"下的"标注"项，如图 9-139 所示。将在绘图窗口出现"标注"工具栏，从而可以方便地进行标注操作，如图 9-140 所示。

图 9-139　选择"标注"项

图 9-140　"标注"工具栏

9.6.1　编辑标注文字

使用编辑标注文字命令可以重新定位标注文字。

可以通过以下任一种方式执行"编辑标注文字"命令：

◇　工具栏：在"标注"工具栏中单击"编辑标注文字"按钮⚡。

◇　命令行：在命令行中输入"DimTedit"并按 Enter 键。

执行该命令后，其命令行的提示如下：

```
命令：_Dimtedit      //单击"编辑标注文字"命令
选择标注：
为标注文字指定新位置或 [左对齐(L)/右对齐(R)/居中(C)/默认(H)/角度(A)]：
                     //选择编辑的类型
```

其命令行包含了 5 个选项，其中"角度"选项用于调整文字的角度，"左对齐"、"右对齐"、"居中"选项用于调整文字在尺寸线上的位置，"默认"选项则用于将标注文字移回默认位置，如图 9-141 所示。

图 9-141　编辑标注文字的效果

⚙ 经验分享——标注文字的编辑

在编辑标注文字时，可以直接单击"标注"面板中的"文字角度" ⚡、"左对正" ⊢⊣、"居中对正" ⊢⊣、"右对正" ⊢⊣ 按钮，快速进行单一的编辑操作。

9.6.2　编辑标注

使用编辑标注命令可以同时改变多个标注对象的文字和尺寸界线。

◇　工具栏：在"标注"工具栏中单击"编辑标注"按钮⚡。

◇　命令行：在命令行中输入"Dimedit"并按 Enter 键。

Note

执行该命令后，其命令行的提示如下，各选项的含义如下：

命令：_dimedit //单击"编辑标注"按钮 ↵
输入标注编辑类型 [默认(H)/新建(N)/旋转(R)/倾斜(O)] <默认>：//选择编辑的类型

- ◇ "默认（H）"选项：选择该选项并选择尺寸对象，可以按默认位置和方向放置尺寸文字。
- ◇ "新建（N）"选项：选择该选项后，在光标位置将提示输入要修改的文字内容，然后按 Enter 键，在"选择对象："提示下选择要编辑的尺寸对象，再按 Enter 键结束，则所选择的标注对象的文字已经被修改，如图 9-142 所示。

图 9-142　新建标注对象

- ◇ "旋转（R）"选项：选择该选项可以将尺寸文字旋转一定的角度，同样是先设置角度值，然后选择尺寸对象，如图 9-143 所示。

图 9-143　旋转标注文字对象

- ◇ "倾斜（O）"选项：选择该选项可以使非角度标注的尺寸界线倾斜一个角度。这时需要先选择尺寸对象，然后设置倾斜角度值，如图 9-144 所示。

图 9-144　倾斜标注对象

::::: 经验分享——"标注"面板中的"倾斜"

单击"注释"标签下"标注"面板中的"倾斜"按钮 ，也可对线性标注进行一定角度的旋转操作。

9.6.3　更新标注

利用尺寸更新命令，可以实现两个尺寸样式之间的互换，即将已标注尺寸的新的尺寸样式显示出来。尺寸更新命令作为改变尺寸样式的工具，可使标注的尺寸样式灵活多样，从而满足各种尺寸标注的需要，而无需对尺寸进行反复修改。

可以通过以下任意一种方式来进行"更新标注"命令：

◇　面板：在"注释"标签下的"标注"面板中单击"更新"按钮。

◇　工具栏：在"标注"工具栏中单击"更新"按钮。

◇　命令行：在命令行中输入"Dimstyle"并按 Enter 键。

执行"更新标注"命令后，其命令提示行将显示如下选项，各选项的含义说明如下：

```
命令：_dimstyle
当前标注样式：机械    注释性：否
输入标注样式选项 [注释性 (AN) /保存 (S) /恢复 (R) /状态 (ST) /变量 (V) /应用
(A) /?] <恢复>：
```

9.7　实战演练

9.7.1　初试身手——起重钩的标注

> 视频\09\起重钩的标注.avi
> 案例\09\起重钩的标注.dwg

首先打开准备好的起重钩图形，再使用线性、半径、直径、基线等标注命令，对图形进行尺寸标注，其具体操作步骤如下：

Step 01　启动 AutoCAD 2014，在快捷访问工具栏中单击"打开"按钮，将"案例\09\起重钩.dwg"素材文件打开，如图 9-145 所示。

Step 02　使用"标注样式"命令（ST）打开"标注样式管理器"对话框，然后单击"新建"按钮，新建一个标注样式，如图 9-146 所示。

图 9-145　打开的素材文件

图 9-146　"标注样式管理器"对话框

Note

Step 03 在"创建新标注样式"对话框中将新样式命名为"尺寸标注",然后选择"基础样式"为"ISO-25",如图 9-147 所示。

Step 04 单击"继续"按钮,弹出"新建标注样式:尺寸标注"对话框,然后在"主单位"选项卡中设置"精度"为"0.0","小数分隔符"为".句点",如图 9-148 所示。

Step 05 完成设置后,单击"确定"按钮;返回"标注样式管理器"对话框,然后在"样式"列表框中选择新建的"尺寸标注"样式,并单击"置为当前"按钮;最后关闭"标注样式管理器"对话框,如图 9-149 所示。

Step 06 使用"线性标注"命令(DLI)捕捉图形左侧的垂直线段进行线性标注,如图 9-150 所示。

Step 07 重复使用"线性标注"命令(DLI)进行其他的线性标注,如图 9-151 所示。

Step 08 使用"基线标注"命令(DBA)选择左侧的"35"的线性标注,进行"15"的尺寸标注,如图 9-152 所示。

图 9-148　设置标注样式参数

图 9-147　定义标注样式名称

图 9-149　将"尺寸标注"置为当前

图 9-150　线性标注

图 9-151　线性标注

图 9-152　基线标注

⋮⋮⋮⋮· 经验分享——重复执行上一命令

按 Enter 键或空格键，可快速重复执行上一命令。

Step 09 使用"半径标注"命令（DRA）分别选择圆弧对象，进行半径标注，如图 9-153 所示。

Step 10 使用"直径标注"命令（DDI）选择右侧的圆对象，进行直径标注，如图 9-154 所示。

Step 11 至此，起重钩图形标注完成，可按 Ctrl+Shift+S 组合键，将文件另存为"案例\09\起重钩的标注.dwg"。

图 9-153　半径标注

图 9-154　直径标注

9.7.2　深入训练——吊钩的标注

> 视频\09\吊钩的标注.avi
> 案例\09\吊钩的标注.dwg

　　首先打开准备好的起重钩图形，再使用线性、半径、直径、基线等标注命令，对图形进行尺寸标注，其具体操作步骤如下：

Step 01 启动 AutoCAD 2014，在快捷访问工具栏中单击"打开"按钮 📂，将"案例\09\吊钩.dwg"素材文件打开，如图 9-155 所示。

Step 02 执行"对齐标注"命令（DAL）进行对齐标注，如图 9-156 所示。

Step 03 使用"编辑标注"命令（ED）选择对齐标注文字，在"65"后面输入"+3^-2"内容，选中"+3^-2"，再右击，在弹出的菜单中选择"堆叠"命令，表示极限偏差，其效果如图 9-157 所示。

图 9-155　打开的素材文件　　　图 9-156　对齐标注　　　图 9-157　编辑标注

⸭⸭⸭ 经验分享——偏差的含义

- **极限偏差**：分为上偏差和下偏差，指最大或最小极限尺寸减去基本尺寸所得的代数差。可以大于、小于或等于零，用于限制实际偏差。
- **基本偏差**：指用以确定公差带相对于零线位置的上偏差或下偏差，一般指离零线距离最近的那个偏差。除 JS 和 js 外，基本偏差与公差等级无关。基本偏差已经标准化，可以通过查表获得。
- **公差**：指尺寸允许的变动量。公差数值等于最大极限尺寸与最小极限尺寸的代数差的绝对值，也等于上偏差与下偏差的代数差的绝对值。公差永远为正值。
- **配合公差**：指允许间隙或过盈的变动量。等于最大间隙与最小间隙的代数差的绝对值或最小过盈与最大过盈的代数差的绝对值。配合公差永远为正值。都等于相互配合的孔的公差与轴的公差的和。

极限偏差用于限制实际偏差，公差用于限制误差；偏差取决于加工机床的调整，公差反映加工的难易程度。

Step 04 使用"标注样式"命令（D）打开"标注样式管理器"对话框，单击"新建"按钮，选择基础样式为"GB-35"，在"用于"下拉列表中选择"角度标注"选项，再单击"继续"按钮，如图 9-158 所示；将打开"新建标注样式：GB-35：角度"对话框，在"文字"选项卡的"文字对齐"区域选择"水平"选项，如图 9-159 所示；

返回"标注样式管理器"对话框，如图 9-160 所示。

图 9-158　新建"角度标注"

图 9-159　设置文字对齐

图 9-160　"标注样式管理器"对话框

Step 05 使用相同的设置方法，设置"半径"和"直径"标注样式，效果如图 9-161 所示。

Step 06 使用"线性标注"（DLI）和"编辑标注"（ED）等命令，对图形进行尺寸标注，结果如图 9-162 所示。

图 9-161　设置半径和直径样式

图 9-162　进行线性标注

Note

Step 07 使用"半径标注"(DRA)和"直径标注"(DDI)等命令,对图形进行标注,效果如图 9-163 所示。

Step 08 使用"角度标注"命令(DAN)对图形进行角度标注,效果如图 9-164 所示。

图 9-163　半径和直径标注　　　　　图 9-164　角度标注

Step 09 至此,吊钩图形标注完成,可按 Ctrl+Shift+S 组合键将文件另存为"案例\09\吊钩的标注.dwg"。

9.7.3　熟能生巧——零件图的形位公差标注

视频\09\形位公差标注实例.avi
案例\09\形位公差标注效果.dwg

　　通过本实例的练习,让掌握形位公差各个特征值的设置方法,并讲解了不同形位公差的标注方法,以及形位公差标注引线的位置确定,然后详细讲解了基准符号的绘制、定义图块、插入图块的方法。

Step 01 启动 AutoCAD 2014,在快捷访问工具栏中单击"打开"按钮📂,将"案例\09\零件图.dwg"文件打开,如图 9-165 所示。

Step 02 在"图层"面板的"图层控制"下拉列表选择"标注层"图层,使之成为当前图层。

Step 03 在"注释"选项卡的"标注"面板中单击"公差"按钮⊞,将弹出"形位公差"对话框,设置符号为"圆跳度"✐,在"公差 1"文本框中输入公差值为 0.08,在"基准 1"文本框中输入基准符号为"A-B",再单击"确定"按钮,然后在图形要标注公差值附近位置单击,即可插入公差标注,如图 9-166 所示。

图 9-165　打开的素材文件

图 9-166　形位公差标注

Step 04 要使形位公差标注对象准确的定位于某一位置，这时可以使用"直线"和"引线标注"等命令，来指定形位公差的标注位置，如图 9-167 所示。

图 9-167　指定形位公差位置

Step 05 按照相同的方法，对图形中❶～❷处进行"圆跳度"形位公差的标注，在❸处进行"同轴度"形位公差标注，如图 9-168 所示。

图 9-168　其他形位公差标注

> ::::: 经验分享——基准符号与基准位置的关系
>
> 基准代号的字母应与公差框格第三格及以后各格内填写的字母相同，如果图形中有基准符号，则在形位公差中要有基准标识符，这样才符合标注要求。基准代号的字母不得采用 E、I、J、M、O 和 P。
>
> 由于在进行形位公差标注过程中，有 "A–B" 基准符号，这时应在图形中的指定位置分别标注出基准位置。

Step 06 执行 "多段线（PL）、直线（L）、圆（C）" 等命令，在视图的空白位置绘制基准符号，其上侧水平多段线宽为 0.2mm，长度为 7mm，垂直线段长度为 5mm，圆直径为 7mm，如图 9-169 所示。

Step 07 执行 "属性定义" 命令（ATT），在 "属性定义" 对话框中设置 "对正（J）" 方式为 "布满"，设置文字大小为 3.5，如图 9-170 所示。

图 9-169　绘制基准符号

图 9-170　"属性定义" 对话框

Step 08 使用 "块定义" 命令（B）打开 "块定义" 对话框中，定义图块名称为 "JZH"，如

图 9-171 所示。

❺ 单击线段的中点

❸ 选择整个图形

图 9-171　保存为图块

Step 09 执行"插入块"命令（I），打开"插入"对话框，如图 9-172 所示；选择上一步定义的"JZH"图块，分别插入到❶、❷相应的位置，如图 9-173 所示。

图 9-172　"插入"对话框

图 9-173　插入的图块

Step 10 执行"编辑属性"命令（ATE），选择左侧的"JZH"图块作为块参照，在弹出的"编辑属性"对话框中，输入属性值为"B"，如图 9-174 所示；其最终效果如图 9-175 所示。

图 9-174 "编辑属性"对话框

图 9-175 修改后的属性块

经验分享——解决基准符号压线问题

在左侧所复制的基准符号时，其基准符号对象"压住"了原有的尺寸界线，这时可以单击"修改"面板中的"打断"按钮，将被"压住"了的尺寸界线作打断处理。

Step ⑪ 至此，该图形的形位公差已经标注完成，按 Shift+Ctrl+S 组合键将该图形对象另存为"案例\09\形位公差标注效果.dwg"文件。

9.8 本章小结

本章主要讲解了 AutoCAD 2014 图形对象的尺寸标注，包括 AutoCAD 的尺寸标注的组成与规定，创建与设置标注样式，修改标注样式，创建基本尺寸标注，创建其他尺寸标注，尺寸标注的编辑等，最后通过实战演练来学习 AutoCAD 标注起重钩、标注吊钩、标注零件图的形位公差，为后面的学习打下坚实的基础。

第10章

图形的输入输出与
布局打印

在 AutoCAD 2014 中，可以将图形对象输出为其他对象，也可以将其他对象输入到 AutoCAD 环境中进行编辑。图形对象在打印之前，应设置好布局视口、打印绘图仪、打印样式、页面设置等，然后才进行打印输出，以便符合需求。

内容要点

◆ 图形对象的输入与输出方法

◆ 图纸的布局方法

◆ 打印绘图仪与样式列表的设置方法

◆ 打印页面的设置与打印方法

10.1 图形的输入和输出

在 AutoCAD 中绘制的图形对象，除了可以保存为 dwg 格式的文件外，还可以将其输出为其他格式的文档格式，以便其他软件调用；同时，也可以在 AutoCAD 环境中调用其他软件绘制的文件来使用。

10.1.1 输出图形

在 AutoCAD 2014 环境中，可以将图形文件（dwg 格式）以其他文件格式输出并保存，其操作方法如下：

❖ 面板：在"输出"标签下的"输出为 dwf/pdf"面板中选择相应的选项即可，如图 10-1 所示。

❖ 菜单浏览器：单击窗口的最左上角大"A"按钮，会出现下拉菜单，选择"输出"命令，如图 10-2 所示。

❖ 命令行：在命令行中输入"Export"命令（快捷命令为"Exp"）并按下 Enter 键。

图 10-1　"输出"选项卡

图 10-2　"输出"菜单命令

启动命令，打开"输出数据"对话框，在"文件类型"下拉列表中选择文件的输出类型，如图元文件、ACIS、平板印刷、封装 PS、DXX 提取、位图等，然后单击"保存"按钮，切换到绘图窗口中，可以选择需要以指定格式保存的对象，如图 10-3 所示。

Note

❺ 框选要保存的对象

图 10-3　输出图形

跟踪练习——WMF 文件的输出

视频\10\布局中插入平开门图块.avi
案例\10\布局中的平开门.dwg

　　图元文件的扩展名包括.wmf和.emf两种，属于矢量类图形，是由简单的线条和封闭线条（图形）组成的矢量图，其主要特点是文件非常小，可以任意缩放而不影响图像质量。要将AutoCAD文件输出为wmf格式，可按照如下步骤来操作：

Step 01 在 AutoCAD 2014 环境中，按 Ctrl+O 键打开"案例\10\平面布置图.dwg"文件，如图 10-4 所示。

Step 02 使用鼠标框选整个图形对象，使之成为选中状态，如图 10-5 所示。

平面布置图（方案一）

图 10-4　打开的文件

平面布置图

图 10-5　框选整个图形对象

Note

Step 03 单击窗口的最左上角大 "A" 按钮 ，在下拉菜单选择 "输出" 命令，选择 "其他格式" 命令，如图 10-6 所示；将弹出 "输出数据" 对话框，在 "文件类型" 下拉列表中选择 "图元文件（*.wmf）" 项，将其保存为 "案例\10\平面布置图.wmf" 文件，然后单击 "保存" 按钮，如图 10-7 所示。

图 10-6　选择 "输出" 命令

图 10-7　"输出数据" 对话框

Step 04 此时，在附赠光盘的 "案例\10" 文件夹下，即可看到 "平面布置图.dwf" 文件对象，如图 10-8 所示。

Step 05 双击 "平面布置图.dwf" 文件，即可通过图片查看器打开该图元文件，如图 10-9 所示。

图 10-8　wmf 图形

图 10-9　查看 wmf 文件

经验分享——输出的文件格式及相关命令

调用"输出"命令后，将弹出"输出数据"对话框，可以选择指定的类型进行输出，如图 10-10 所示。

图 10-10　"输出数据"对话框

10.1.2　输入图形

在 AutoCAD 2014 中，同样可以导入其他格式的文件。调用"输入"命令有如下方式：

图 10-11　单击"输入"按钮

- ◇　面板：在"插入"标签下的"输入"面板中单击"输入"按钮📥，如图 10-11 所示。
- ◇　命令行：在命令行中输入"Import"命令（快捷命令为"Imp"）并按 Enter 键。

执行"输入"命令后，弹出"输入文件"对话框，如图 10-12 所示。

图 10-12　"输入文件"对话框

Note

10.2 图纸的布局

在 AutoCAD 中创建好所需的图形后，即可对其进行布局打印。可以创建多种布局，每个布局都代表一张单独需要打印出来的图纸。

10.2.1 模型与图纸

在 AutoCAD 系统中提供了两个不同的空间：即模型空间和图纸空间，下面分别针对两个不同空间的特征进行简要的介绍。

1. 模型空间

在新建或打开 DWG 图纸后，即可看到窗口下侧的"视图"选卡上显示有"模型"、"布局 1"和"布局 2"。在前面讲解的各个章节中，所绘制或打开的图形内容，都是在模型空间中进行绘制或编辑操作的，其绘制的模型比例为 1:1。

使用"模型"选项卡，可以将绘图区域拆分成一个或多个相邻的矩形视图，称为模型空间视口。在大型或复杂的图形中，显示不同的视图可以缩短在单一视图中缩放或平移的时间，而且，在一个视图中出现的错误可能会在其他视图中表现出来，如图 10-13 所示。

图 10-13　模型空间

:::: 经验分享——模型空间的特征

下面就针对模型空间的所有特征归纳以下几点：

（1）在模型空间中，可以绘制全比例的二维图形和三维模型，并带有尺寸标注。

（2）模型空间中，每个视口都包含对象的一个视图。例如，设置不同的视口会得到俯视图、正视图、侧视图和立体图等。

（3）用 VPORTS 命令创建视口和视口设置，并可以保存起来，以备后用。

（4）视口是平铺的，它们不能重叠，总是彼此相邻。

（5）在某一时刻只有一个视口处于激活状态，十字光标只能出现在一个视口中，并且也只能编辑该活动的视口（平移、缩放等）。

（6）只能打印活动的视口；如果 UCS 图标设置为 ON，该图标就会出现在每个视口中。

（7）系统变量 MAXACTVP 决定了视口的范围是 2～64。

2．图纸空间

在 AutoCAD 中，图纸空间是以布局的形式来使用的。一个图形文件可包含多个布局，每个布局代表一张单独的打印输出图纸，主要用于创建最终的打印布局，而不用于绘图或设计工作。在绘图区域底部选择"布局 1"选项卡，就能查看相应的布局，也就是图纸空间，如图 10-14 所示。

Note

图 10-14　布局空间

经验分享——图纸空间的特征

下面就针对图纸空间的所有特征归纳以下几点：

（1）VPORTS、PS、MS、和 VPLAYER 命令处于激活状态（只有激活了 MS 命令后，才可使用 PLAN、VPOINT 和 DVIEW 命令）。

（2）视口的边界是实体。可以删除、移动、缩放、拉伸视口。

（3）视口的形状没有限制。例如，可以创建圆形视口、多边形视口或对象等。

（4）视口不是平铺的，可以用各种方法将它们重叠、分离。

（5）每个视口都在创建它的图层上，视口边界与层的颜色相同，但边界的线型总是实线。出图时如不想打印视口，可将其单独置于一个图层上，冻结即可。

（6）可以同时打印多个视口。

（7）十字光标可以不断延伸，穿过整个图形屏幕，与每个视口无关。

（8）可以通过 MVIEW 命令打开或关闭视口；SOLVIEW 命令创建视口或者用 VPORTS 命令恢复在模型空间中保存的视口。

（9）在打印图形且需要隐藏三维图形的隐藏线时，可以使用"MVIEW 命令"并选择"隐藏(H)"选项，然后拾取要隐藏的视口边界即可。

（10）系统变量 MAXACTVP 决定了活动状态下的视口数是 64。

10.2.2 新建布局

Note

在建立新图形时，AutoCAD 会自动建立一个"模型"选项卡和两个"布局"选项卡（即 Layout1 和 Layout1）。其"模型"选项卡不能删除，也不能重命名；而"布局"选项卡用来编辑打印图形的图纸，其个数没有限制，且可以重命名。

在 AutoCAD 环境中，用户可以通过以下 3 种方式来新建布局：

（1）在命令行中输入"Layout"命令并按 Enter 键，其命令提示行中将显示如下提示，从如图 10-15 所示即可看出新建布局的前后效果。

命令：_layout // 启动布局命令
输入布局选项 [复制(C)/删除(D)/新建(N)/样板(T)/重命名(R)/另存为(SA)/设置(S)/?] <设置>：_N
// 选择新建(N)选项
输入新布局名 <布局 3>:**平面布置图** // 输入新的布局名称

图 10-15 新建布局前后的效果

（2）右击绘图区域底部"模型"处，从弹出的快捷菜单中选择"新建布局"命令，此时系统将自动创建以"布局 1"、"布局 2"、"布局 3"、"布局 4"等方式对布局进行命名，如图 10-16 所示。

图 10-16 新建布局

（3）在"布局"标签下的"布局"面板中单击"新建"按钮，然后按照如下命令行的提示来创建新的布局名称：

```
命令：_layout
输入布局选项 [复制(C)/删除(D)/新建(N)/样板(T)/重命名(R)/另存为(SA)/设
置(S)/?] <设置>: _new
输入新布局名 <布局 3>: 楼梯详图　//　单击"新建"按钮直接输入新的布局名
```

10.2.3　使用样板创建布局

在 AutoCAD 2014 中，可通过系统提供的样板来创建布局，它是基于样板、图形或图形交换文件中出现的布局来创建新的布局选项卡。用户可以通过以下 3 种方式来使用样板文件创建布局：

◇　面板：在"布局"标签下的"布局"面板中单击"从样板"按钮。

◇　命令行：在命令行中输入"Layout"命令并按 Enter 键，选择"样板（T）"选项。

◇　快捷菜单：右击绘图区域底部"模型"处，从弹出的快捷菜单中选择"来自样板"命令。

启动"样板（T）"命令后，将弹出"从文件选择样板"对话框，在文件列表中选择相应的样板文件，并依次单击"打开"和"确定"按钮，即可通过选择的样板文件来创建新的布局，如图 10-17 所示。

图 10-17　使用样板来创建布局

10.2.4　使用布局向导创建布局

在命令行中输入"LayoutWizard"命令，或者选择"插入"|"布局"|"布局向导"菜单命令，将弹出"创建布局—×××"对话框，可以按照向导的方式来创建布局，包括输入布局名称、设置打印机、设置图纸尺寸、设置图纸方向、定义标题栏、定义视口、拾取位置等，如图 10-18 所示。

图 10-18 使用向导来创建布局

10.3 设置打印样式

完成图形的绘制后，剩下的操作便是图形输出和打印了，使用AutoCAD强大的打印输出功能，可以将图形输出到图纸上，也可以将图形输出为其他格式的文件，并支持多种类型的绘图仪和打印机。

10.3.1 设置打印绘图仪

在"输出"标签下的"打印"面板中单击"绘图仪管理器"按钮，弹出如图10-19所示的资源管理器窗口。

打印机的设置主要决定于用户所选用的打印机，通常情况下，只要安装了随机销售的驱动软件，该打印机的图标即被添加到列表中。

可以双击"添加绘图仪向导"图标，弹出"添加绘图仪-简介"对话框，如图10-20所示。

图 10-19 资源管理器窗口

图 10-20 "添加绘图仪-简介"对话框

单击"下一步"按钮，弹出"添加绘图仪－开始"对话框，如图 10-21 所示。在该对话框中有 3 个选项："我的电脑"可以将 DWG 文件传输到其他类型的文件以供其他软件使用；"网络绘图仪服务器"适用于多台计算机共用一台打印机的工作环境；"系统打印机"适用于打印机直接链接在计算机上的个人用户。

　　再依次单击"下一步"按钮，并根据要求进行相应的设置，如图 10-22～图 10-26 所示。

图 10-21　"添加绘图仪-开始"对话框

图 10-22　"添加绘图仪-绘图仪型号"对话框

图 10-23　"添加绘图仪-输入 PSP 或 PC2"对话框

图 10-24　"添加绘图仪-端口"对话框

图 10-25　"添加绘图仪-绘图仪名称"对话框

图 10-26　"添加绘图仪-完成"对话框

10.3.2　设置打印样式列表

　　单击窗口的最左上角大"A"按钮，在下拉菜单中选择"打印"命令，再选择"管理打印样式"命令，弹出如图 10-27 所示的资源管理器窗口，该命令可以添加新的打印样式表，包含并可定义能够指定给对象的打印样式。

　　双击"添加打印样式表向导"图标，弹出"添加打印样式表"对话框，然后依次单击"下一步"按钮，并进行相应的设置，即可完成打印样式的设置，如图 10-28～图 10-32 所示。

图 10-27　资源管理器窗口

图 10-28　"添加打印样式表"对话框

图 10-29　"添加打印机样式表-开始"对话框

图 10-30　"添加打印机样式表—选择打印样式表"对话框

图 10-31　"添加打印机样式表-文件名"对话框

图 10-32　"添加打印机样式表-完成"对话框

单击"完成"按钮，弹出对打印样式的设置。双击新建的打印样式表的图标，可以对该打印样式表进行编辑，如图 10-33 所示。

❶　"常规"选项卡　　　　❷　"表视图"选项卡　　　　❸　"表格视图"选项卡

图 10-33　"打印样式表编辑器"对话框

在该对话框中有 3 个选项卡，分别为"常规"选项卡、"表述图"选项卡，"表格视图"选项卡，该对话框可以显示和设置打印样式表的说明文字等基本信息，以及全部打印样式的设置参数。

10.4　布局的页面设置

绘制图形的最终目标是打印输出，按照图纸来施工，因此，应考虑最终输出的图形是否能满足用户的需要。

10.4.1　创建与管理页面设置

可采用以下的方法打开"页面设置管理器"对话框：

◇　面板：在"输出"标签下的"打印"面板中单击"页面设置管理器"按钮。

◇　命令行：在命令行中输入"PageSetup"命令（快捷命令为"Page"）并按 Enter 键。

执行命令后，将弹出"页面设置管理器"对话框，如图 10-34 所示。

图 10-34　"页面设置管理器"对话框

在对话框中，"当前布局"列出要应用页面设置的当前布局，如果从图纸集管理器打开：页面设置管理器对话框，则显示当前图纸集的名称；如果从某个布局打开页面设置管理器对话框，则显示当前布局的名称。

"页面设置"显示当前页面设置，可将另一个不同的页面设置为当前页面、创建新的页面设置，修改现有页面设置，以及从其他图纸中输入页面设置。

◇　单击"置为当前"按钮，可将所选页面设置为当前布局的当前页面设置，不能将当前布局设置为当前页面设置。

❖ 单击"新建"按钮，弹出"新建页面设置"对话框，如图 10-35 所示，从中可以为新建页面设置输入名称、并指定要使用的基础页面设置。

❖ 单击"确定"按钮，弹出"页面设置-模型"对话框，如图 10-36 所示。

图 10-35　"新建页面设置"对话框　　　　　图 10-36　"页面设置-模型"对话框

❖ 单击"修改"按钮，弹出"页面设置-设置 1"对话框，如图 10-37 所示，可以编辑所选页面设置的设置。

图 10-37　"页面设置-设置 1"对话框

❖ 单击"输入"按钮，弹出"从文件选择页面设置"选项面板，如图 10-38 所示，从中可以选择图形格式（DWG）、DWT 或 Draing Interchange Format(DXF)TM 文件，从这些文件中输入一个或多个页面设置。如果选择 DWT 文件类型，"从文件选择页面设置"选项面板中将自动打开 Template 文件夹。单击"打开"按钮，将弹出"输入页面设置"对话框，如图 10-39 所示。

图 10-38　"从文件中选择页面设置"对话框

图 10-39　"输入页面设置"对话框

10.4.2　选择打印设备

要打印图形，首先应打开"打印-模型"对话框，如图 10-40 所示；在"打印机/绘图仪"选项组中选择一个打印设备，这个打印设备一般都是指打印机，如图 10-41 所示。

图 10-40　"打印-模型"对话框

10.4.3　选择图纸尺寸

"图纸尺寸"下拉列表提供了所选打印设备可用的标准图纸，可以从中选择一个合适的图纸尺寸打印当前图形，如图 10-42 所示。

> :::::: 提示
>
> 选择的打印设备不同，其"图纸尺寸"下拉列表中的数据也不一样，可以选择打印设备的默认图纸尺寸或自定义图纸尺寸。如果未选择打印设备，将显示全部标准尺寸的图纸。如果所选的打印设备不支持布局中选定的图纸尺寸，系统将显示警告。

10.4.4 设置打印区域

设置打印区域就是指定要打印的图形范围，可以在"打印范围"下拉列表中选择要打印的图形区域，如图 10-43 所示。

图 10-41　选择打印设备　　　　图 10-42　选择图纸尺寸　　　　图 10-43　设置打印范围

10.4.5 设置图形打印偏移距离

可以设置打印区域相对于可打印区域左下角或图纸边界的偏移距离，如图 10-44 所示。

提示

图纸的可打印区域由所选的输出设备决定，在布局中以虚线表示，修改为其他输出设备时，可能会修改可打印区域。

10.4.6 设置打印比例

在打印图形时，可以在"打印比例"选项组中设置打印比例，从而控制图形单位与打印单位之间的相对尺寸，如图 10-45 所示。

提示

打印布局时，默认缩放比例为 1:1，从"模型"空间打印时，默认设置为"布满图纸"，该选项可以缩放打印图形以布满所选图纸尺寸，并在"比例"文本框中显示自定义的缩放比例因子。

10.4.7 设置打印方向

用户可以在"图纸方向"选项组中指定图形在图纸上的打印方向，如图 10-46 所示。

图 10-44　设置偏移距离　　　图 10-45　设置打印比例　　　图 10-46　设置图形方向

提示

字母图标 代表图形在图纸上的方向，更改图形方向时，字母图标会发生相应变化，同时"打印机/绘图仪"选项组中的图标也会发生相应的变化。

10.4.8　设置着色打印

在"着色视口选项"选项组中可以指定着色和渲染视口的打印方式，并确定它们的分辨率大小，如图 10-47 所示。

10.4.9　保存打印设置

可以在"布置设置"选项组中单击"添加"按钮，从而将"打印"对话框中的当前参数设置保存到命名页面设置，如图 10-48 所示。

图 10-47　设置着色打印

图 10-48　保存打印设置

提示

用户可使用"Page"命令打开"页面设置管理器"对话框，修改已保存的页面设置。

10.5 打印出图

AutoCAD 可以在两种不同的环境下工作，即模型空间和图纸空间，因此，即可以从模型空间输出图形，也可以从图纸空间输出图形。

设置好打印页面后，便可以执行打印预览和打印，单击"预览"按钮，效果如图 10-49 所示。

图 10-49　设置打印参数并预览

若要退出预览状态，可直接按 Esc 键返回"页面设置"对话框。如重新设置打印比例为 1∶50，再单击"预览"按钮，则预览效果如图 10-50 所示。

图 10-50　修改打印参数并预览

若预览后得到预想的效果，按 Esc 键返回"页面设置"对话框中，单击"打印"按钮即可进行打印输出。

10.6 本章小结

本章主要讲解了 AutoCAD 2014 图形的输入输出与布局打印，包括 AutoCAD 图形的输入和输出；AutoCAD 2014 图纸的布局，如模型与图纸、新建布局、使用样式板创建布局、使用布局向导创建布局；AutoCAD 2014 的设置打印样式；CAD 布局的页面设置与打印出图等。

第**11**章

电气设计基础和CAD制图规范

在国家颁布的工程制图标准中，对电气工程图的制图规则做了详细的规定。本章主要介绍电气工程图的基本知识，通过本章的学习使读者掌握电气工程图的种类和特点，了解电气工程图的制图规范以及电气符号的分类，并认识常用的电气符号，本章介绍的常用电气符号有导线连接符号、电阻符号、电容符号、电感符号、桥式整流器符号、开关符号、电流互感器符号、电抗器符号、扬声器符号、接地符号等，为后面的电气符号画法做铺垫。

内容要点

- ◆ 电气工程图的分类与特点
- ◆ 电气工程 CAD 制图规范
- ◆ 电气符号的构成与分类
- ◆ 电气样板文件的创建

11.1 电气工程图的分类及特点

电气工程图是用图的形式来表示信息的一种技术文件，主要用图形符号、简化外形的电气设备、线框等表示系统中有关组成部分的关系，是一种简图。本章主要介绍电气工程图的基本知识，包括电气工程图的种类及特点、电气工程制图规范、电气符号构成与分类。相关内容主要参照国家标准 GB/T 1835—2008《电气工程 CAD 制图规则》中常用的有关规定。

由于电气工程图的使用非常广泛，几乎遍布工业生产和日常生活的各个环节。为了表示清楚电气工程的功能、原理、安装和使用方法，需要有不同种类的电气图进行说明，本节根据电气工程的应用范围介绍一些常用的电气工程图的种类及其应用特点。

11.1.1 电气工程图的分类

电气工程应用十分广泛，分类方法有很多种。电气工程图主要为用户阐述电气工程的工作原理、系统的构成；提供安装接线和使用维护的依据。根据表达形式和工程内容不同，一般电气工程图主要分为以下几类：

 ◇ 电力工程：发电工程、变电工程、线路工程。
 ◇ 电子工程：家用电器、广播通信、计算机等弱电。
 ◇ 工业电气：机床、工厂、汽车、其他等。
 ◇ 建筑电气：动力照明、电气设备、防雷接地等。

11.1.2 电气工程图的组成

根据表达形式和工程内容的不同，一般电气工程图主要由以下几部分组成：

1. 电气系统图

电气系统图主要表示整个工程或其中某一项目的供电方式和电能输送的关系，可表示某一装置各主要组成部分的关系。例如，电气一次主接线图、建筑供配电系统图、控制原理图等。

例如，如图 11-1 所示的电动机供电系统图表示了供电关系，它的供电过程是电源 L_1、L_2、L_3 三相——熔断器 FU——接触器 KM——热继电器热元件 FR——电动机。

如图 11-2 所示的是某变电所供电系统图表示把 10kV 电压通过变压器变换为380V 电压，经继路器 QF，通过 FU—QK$_1$、FU—QK$_2$、FU—QK$_3$ 分别供给三条支路。

系统图或框图常用来表示整个工程或其中某一项目的供电方式和电能输送关系，也可表示某一装置或设备各主要组成部分的关系。

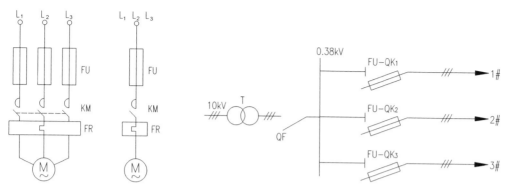

图 11-1　电动机供电系统图　　　　图 11-2　某变电所供电系统图

2. 原理电路图

电路图主要表示某一系统或者装置的工作原理，如机床电气原理图、电动机控制回路图、继电保护原理图等。

例如，在如图 11-3 所示的磁力启动器电路图中，当按下起动按钮 SB_2 时，接触器 KM 的线圈得电，其常开主触点闭合，使电动机得电，起动运行，另一个辅助常开触点 KM 闭合，进行自锁；当按下停止按钮 SB_1 或热继电器 FR 运作时，KM 线圈失电，常开主触点 KM 断开，电动机停止。

图 11-3　磁力起动器电路图

3. 安装接线图

安装接线图主要表示电气装置的内部各元件之间以及其他装置之间的连接关系，便于设备的安装、调试及维护。

如图 11-4 所示为磁力起动器控制电动机的主电路接线图，它清楚地表示了各元件之间的实际位置和连接关系；电源（L_1、L_2、L_3）由 BX-3×6 的导线接至端子排 X 的 1、2、3 号，然后通过熔断器 FU_1~FU_3 接至交流接触器 KM 的主触点，再经过继电器的发热元件接到端子排的 4、5、6 号，最后用导线接入电动机的 U、V、W 端子。

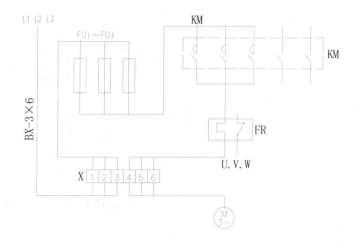

图 11-4　磁力起动器接线图

4．电气平面图

　　电气平面图主要表示某一电气工程中的电气设备、装置和线路的平面布置，它一般是在建筑平面的基础上绘制出来的。常见的电气平面图主要有线路平面图、变电所平面图、弱电系统平面图、照明平面图、防雷与接地平面图等。如图 11-5 所示为某办公楼配电平面图。

图 11-5　办公楼配电平面图

5. 设备布置图

设备布置图主要表示各种设备的布置方式、安装方式及相互间的尺寸关系，主要包括平面布置图、立面布置图、断面图、纵横剖面图等。

6. 大样图

大样图主要表示电气工程某一部件的结构，用于指导加工与安装，其中一部分大样图为国家标准图。

7. 产品使用说明书用电气图

电气工程中选用的设备和装置，其生产厂家往往随产品使用说明书附上电气图，这种电气图也属于电气工程图。

8. 设备元件和材料表

设备元件和材料表是把某一电气工程中用到的设备、元件和材料列成表格，表示其名称、符号、型号、规格和数量等。

9. 其他电气图

在电气工程图中，电气系统图、电路图、安装接线图和设备布置图是最主要的图。在一些较复杂的电气工程中，为了补充和详细说明某一方面，还需要一些特殊的电气图，例如逻辑图、功能图、曲线图、表格等。

一般而言，一项电气工程的电气图除了以上所介绍的电气工程图，还需要在最前面加上目录和前言。目录是对某个电气工程的所有图纸编出目录，便于检索图样、查阅图纸，内容主要由序号、图名、图纸编号、张数、备注等构成。前言中包括设计说明、图例、设备材料明细表（见表 11-1）、工程经费概算等，这样一套完整的电气工程图就完成了。

表 11-1　设备明细表

序 号	符 号	名　称	型 号	规　格	单 位	数 量	备　注
1	M	异步电动机	Y	380V，15kW	台	1	
2	KM	交流接触器	CJ10	380V，40A	个	1	
3	FU	熔断器	RT18	250V，1A	个	1	配熔芯 1A
4	K	热继电器	JR3	40A	个	1	整定值 25A
5	S	按　钮	LA2	250V，3A	个	2	常开、常闭触点

11.1.3　电气工程图的特点

电气工程图与其他工程图有着本质区别，主要用来表示电气与系统或装置的关系，具有独特的一面，主要有以下特点：

　　◇　简洁是电气工程图的主要表现特点。电气图中没有必要画出电气元器件的外形结构，采用标准的图形符号和带注释的框，或者简化外形表示系统或设备中各组成部分之间的相互关系。不同侧重表达电气工程的信息会用不同形式的简图，电气工程中绝大部分采用简图的形式。

◆ 元件和连接线是电气工程图的主要组成。电气设备主要由电气元件和连接线组成。因此，无论电路图、系统图，还是接线图和平面图都是以电气元件和连接线作为描述的主要内容。电气元件和连接线有多种不同的描述方式，从而构成了电气图的多样性。

◆ 电气工程图的独特要素。一个电气系统或装置通常由许多部件、组件构成，这些部件、组件或者功能模块称为项目。项目一般由简单的图形符号表示。通常每个图形符号都有相应的文字符号。设备编号和文字符号一起构成项目代号，设备编号是为了区别相同的设备。

◆ 电气工程图主要采用功能布局法和位置布局法。功能布局法指在绘图时，图中各元件的位置只考虑元件之间的功能关系，而不考虑元件的实际位置的一种布局方法。电气工程图中的系统图、电路图采用的是这种方法。位置布局法是指电气工程图中的元件位置对应于元件的实际位置的一种布局方法。电气工程中的接线图、设备布置图采用的就是这种方法。

◆ 电气工程图的表现形式具有多样性。可用不同的描述方法，如能量流、逻辑流、信息流、功能流等，形成不同的电气工程图。系统图、电路图、框图、接线图就是描述能量流和信息流的电气工程图；逻辑图是描述逻辑流的电气工程图；辅助说明的功能表图、程序框图描述的是功能流。

11.2 电气工程 CAD 制图规范

根据国家标准《电气工程 CAD 制图规划》的常用规定，图样必须有设计和施工等部门遵守的格式和规定。电气工程设计部门设计、绘制图样，施工单位按图样组织工程施工才有统一的图样格式，避免工作中引起不必要的误会。

11.2.1 图纸格式

图纸是工程师的语言。在 AutoCAD 中绘图时，若要对绘图进行打印，就需要选择图纸空间，在图纸空间中可以进行图纸的合理布局，对其中任何一个视图本身进行基本的编辑操作。图纸的作用如下：

◆ 图纸表达了设计部门的计划构思和设计意图。
◆ 图纸指导了生产部门的加工与制造。
◆ 图纸是编制工程招标书的依据。
◆ 图纸是施工部门编制施工组织计划，编制投标报价、组织施工及材料准备的依据。

因此，对工程技术人员和管理人员，都要求必须有一定的读图能力及绘图能力。

1. 图纸幅面（图幅）

图幅是指图纸幅面的大小，所有绘制的图形都应在图纸幅面之内。图幅分为横式幅面和立式幅面，国标规定的机械图纸的幅面有 A0～A4 这 5 种。绘制图纸时，优选的图纸幅面如表 11-2 所示，较长的图纸幅面如表 11-3 所示。

表 11-2　优选的图纸幅面

代　号	尺寸（B×L）
A0	841×1189
A1	594×841
A2	420×594
A3	297×420
A4	210×297

表 11-3　较长的图纸幅面

代　号	尺寸（B×L）
A3×3	420×891
A3×4	420×1189
A4×3	297×630
A4×4	297×841
A4×5	297×1051

2. 图框

（1）图框尺寸。图框又分为内框和外框，外框尺寸即表 11-2 和表 11-3 所示中规定的尺寸。内框尺寸为外框尺寸减去相应的"a"、"c"、"e"的尺寸，如表 11-4 所示和如图 11-6 所示。加长幅面的内框尺寸，按选用的基本幅面大一号的图框尺寸来确定。

表 11-4　图纸的图框尺寸

幅面代号	A0	A1	A2	A3	A4
e	20			10	
c	10			5	
a	25				

图 11-6　图框尺寸

（2）图框线宽。图幅的内框线，根据不同幅面，不同的输出设备宜采用不同的线宽（见表 11-5），各种图幅的外框均为 0.25mm 的实线。

表 11-5 图幅内框线宽

幅　面	绘图机类型	
	喷墨绘图机	笔式绘图机
A0、A1 及其加长图	1.0mm	0.7mm
A2、A3、A4 及其加长图	0.7mm	0.5mm

3. 标题栏的格式

（1）标题栏位置。无论对 x 型水平放置的图纸，还是对 y 型垂直放置的图纸，标题栏都应放在图面的右下角。标题栏的看图方向一般应与图的看图方向一致。

（2）国内工程通用标题栏的基本信息及尺寸如图 11-7 和图 11-8 所示。

图 11-7 设计通用标题栏（A0～A1）

图 11-8 设计通用标题栏（A2～A4）

（3）标题栏图线。标题栏外框线为 0.5mm 的实线，内分格线为 0.2mm 的实线。

（4）图幅分区。为了更容易地读图和检索，需要一种确定图上位置的方法，因此把幅面做成分区，便于检索，如图 11-9 所示。

（a）　　　　　　　　　　　（b）

图 11-9　图幅分区

图幅分区有两种方式，第一种图幅分区的方法如图 11-9（a）所示，在图的周边内划定分区，分区数必须是偶数，每一分区的长度为 25~75mm，横竖两个方向可以不统一，分区线用细实线。竖边所分为"行"，用大写拉丁字母作为代号，横边所分为"列"，用阿拉伯数字做代号，都从图的左上角开始顺序编号，两边注写。分区的代号用分区所在的"行"与"列"的两个代号组合表示。例如"A2"、"C3"等。

如果电气图中表示的控制电路内的支路较多，并且各支路元器件布置与功能又不同，可采用另一种分区方法，如图 11-9（b）所示。这种方法只对图的一个方向分区，根据电路的布置方式选定。例如电路垂直布置时，只作横向分区。分数不限，各个分区的长度也可以不等，一般是一个支路一个分区。分区顺序编号方式不变，但只需要单边注写，其对边则另行划区，标注主要设备或支电路的名称、用途等，称为用途区。两对边的分区长度也可以不一。

11.2.2　图线

电气图中的各种线条统称为图线。

◇　线宽。根据用途的不同，图线宽度宜从下列线宽中选用：0.18mm、0.25mm、0.35 mm、0.5 mm、0.7 mm、1.0 mm、1.4 mm、2.0 mm。

◇　图形对象的线宽应尽量不多于 2 种，每两种线宽间的比值应不小于 2。

◇　图线间距。平形线（包括画阴影线）之间的最小间距不小于粗线宽度的两倍，建议不小于 0.7mm。

◇　图线型式。根据不同的结构含义，采用不同的线型，一般分为 6 种常用图线，如表 11-6 所示。

表 11-6　常用图线

代号	图线名称	图线形式	应用范围
A	粗实线	——	一次线路、轮廓线、过渡线
B	细实线	——	二次线路、一般线路、边界线、部面线
F	虚线	— — — — —	屏蔽线、机械连线
G	细点画线	— · — · — · —	辅助线、轨迹线、控制线
J	粗点画线	— · — · —	表示线、特殊的线
K	双点画线	— ·· — ·· —	轮廓线、中断线

11.2.3　字体

电气图中的文字如汉字、字母和数字等必须符合国家标准。国标中对电气工程图中字体的规定可归纳为如下：

（1）书写字体必须做到：字体工整、笔画清楚、间隔均匀、排列整齐。

（2）字体的号数，即字体高度 h，公称系列：1.8mm、2.5mm、3.5mm、5mm、7mm、10mm、14mm、20mm，字符的宽高比约为 0.7。图样中采用的各种文本尺寸如表 11-7 所示。

表 11-7　图样中各种文本尺寸

文本类型	中文		数字及字母	
	字高	字宽	字高	字宽
标题栏图名	7～10	5～7	5～7	3.5～5
图形图名	7	5	5	3.5
说明抬头	7	5	5	3.5
说明条文	5	3.5	3.5	2.5
图形文字标注	5	3.5	3.5	2.5
图号与日期	5	3.5	3.5	2.5

（3）字母和数字可写成斜体或直体，但全图要统一。斜体字字头向右倾斜，与水平基准线成 75°。

11.2.4　比例

电气图中画的图形符号与实际设备的尺寸大小不同，图中画的符号大小与实物大小的比值称为比例。在电气图中大部分都不是按比例绘制的，但位置平面图大部分都按比例绘制，常用的比例如表 11-8 所示。

表 11-8 常用比例

类 别	常 用 比 例			
放大比例	2:1	2:1	2:1	2:1
	$2 \times 10^n:1$	$2.5 \times 10^n:1$	$4 \times 10^n:1$	$5 \times 10^n:1$
原尺寸	1:1			
缩小比例	1:1.5	1:2	1:2.5	1:3
	$1:1.5 \times 10^n$	$1:2 \times 10^n$	$1:2.5 \times 10^n$	$1:3 \times 10^n$
	1:4	1:5	1:6	1:10
	$1:4 \times 10^n$	$1:5 \times 10^n$	$1:6 \times 10^n$	$1:10 \times 10^n$

电气工程图常用的比例是 1:500、1:200、1:100、1:60、1:50。而大样图的比例可用 1:20、1:10 或 1:5。不论采用缩小还是放大的比例绘图，图样中所标注的尺寸，均为电气元件的实际尺寸。

对于同一张图样上的各个图形，原则上应采用相同的比例绘图，并在标题栏内的"比例"一栏中进行填写。比例符号以"："表示，如 1:100。当某个图形需采用不同比例绘制时，可在视图名称的下方以分数形式标出该图形所采用的比例。

11.3 电气符号的构成与分类

电气设备元件、线路、安装方法等必须通过图形符号、文字符号或代号绘制在电气工程图中，要分析这些电气工程图，首先需要了解这些符号的组成形式、内容、含义及它们之间的相互关系。本节主要介绍电气工程图中常用的电气符号及其分类。

11.3.1 部分常用的电气符号

用户需要对电气工程图中常用的电气符号有所了解，并掌握常用电气符号的特征和含义。一般常用的电气符号有导线、电阻、电感、二极管、三极管、交流电动机、单极开关、灯、蜂鸣器、接地等符号。在以后的章节中会对部分符号的画法做详细的介绍。下面列出了一些电气工程图中最常见的电气图形符号。

（1）电阻器、电容器、电感器和变压器的图形符号如表 11-9 所示。

表 11-9 电阻器、电容器、电感器和变压器的图形符号

名 称	图 形 符 号	名 称	图 形 符 号
电阻器		可变电容器	
可变电阻器		电感器	

续表

名　称	图形符号	名　称	图形符号
滑动变阻器		带铁芯的电感器	
电容器		双绕组变压器	

（2）常用开关的图形符号如表 11-10 所示。

表 11-10　常用开关的图形符号

名　称	图 形 符 号	名　称	图 形 符 号
三极开关		复合触点开关	
低压断路器		启动按钮	
常开触点开关		停止按钮	
常闭触点开关		延时动作的动合触点开关	

（3）其他常用的电气图形符号如表 11-11 所示。

表 11-11　其他常用的电气图形符号

名　称	图 形 符 号	名　称	图 形 符 号
扬声器		接地符号	
电抗器		端子	
电流互感器		连接片	
桥式整流器		导线的连接	

11.3.2　电气符号的分类

最新的《电气图形符号总则》对各种电气符号的绘制作了详细的规定。按照这个规定，一般电气图用图形符号如表 11-12 所示。

表 11-12　电气符号分类

序　号	分 类 名 称	内　　容
1	符号要素、限定符号和其他常用符号	包括轮廓外壳、电流和电压的种类、可变性、材料类型、机械控制、操作方法、非电量控制、接地、理想电路元件等
2	导体和连接件	包括电线、柔软和屏蔽或绞合导线，同轴导线；端子，导线连接；压电晶体、驻极体、延迟线等
3	基本无源元件	包括电阻、电容、电感器；铁氧体磁心、磁存储器；压电晶体、驻极体、延迟线等
4	半导体管和电子管	包括二极管、三极管、电子管、晶闸管等
5	电能的发生与转换	包括绕组、发电机、变压器等
6	开关、控制和保护器件	包括触点、开关装置、控制装置、启动器、接触器、继电器等
7	测量仪表、灯和保护器件	包括指示仪表、记录仪表、传感器、灯、电铃、扬声器等
8	电信：交换和外围设备	包括交换系统、电话机、数据处理设备等
9	电信：传输	包括通信线路、信号发生器、调制解调器、传输线路等
10	建筑安装平面布置图	包括发电站、变电所、音响和电视分配系统等
11	二进制逻辑元件	包括存储器、计数器等
12	模拟元件	包括放大器、电子开关、函数器等

11.4　样板文件

使用样板文件是开始画新图的方法之一，在 Templat 子目录中，AutoCAD 提供了许多样板文件，也可创建符合自己专业要求的样板文件，样板文件的扩展名为"dwt"。使用样板文件不仅有利于图形的标准化，更有利于减少每次开始绘制新的图形前设置绘图环境的工作量，提高绘图效率。

样板文件应包括：图形界线、单位、文字样式、标注样式、线型、图层等。下面以创建一个 A3 幅面的样板文件为例说明创建样板文件的方法，具体参数的设置仅供参考。

（1）新建文件。利用默认设置（公制）新建文件。

（2）设置单位。选择"格式"→"单位"命令，在弹出的"图形单位"对话框中设置合适的数据类型及精度。

（3）设置线型。选择"格式"→"线型"命令，按住 Ctrl 键，在弹出的"线型管理器"对话框中同时选择 ACAD_ISO2W100、ACAD_ISO4W100、CENTER 这 3 种线型，把它们加载进当前图形。

Note

（4）创建图层。单击"对象特性"工具栏的"图层特性管理器" 按钮，在弹出的"图层特性管理器"面板中设置图层。

（5）创建文字样式及标注样式。可以利用前面章节介绍的方法建立符合国标的文字样式及标注样式。而利用 AutoCAD 提供的资源可以更方便地在新的样板文件中建立文字样式及标注样式，这时需要使用 AutoCAD 设计中心。

（6）建立图框及标题栏图块。绘制 A3 图框，插入标题栏图块，使用 WBLOCK 命令保存块，块的名称为"d:\mytemp\a3-title.dwg"，如图 11-10 所示。

图 11-10　A3 图框

（7）把以上各步骤的设置保存到新的样板文件中。选择"文件"→"另存为"命令，在弹出对话框的"保存类型"下拉列表中选择"AutoCAD 图样板文件（*.dwt）"，在"文件名"文本框中输入"A3 样板"。

提示

绘制工程图绝大多数都是从样板文件开始的，而在模型空间绘图时最好按 1:1 绘制，这样，原来所设置的图形界限就有可能放不下全部图形。可以这样处理：先利用样板新建文件，然后重新设置图形界限（比实体真实大小稍大些），有时还要执行缩放全图的命令"视图"→"缩放"→"全部"。既然按照 1:1 绘图，就不应受图框的约束。

11.5　本章小结

本章主要讲解了 AutoCAD 2014 的电气设计基础和 CAD 制图规范，包括 AutoCAD 电气工程图的分类及特点，如电气工程图的分类、电气工程图的组成、电气工程图的特点等；AutoCAD 2014 的电气工程 CAD 制图规范；AutoCAD 2014 的电气符号的构成与分类、样板文件等。

第12章

常用电气元件的绘制

在绘制电气图时，经常会看到电路图线上有不同的符号，这些符号被称为电气元件符号，本章将介绍使用 AutoCAD 绘制典型电气元件的方法。通过绘制这些基本元件，了解电气元件在电气设计中的应用及表示方法。

内容要点

♦ 导线与连接器件的绘制

♦ 半导体器件的绘制

♦ 信号器件的绘制

♦ 电器符号的绘制

♦ 电阻容感器件的绘制

♦ 开关的绘制

♦ 仪表的绘制

♦ 其他元件符号的绘制

Note

12.1　导线与连接器件的绘制

　　导线与连接器件是将各分散元件组合成一个完整电路图的必备材料。导线的一般符号可用于表示一根导线、导线组、电线、电缆、电路、传输电路、线路、母线、总线等，根据具体情况加粗、延长或缩小。

　　在绘制电气工程图时，一般的导线可表示单根导线，对于多根导线，可以分别画出，也可以只画一根图线，但需要加标志。若导线少于 4 根，可用短划线数量代表根数；若多于 4 根，可在短划线旁边加数字表示，如表 12-1 所示。

表 12-1　导线与连接器件

名　称	图　形　符　号	绘　制　方　法
导线、电缆和母线一般符号		执行"直线"命令（L）
三根导线的单线表示		
多根导线	n	
二股绞合导线		执行"直线"命令（L）
导线的连接		
导线的多线连接		
柔软导线		执行"直线"命令（L）和执行"样条曲线"命令（SPL）
同轴电缆		执行"直线"命令（L）和"圆"命令（C）
屏蔽导线		
电缆终端头		执行"直线"命令（L）

> **⠿ 提示**
>
> 为了突出或区分某些电路及电路的功能，导线、连接线等都采用不同粗细的直线来表示。一般来说，电源主电路、一次电路、主信号通路等采用粗线，与之相关的其余部分采用细线。由隔离开关、断路器等组成的变压器的电源电路用粗线表示，而由电流互感器、电压互感器和电度表组成的电流测量电路用细线表示。线宽、线型可以通过"特性"面板对其进行设置。设置好线宽后，在视觉上看不出线条的变化，但可以在状态栏右侧的"对象捕捉"工具栏中单击"线宽"按钮 ⊕ 进行查看。

如表格中"屏蔽导线"的圆为虚线，在"特性"面板的"线型"下拉列表中选择虚线即可。若是下拉列表中没有虚线，则单击"其他"按钮，将弹出"线型管理器"对话框，再单击"加载"按钮，在随后弹出的"加载或重载线型"对话框中，选择需要的虚线即可，如图 12-1 所示。

图 12-1　加载线型

12.2　电阻容感器件的绘制

电阻容感器件是指对流经的电流信号不进行任何运算处理，只是将信号强度放大或单纯地让电流信号通过而已。这类器件是被动器件，是电路组成的基础，在电气设计中尤为重要。

12.2.1　电阻器的绘制

视频\12\电阻器的绘制.avi
案例\12\电阻器.dwg

电阻符号由矩形和直线组成，具体绘制步骤如下：

Note

Step 01 启动 AutoCAD 2014，在快速访问工具栏中单击"保存"按钮 ，将其保存为"案例\12\电阻器.dwg"文件。

Step 02 执行"矩形"命令（REC），绘制 7×3 的矩形，如图 12-2 所示。

图 12-2　绘制矩形

Step 03 执行"草图设置"命令（SE），在弹出的"草图设置"对话框中切换到"对象捕捉"选项卡，勾选"启用对象捕捉"、"启用对象捕捉追踪"和"中点"复选框，并单击"确定"按钮，如图 12-3 所示，设置捕捉。

Step 04 执行"直线"命令（L），捕捉矩形左、右侧中点分别绘制长度为 4 的直线，如图 12-4 所示。

图 12-3　设置捕捉模式　　　　　图 12-4　绘制直线

:::: 提示

为了提高绘图效率，可以在"草图设置"对话框中勾选"对象捕捉模式"下所有的捕捉点，即单击"全部选择"按钮，再绘制时，不必每次都去设置捕捉点。

Step 05 执行"base"命令，指定左水平线段的左端点为基点。

Step 06 至此，电阻器已经绘制完成，按 Ctrl+S 组合键进行保存。

> **提示**
>
> "base"命令为指定基点命令，指定了基点，后面插入该图形时，将以此点为准插入到相应位置。

12.2.2　可变电阻器的绘制

　视频\12\可变电阻器的绘制 .avi
　案例\12\可变电阻.dwg

可变电阻器是在电阻器的基础上来进行绘制的，具体步骤如下：

Step 01 正常启动 AutoCAD 2014 软件，在快速访问工具栏中单击"打开"按钮📂，将"案例\12\电阻器.dwg"文件打开，如图 12-5 所示。

图 12-5　打开的图形

Step 02 再单击"另存为"按钮📙，将其另存为"案例\12\可变电阻.dwg"文件。

Step 03 执行"多段线"命令（PL），如图 12-6 所示，由左下向右上侧绘制一条斜线；当命令提示"指定下一点或［圆弧(A)/闭合(C)/半宽(H)/长度(L)/放弃(U)/宽度(W)］:"时，选择"宽度(W)"项，设置起点宽度为 0.5，端点宽度为 0，如图 12-7 所示在斜线延长线上绘制箭头图形。

图 12-6　绘制斜线　　　　　　　　图 12-7　绘制箭头

Step 04 执行"base"命令，指定左水平线段的左端点为基点。

Step 05 至此，可变电阻器已经绘制完成，按 Ctrl+S 组合键进行保存。

12.2.3 电感器的绘制

视频\12\电感器的绘制.avi
案例\12\电感器.dwg

电感器由 4 个相等大小的圆弧组成，其绘制步骤如下：

Step 01 启动 AutoCAD 2014，在快速访问工具栏中单击保存按钮，将其保存为"案例\12\电感.dwg"文件。

Step 02 执行"圆弧"命令（A），根据如下命令提示绘制半径为 2 的半圆弧，如图 12-8 所示。

```
命令：_A
指定圆弧的起点或 [圆心(C)]：c                    //选择"圆心(C)"项
指定圆弧的圆心：                                 //鼠标任意指定点
指定圆弧的起点：2                                //输入半轴长度 2
指定圆弧的端点或 [角度(A)/弦长(L)]：a             //选择"角度(A)"项
指定包含角：180                                  //输入角度 180
```

Step 03 执行"复制"命令（CO），将圆弧水平向右复制 3 个，效果如图 12-9 所示。

图 12-8　绘制圆弧　　　　　　　　　　　　　图 12-9　复制圆弧

Step 04 执行"base"命令，指定左圆弧端点为基点。

Step 05 至此，电感器已经绘制完成，按 Ctrl+S 组合键进行保存。

12.2.4 电容器的绘制

视频\12\电阻器的绘制.avi
案例\12\电阻器.dwg

电容器由两组线段组成，绘制步骤如下：

Step 01 启动 AutoCAD 2014，在快速访问工具栏中单击保存按钮，将其保存为"案例\12\电容.dwg"文件。

Step 02 执行"矩形"命令（REC），绘制 3×8 的矩形，如图 12-10 所示。

Step 03 执行"分解"命令（X），将矩形进行打散操作；再执行"删除"命令（E），将两条水平线删除，结果如图 12-11 所示。

Step 04 执行"直线"命令（L），按 F8 键打开正交模式，分别捕捉两条垂直线段中点向两侧分别绘制长度为 6 的水平线，如图 12-12 所示。

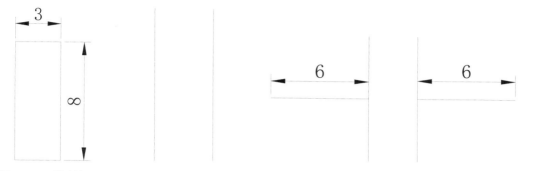

图 12-10　绘制矩形　　　图 12-11　分解删除操作　　　图 12-12　绘制直线

Step 05 执行"base"命令，指定左水平线段的左端点为基点。

Step 06 至此，电容器已经绘制完成，按 Ctrl+S 组合键进行保存。

12.2.5　可变电容器的绘制

视频\12\可变电容器的绘制.avi
案例\12\可变电容器.dwg

可变电容器是在电容器的基础上来进行绘制的，具体步骤如下：

Step 01 启动 AutoCAD 2014，在快速访问工具栏中单击"打开"按钮，将"案例\12\电容器.dwg"文件打开，如图 12-13 所示。

图 12-13　打开的图形

Step 02 再单击"另存为"按钮，将其另存为"案例\12\可变电容器.dwg"文件。

Step 03 执行"多段线"命令（PL），如图 12-14 所示由左下向右上侧绘制一条斜线；当命令提示"指定下一点或 [圆弧(A)/闭合(C)/半宽(H)/长度(L)/放弃(U)/宽度(W)]："时，选择"宽度(W)"项，设置起点宽度为 0.5，端点宽度为 0，如图 12-15 所示在斜线延长线上绘制箭头图形。

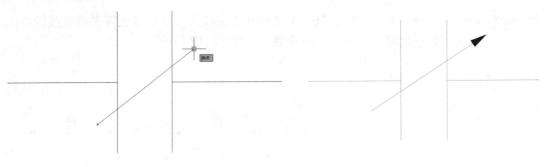

图 12-14　绘制斜线　　　　　　　　　　　　图 12-15　绘制箭头

Step 04 执行"base"命令，指定左水平线段的左端点为基点。

Step 05 至此，可变电容器已经绘制完成，按 Ctrl+S 组合键进行保存。

12.3　半导体器件的绘制

半导体是导电能力介于导体和绝缘体之间的物质，半导体器件有二极管、三极管、控制器、控制极、晶体管、半导体管及场效应管等，是电气绘图中常见的符号，是组成电路的主要部分，被广泛应用在各种电路图的绘制中。

12.3.1　二极管的绘制

视频\12\二极管的绘制.avi
案例\12\二极管.dwg

使用多边形、旋转和直线等命令来绘制二极管，具体绘制步骤如下：

Step 01 启动 AutoCAD 2014，在快速访问工具栏中单击"保存"按钮 ，将其保存为"案例\12\二极管.dwg"文件。

Step 02 执行"多边形"命令（POL），输入侧面数为 3，选择"内接于圆（I）"项，并输入指定半径为 3.5，绘制一个正三角形，效果如图 12-16 所示。

Step 03 执行"旋转"命令（RO），将三角形旋转 30 度，结果如图 12-17 所示。

图 12-16　绘制三角形　　　　　　　　　图 12-17　旋转图形结果

Step 04 执行 "直线" 命令 (L)，在三角形右角点处向上、下各绘制长为 3 的垂直线段，如图 12-18 所示。

Step 05 同样执行 "直线" 命令 (L)，过角点，绘制水平线段如图 12-19 所示。

Note

图 12-18　绘制垂直线段

图 12-19　绘制水平线段

Step 06 执行 "base" 命令，指定水平线段的左端点为基点。

Step 07 至此，二极管已经绘制完成，按 Ctrl+S 组合键进行保存。

12.3.2　PNP 型半导体管的绘制

视频\12\PNP 型半导体管的绘制.avi
案例\12\PNP 型半导体管.dwg

使用直线和多段线命令来绘制 PNP 半导体管，具体绘制步骤如下：

Step 01 启动 AutoCAD 2014，在快速访问工具栏中单击 "保存" 按钮，将其保存为 "案例\12\PNP 型半导体管.dwg" 文件。

Step 02 执行 "直线" 命令 (L)，按 F3 键启用对象捕捉模式，绘制水平线段，如图 12-20 所示。

图 12-20　绘制水平线段

> **提示**
>
> 先使用直线命令绘制长为 4 的线段，再启用 "对象捕捉" 模式，捕捉右侧端点并向右拖动，出现捕捉虚线时输入 6，再捕捉 6 的端点为起点再绘制长为 5 的线段。

Step 03 执行 "直线" 命令 (L)，捕捉第一条水平线右端点分别向上、下各绘制长度为 3 的垂直线段，如图 12-21 所示。

图 12-21   绘制垂直线段

Step 04 执行"直线"命令（L），分别捕捉垂直线段的中点绘制角度为 30 度，长度为 7 的两条斜线段，如图 12-22 所示。

Step 05 执行"多段线"命令（PL），指定上斜线左下端点为起点，选择"宽度(W)"项，设置起点宽度为 0，端点宽度为 0.5，捕捉斜线的中点为下一个点，绘制一条多段线，如图 12-23 所示。

图 12-22   绘制斜线段   图 12-23   绘制多段线

Step 06 执行"base"命令，指定左水平线段的左端点为基点。

Step 07 至此，PNP 型半导体管已经绘制完成，按 Ctrl+S 组合键进行保存。

12.3.3   NPN 型半导体管的绘制

视频\12\NPN 型半导体管的绘制.avi
案例\12\NPN 型半导体管.dwg

使用圆、直线、图案填充等命令来绘制 NPN 型半导体管，具体绘制步骤如下：

Step 01 启动 AutoCAD 2014，在快速访问工具栏中单击保存按钮，将其保存为"案例\12\NPN 型半导体管.dwg"文件。

Step 02 执行"圆"命令（C），绘制半径为 3 的圆，如图 12-24 所示。

Step 03 执行"直线"命令（L），捕捉圆心向左绘制长度为 7 的水平线段，如图 12-25 所示。

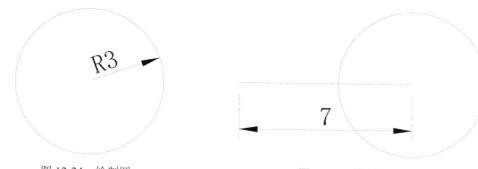

图 12-24　绘制圆　　　　　　　　　　图 12-25　绘制水平线段

Step 04 执行"直线"命令（L），同样过圆心向 Y 轴的正负方向分别绘制长度为 3.5 的垂直线段，如图 12-26 所示。

Step 05 再执行"直线"命令（L），过圆右象限点向右绘制长度为 5 的水平线段，如图 12-27 所示。

图 12-26　绘制垂直线段　　　　　　　图 12-27　绘制水平线段

Step 06 执行"直线"命令（L），在垂直线段上绘制角度为 30°，长度为 4 的斜线段，如图 12-28 所示。

Step 07 执行"镜像"命令（MI），将斜线以水平线段端点进行镜像，结果如图 12-29 所示。

图 12-28　绘制斜线段　　　　　　　　图 12-29　镜像斜线

Step 08 执行"多段线"命令（PL），指定上斜线右上端点为起点，选择"宽度(W)"项，设置起点宽度为 0，端点宽度为 0.5，捕捉斜线的中点为下一个点，绘制一条多段线，如图 12-30 所示。

Step 09 执行"圆"命令（C），以下侧斜线与圆的交点为圆心，绘制半径为 1 的圆，如

Note

图 12-31 所示。

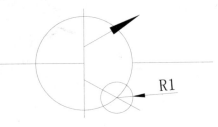

图 12-30　绘制箭头　　　　　　　　图 12-31　绘制小圆

Step 10 执行"填充"命令（H），选择"设置（T）"项，则弹出"图案填充和渐变色"对话框，选择样例为"SOLTD"，如图 12-32 所示，对小圆进行填充操作。

图 12-32　填充图形

:::: 提示

在填充小圆时，由图可见小圆被大圆和斜线分成了 4 部分，拾取内部时，需要依次去拾取这 4 部分的内部将整个小圆进行填充。

Step 11 执行"base"命令，指定左水平线段的左端点为基点。

Step 12 至此，NPN 型半导体管已经绘制完成，按 Ctrl+S 组合键进行保存。

12.3.4　接地符号的绘制

视频\12\接地符号的绘制.avi
案例\12\接地符号.dwg

接地符号的绘制步骤如下：

Step 01 启动 AutoCAD 2014，在快速访问工具栏中单击"保存"按钮🖫，将其保存为

"案例\12\接地符号.dwg"文件。

Step 02 执行"直线"命令（L），绘制长度为 2 的水平线段，如图 12-33 所示。

Step 03 执行"偏移"命令（O），将此线段向上各偏移 2，结果如图 12-34 所示。

图 12-33　绘制线段

图 12-34　偏移线段

Step 04 选中第二条线段，此时该线段呈现 3 个夹点状态，单击右侧的夹点（将以红色显示），向外拖动，并输入拉长的距离为 2，按空格键将线段拉长，如图 12-35所示。

图 12-35　拉长线段

Step 05 根据同样的方法，将此线段的左端点拉长 2，使其长度达到 6，如图 12-36 所示。

Step 06 再将第三条线段两侧各拉长 3，使长度达到 8，如图 12-37 所示。

图 12-36　第二条线段拉长结果

图 12-37　拉长第三条线段

Step 07 执行"直线"命令（L），在第三条线段的中点向上绘制长为 6 的垂直线段，如图 12-38 所示。

Step 08 执行"base"命令，指定垂直线段的上端点为基点。

Step 09 至此，接地符号已经绘制完成，按 Ctrl+S 组合键进行保存。

12.4 开关的绘制

　　开关是一种基本的低压电器，是用来接通和断开电路的元件，是电气设计中常用的电气控制器件，主要用于控制电路的通断。

12.4.1 单极开关的绘制

视频\12\单极开关的绘制.avi
案例\12\单极开关.dwg

　　单极开关由 3 条线段组成，具体绘制步骤如下：

Step 01 启动 AutoCAD 2014，在快速访问工具栏中单击"保存"按钮，将其保存为"案例\12\单极开关.dwg"文件。

Step 02 执行"直线"命令（L），按"F8 键"打开正交模式，绘制 3 条连续的垂直线段，如图 12-39 所示。

Step 03 执行"旋转"命令（RO），选择中间线段，以下端点为基点，输入指定旋转角度为 25°，旋转结果如图 12-40 所示。

Step 04 执行"base"命令，指定垂直线段的上端点为基点。

Step 05 至此，单极开关已经绘制完成，按 Ctrl+S 组合键进行保存。

图 12-38 绘制接地效果　　　　图 12-39 绘制线段　　　　图 12-40 旋转线段

12.4.2   多极开关的绘制

视频\12\多极开关的绘制.avi
案例\12\多极开关.dwg

多极开关由单极开关演变而来，具体绘制步骤如下：

Step 01 启动 AutoCAD 2014，在快速访问工具栏中单击"打开"按钮 📂，将"案例\ 12\
单极开关.dwg"文件打开。

Step 02 再单击"另存为"按钮 📄，将其另存为"案例\12\多极开关.dwg"文件。

Step 03 执行"复制"命令（CO），将图形选中，指定任意基点，向右拖动鼠标，输入
复制的距离为 10，按空格键确定第一步复制，再继续拖动鼠标，输入复制距离
为 20，按空格键确定第二次复制，如图 12-41 所示。

Step 04 执行"直线"命令（L），捕捉斜线的中点，绘制一条水平线段，且调整其线型
为虚线，如图 12-42 所示。

图 12-41   复制图形   图 12-42   绘制线段

Step 05 执行"base"命令，指定中间上垂直线段的上端点为基点。

Step 06 至此，多极开关已经绘制完成，按 Ctrl+S 组合键进行保存。

12.4.3   断路器的绘制

视频\12\断路器的绘制.avi
案例\12\断路器.dwg

断路器同样是调用单极开关文件来绘制，具体绘制步骤如下：

Step 01 启动 AutoCAD 2014，在快速访问工具栏中单击"打开"按钮 📂，将"案例\ 12\
单极开关.dwg"文件打开，如图 12-43 所示。

Step 02 再单击"另存为"按钮 📄，将其另存为"案例\12\断路器.dwg"文件。

Step 03 执行"直线"命令（L），分别绘制长、高都为 2 且互相垂直的线段，如图 12-44 所示。

图 12-43　单极开关　　　　　　　　　　图 12-44　绘制线段

Step 04 执行"旋转"命令（RO），将十字线段旋转 45°，结果如图 12-45 所示。

Step 05 再执行"移动"命令（M），选择十字线，以十字交点为基点移动捕捉到前面垂直线段的下端点，如图 12-46 所示。

图 12-45　旋转操作　　　　　　　　　　图 12-46　移动操作

Step 06 执行"base"命令，指定垂直线段的上端点为基点。

Step 07 至此，断路器已经绘制完成，按 Ctrl+S 组合键进行保存。

12.4.4　熔断器开关的绘制

视频\12\熔断器开关的绘制.avi
案例\12\熔断器开关.dwg

使用直线、矩形、旋转命令来绘制熔断器开关，具体绘制步骤如下：

Step 01 启动 AutoCAD 2014，在快速访问工具栏中单击"保存"按钮 ，将其保存为

"案例\12\熔断器开关.dwg" 文件。

Step 02 执行"矩形"命令（REC），绘制 3×6 的矩形，如图 12-47 所示。

Step 03 执行"直线"命令（L），捕捉矩形水平线段的中点，绘制一条高为 10 的垂直线段，如图 12-48 所示。

> **提示：**
>
> 执行"直线"命令后，按 F3 键打开对象捕捉模式，捕捉矩形水平线中点，垂直拖动鼠标，出现捕捉虚线后，输入 2 再确定起点，鼠标向相反方向拖动输入 10 即可绘制此垂直线段。

Step 04 执行"直线"命令（L），分别捕捉垂直线段上、下端点，向两端各绘制高为 3 的两条垂直线段，如图 12-49 所示。

Step 05 执行"旋转"命令（RO），选中矩形和中间垂直线段，以垂直线段下端点为基点，旋转 25°，效果如图 12-50 所示。

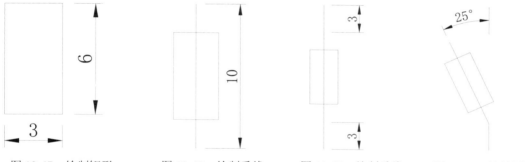

图 12-47　绘制矩形　　　图 12-48　绘制垂线　　　图 12-49　绘制垂线　　　图 12-50　旋转图形

Step 06 执行"base"命令，指定垂直线段的上端点为基点。

Step 07 至此，熔断器开关已经绘制完成，按 Ctrl+S 组合键进行保存。

12.5　信号器件的绘制

信号器件是反映电路工作状态的器件，广泛应用在电气设计中。

12.5.1　信号灯的绘制

> 视频\12\信号灯的绘制.avi
> 案例\12\信号灯.dwg

信号灯通过圆、直线、图案填充等命令来完成绘制，具体步骤如下：

Step 01 启动 AutoCAD 2014，在快速访问工具栏中单击"保存"按钮 ，将其保存为 "案例\12\信号灯.dwg"文件。

Step 02 执行"圆"命令（C），绘制半径为 6 的圆，如图 12-51 所示。

Step 03 执行"草图设置"命令（SE），打开"草图设置"对话框，在"对象捕捉模式" 选项组中勾选"象限点"复选框，再单击"确定"按钮，如图 12-52 所示。

图 12-51　绘制圆　　　　　　　　　　　图 12-52　设置捕捉模式

Step 04 执行"直线"命令（L），分别连接垂直和水平两端的象限点，绘制水平和垂直 的线段，如图 12-53 所示。

Step 05 执行"旋转"命令（RO），选择所有图形，旋转 45°，结果如图 12-54 所示。

图 12-53　绘制线段　　　　　　　　　　　图 12-54　旋转图形

Step 06 执行"直线"命令（L），再捕捉圆上象限点向上绘制高为 4 的垂直线段，如 图 12-55 所示。

Step 07 执行"填充"命令（H），选择样例为"SOLTD"，对 45°圆弧进行填充操作， 结果如图 12-56 所示。

图 12-55　绘制线段　　　　　　　　　　　图 12-56　填充图形

Step 08 执行"base"命令，指定垂直线段的上端点为基点。

Step 09 至此，信号灯已经绘制完成，按 Ctrl+S 组合键进行保存。

12.5.2　灯的绘制

视频\12\灯的绘制.avi
案例\12\灯.dwg

灯由信号灯图形演变而来，具体绘制步骤如下：

Step 01 启动 AutoCAD 2014，在快速访问工具栏中单击"打开"按钮 ，将"案例\12\
信号灯.dwg"文件打开，如图 12-57 所示。

Step 02 再单击"另存为"按钮，将其另存为"案例\12\灯.dwg"文件。

Step 03 执行"删除"命令（E），将图案填充和垂直线段删除，结果如图 12-58 所示。

Step 04 执行"直线"命令（L），捕捉圆左、右象限点，分别绘制长度为 4 的线段，如
图 12-59 所示。

图 12-57　打开图形

图 12-58　删除操作

图 12-59　绘制线段

Step 05 执行"base"命令，指定左水平线段的左端点为基点。

Step 06 至此，灯已经绘制完成，按 Ctrl+S 组合键进行保存。

12.5.3　避雷器的绘制

视频\12\避雷器的绘制.avi
案例\12\避雷器.dwg

通过矩形、直线和多段线来完成避雷器的绘制，具体步骤如下：

Step 01 启动 AutoCAD 2014，在快速访问工具栏中单击"保存"按钮，将其保存为
"案例\12\避雷器.dwg"文件。

Step 02 执行"矩形"命令（REC），绘制 3×7 的矩形，如图 12-60 所示。

Step 03 执行"直线"命令（L），捕捉矩形上、下水平线段中点各绘制高度为 4 的垂直线段，如图 12-61 所示。

> ▦ 提示：
>
> 若捕捉不到矩形水平线中点，可以执行"草图设置"命令（SE），在"草图设置"对话框中设置对象捕捉模式为中点捕捉即可。

Step 04 执行"多段线"命令（PL），捕捉矩形下侧水平线中点向上绘制高度为 2 的线段，然后根据命令提示，选择"宽度（W）"项，设置起点宽度为 0.5，端点宽度为 0，鼠标继续向上指引，输入距离为 3，按空格键确定，绘制的结果如图 12-62 所示。

Step 05 执行"base"命令，指定上侧垂直线段的上端点为基点。

Step 06 至此，避雷器已经绘制完成，按 Ctrl+S 组合键进行保存。

图 12-60　绘制矩形

图 12-61　绘制垂线

图 12-62　绘制多段线

12.5.4　电铃的绘制

视频\12\电铃的绘制.avi
案例\12\电铃.dwg

电铃图形由圆和直线命令来绘制，具体步骤如下：

Step 01 启动 AutoCAD 2014，在快速访问工具栏中单击"保存"按钮🖫，将其保存为"案例\12\电铃.dwg"文件。

Step 02 执行"圆"命令（C），绘制半径为 3 的圆，如图 12-63 所示。

Step 03 执行"直线"命令（L），捕捉圆左、右侧象限点，绘制水平线段，如图 12-64 所示。

Step 04 执行"修剪"命令（TR），按空格键两次，然后单击下半部分圆弧，将下侧圆弧修剪掉，结果如图 12-65 所示。

图 12-63 绘制圆　　　　　图 12-64 绘制线段　　　　　图 12-65 修剪圆弧

Step 05 执行"直线"命令（L），捕捉水平线中点向下绘制高度为 4 的垂直线段，如图 12-66 所示。

Step 06 执行"偏移"命令（O），将垂直线段分别向左、右侧各偏移 3，如图 12-67 所示。

Step 07 执行"删除"命令（E），将中间垂直线段删除，结果如图 12-68 所示。

图 12-66 绘制垂线　　　　　图 12-67 偏移线段　　　　　图 12-68 删除线段

Step 08 执行"base"命令，指定圆弧象限点为基点。

Step 09 至此，电铃已经绘制完成，按 Ctrl+S 组合键进行保存。

12.6 仪表的绘制

测量仪表是用于测量、记录和计量各种电学量的表计和仪器。常用的仪表有电流表、电压表、欧姆表、功率表、功率因数表、频率表、相位表、同步指示器、电能表和多种用途的万用电表等。

12.6.1 电流表的绘制

电流表又称"安培表"，是测量电路中电流大小的工具，一般可直接测量微安或毫安数量级的电流。

视频\12\电流表的绘制.avi
案例\12\电流表.dwg

电流表图形由圆和文字组成，具体步骤如下：

Step 01 启动 AutoCAD 2014，在快速访问工具栏中单击"保存"按钮 ，将其保存为
"案例\12\电流表.dwg"文件。

Step 02 执行"圆"命令（C），绘制半径为 4 的圆，如图 12-69 所示。

Step 03 执行"单行文字"命令（DT），根据如下命令提示，在圆内部输入字母"A"，结果如
图 12-70 所示：

```
命令：TEXT                        //启动"单行文字"命令
当前文字样式："Standard"  文字高度：2.5000  注释性：否
指定文字的起点或 [对正(J)/样式(S)]：j  //选择"对正（J）"项
输入选项 [对齐(A)/布满(F)/居中(C)/中间(M)/右对齐(R)/左上(TL)/中上(TC)/
右上(TR)/左中(ML)/正中(MC)/右中(MR)/左下(BL)/中下(BC)/右下(BR)]：mc
                                  //选择"正中（MC）"项
指定文字的中间点：                //捕捉圆心点
指定高度 <2.5000>：              //按空格键确定
指定文字的旋转角度 <0>：          //按空格键确定
                                  //输入"A"
                                  //在文字外单击，并按 Esc 退出
```

图 12-69　绘制圆

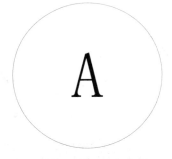

图 12-70　输入文字

提示：

根据如上步骤设置好字体高度和旋转角度后，将会出现一个文本闪烁光标，即可输入文字内
容。确定此文字内容时，在该文字外侧单击，即可输入下一个文字；再继续单击，将不断地
进行定点文字的输入。若需要退出，则按 Esc 键。

Step 04 执行"base"命令，指定圆心为基点。

Step 05 至此，电流表已经绘制完成，按 Ctrl+S 组合键进行保存。

12.6.2　电压表的绘制

电压表是测量电压的一种仪器，常用电压表是伏特表，符号为 V。

视频\12\电压表的绘制.avi
案例\12\电压表.dwg

电压表的绘制方法与电流表类似，只是在输入字母时输入"V"即可，用户可按照电流表的绘制方法来绘制电压表，电压表符号如图 12-71 所示。

12.6.3　功率表的绘制

功率表是电动系仪表，用于直流电路和交流电路中测量电功率的仪器，功率表有低功率因数表和高功率因数功率表。

视频\12\功率表的绘制.avi
案例\12\功率表.dwg

功率表的绘制方法与电流表类似，只是在输入字母时输入"W"即可，用户可按照电流表的绘制方法来绘制功率表。功率表符号如图 12-72 所示。

图 12-71　电压表

图 12-72　功率表

12.7　电器符号的绘制

电器是接通和断开电路或调节、控制和保护电路及电气设备用的电工器具，完成由控制电路组成的自动控制系统，称为继电器—接触器控制系统，简称电器控制系统。电器的用途广泛，功能多样，种类繁多，结构各异。

12.7.1　交流电动机的绘制

交流电动机是将交流电的电能转换成机械能的设备，交流电动机主要由一个用以产生磁场的电磁铁绕组或分布的定子绕组和一个旋转电枢或转子组成，电动机利用通电线圈在磁场中受力转动的现象而制成的。

视频\12\交流电动机的绘制.avi
案例\12\交流电动机.dwg

交流电动机图形由圆和文字组成，具体步骤如下：

Step 01 启动 AutoCAD 2014，在快速访问工具栏中单击"保存"按钮 ，将其保存为"案例\12\交流电动机.dwg"文件。

Step 02 执行"圆"命令（C），绘制半径 8 的圆，如图 12-73 所示。

Step 03 执行"多行文字"命令（MT），在圆内拖出矩形文本框，设置文字注释性为"6"，其他保持默认，输入字母"M"后按 Enter 键跳到下一行，再输入"~"，如图 12-74 所示。

Step 04 执行"base"命令，指定圆心点为基点。

Step 05 至此，交流电动机已经绘制完成，按 Ctrl+S 组合键进行保存。

图 12-73　绘制圆

图 12-74　输入文字

12.7.2　三相异步电动机的绘制

 视频\12\三相异步电动机的绘制.avi
案例\12\三相异步电动机.dwg

三相异步电动机的绘制步骤如下：

Step 01 启动 AutoCAD 2014，在快速访问工具栏中单击"打开"按钮 ，将"案例\12\交流电动机.dwg"文件打开，如图 12-75 所示。

Step 02 再单击"另存为"按钮 ，将其另存为"案例\12\三相异步电动机.dwg"文件。

Step 03 双击圆内文字，如图 12-76 所示，在第二行输入开头字"3"，且将第二行字体的注释性比例修改为"4"。

Step 04 执行"偏移"命令（O），将圆向外偏移 3，如图 12-77 所示。

图 12-75　打开图形　　　　　图 12-76　修改文字　　　　　图 12-77　偏移圆

Step 05 执行"直线"命令（L），捕捉圆的象限点，绘制如图 12-78 所示的垂直线段。

Step 06 执行"偏移"命令（O），将两条垂直线段分别向两边各偏移 5，如图 12-79 所示。

Step 07 执行"延伸"命令（EX），将偏移后的线段向圆进行延伸，结果如图 12-80 所示。

Step 08 执行"base"命令，指定上侧垂直线段的上端点为基点。

Step 09 至此，三相异步电动机已经绘制完成，按"Ctrl+S"组合键进行保存。

图 12-78　绘制线段　　　　　图 12-79　偏移命令　　　　　图 12-80　延伸操作

12.7.3　热继电器的绘制

热继电器主要用来对异步电动机进行过载保护，其工作原理是过载电流通过热元件后，使双金属片加热弯曲去推动动作机构来带动触点动作，从而将电动机控制电路断开，实现电动机断电停车，起到过载保护的作用。

视频\12\热继电器的绘制.avi
案例\12\热继电器.dwg

热继电器的绘制步骤如下：

Step 01 启动 AutoCAD 2014，在快速访问工具栏中单击保存按钮，将其保存为"案例\12\热继电器.dwg"文件。

Step 02 执行"矩形"命令（REC），绘制 2×2 的矩形，如图 12-81 所示。

Step 03 执行"分解"命令（X），将矩形打散操作；再执行"删除"命令（E），将右垂直线段删除，如图 12-82 所示。

Step 04 执行"直线"命令（L），捕捉两条水平线端点各绘制长度为 6 的线段，如图 12-83 所示。

图 12-81　绘制矩形

图 12-82　分解、删除操作

图 12-83　绘制线段

Step 05 执行"偏移"命令（O），将垂直线段向两边各偏移 4.5，如图 12-84 所示。

Step 06 执行"偏移"命令（O），将小矩形水平线段各向外偏移 1，如图 12-85 所示。

Step 07 执行"倒角"命令（CHA），将上两步偏移得到的 4 条线段进行倒直角处理，结果如图 12-86 所示。

图 12-84　偏移线段

图 12-85　偏移线段

图 12-86　倒直角操作

Step 08 执行"base"命令，指定上侧垂直线段的上端点为基点。

Step 09 至此，热继电器已经绘制完成，按 Ctrl+S 组合键进行保存。

12.7.4　双绕组变压器的绘制

视频\12\双绕组变压器的绘制.avi
案例\12\双绕组变压器.dwg

双绕组变压器的绘制步骤如下：

Step 01 启动 AutoCAD 2014，在快速访问工具栏中单击"保存"按钮 ，将其保存为 "案例\12\双绕组变压器.dwg"文件。

Step 02 执行"圆"命令（C），绘制半径为 4 的圆，如图 12-87 所示。

Step 03 执行"复制"命令（CO），在正交模式下，将圆垂直向下复制 6 的距离，如图 12-88 所示。

Step 04 执行"直线"命令（L），捕捉圆上、下侧象限点，分别向两边绘制长度为 5 的线段，如图 12-89 所示。

图 12-87　绘制圆　　　　　　　图 12-88　复制操作　　　　　图 12-89　绘制线段

Step 05 执行"base"命令，指定上侧垂直线段的上端点为基点。

Step 06 至此，双绕组变压器已经绘制完成，按 Ctrl+S 组合键进行保存。

12.7.5　三相变压器的绘制

三相变压器是 3 个相同容量的单相变压器的组合，它有 3 个铁心柱，每个铁心柱都绕着同一相的 2 个线圈，一个是高压线圈，另一个是低压线圈。

> 视频\12\三相变压器的绘制.avi
> 案例\12\三相变压器.dwg

三相变压器的绘制步骤如下：

Step 01 启动 AutoCAD 2014，在快速访问工具栏中单击"打开"按钮 ，将"案例\12\双绕组变压器.dwg"文件打开，如图 12-90 所示。

Step 02 再单击"另存为"按钮 ，将其另存为"案例\12\三相变压器.dwg"文件。

Step 03 执行"单行文字"命令（DT），指定圆心为文字对正的中间位置，在两个圆内部各输入字母"Y"，结果如图 12-91 所示。

Step 04 执行"直线"命令（L），在垂直线段的中点处绘制一条角度为 30，长度为 4 的斜线，如图 12-92 所示。

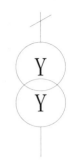

图 12-90　打开图形　　　　　　　图 12-91　输入文字　　　　　　　图 12-92　绘制斜线

Step 05 执行"复制"命令（CO），选择斜线对象，在正交状态下，分别向上、下各复制距离为 1 的两条斜线，如图 12-93 所示。

Step 06 执行"复制"命令（CO），将三条斜线复制到下侧垂直线段处，结果如图 12-94 所示。

Step 07 执行"base"命令，指定上侧垂直线段的上端点为基点。

Step 08 至此，三相变压器已经绘制完成，按 Ctrl+S 组合键进行保存。

图 12-93　复制斜线　　　　　　　　　图 12-94　镜像斜线

12.8　其他元件符号的绘制

在电气设计绘图中，除了上面分类的电器符号外，还有许多不同的电器符号，本节将介绍电视插座、插头和插座、电度表的绘制方法。

12.8.1　电视插座的绘制

视频\12\电视插座的绘制.avi
案例\12\电视插座.dwg

电视插座由线段和文字组成，具体步骤如下：

Step 01 启动 AutoCAD 2014，在快速访问工具栏中单击"保存"按钮 ，将其保存为"案例\12\电视插座.dwg"文件。

Step 02 执行"直线"命令（L），按 F8 键打开正交模式，绘制如图 12-95 所示线段。

Step 03 执行"直线"命令（L），捕捉水平中点绘制垂直线段，如图 12-96 所示。

Step 04 执行"单行文字"命令（DT），设置文字高度为 2.5，在图形相应位置输入字母"TV"，如图 12-97 所示。

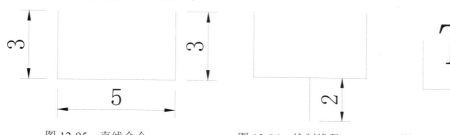

图 12-95　直线命令　　　　图 12-96　绘制线段　　　　图 12-97　输入文字

Step 05 执行"base"命令，指定垂直线段的下端点为基点。

Step 06 至此，电视插座已经绘制完成，按 Ctrl+S 组合键进行保存。

12.8.2　插头和插座的绘制

 视频\12\插头和插座的绘制.avi
案例\12\插头和插座.dwg

插头和插座的绘制步骤如下：

Step 01 启动 AutoCAD 2014，在快速访问工具栏中单击"保存"按钮 ，将其保存为"案例\12\插头和插座.dwg"文件。

Step 02 执行"圆"命令（C），绘制半径为 3 的圆，如图 12-98 所示。

Step 03 执行"直线"命令（L），捕捉左、右象限点绘制水平线段，如图 12-99 所示。

Step 04 执行"修剪"命令（TR）和"删除"命令（E），修剪删除多余线段和圆弧，结果如图 12-100 所示。

图 12-98　绘制圆　　　　　图 12-99　绘制线段　　　　　图 12-100　修剪操作

Step 05 执行"直线"命令（L），绘制长度为 4 的垂直线段，如图 12-101 所示。

Step 06 执行"矩形"命令（REC），绘制 1×5 的矩形；再执行"移动"命令（M），捕捉矩形下侧水平线段的中点到圆心点，如图 12-102 所示。

Step 07 执行"直线"命令（L），捕捉矩形上水平线中点绘制高度为 4 的垂直线段，如图 12-103 所示。

Step 08 执行"填充"命令（H），选择样例为"SOLTD"，对矩形进行填充，如图 12-104 所示。

图 12-101　绘制线段　　图 12-102　绘制矩形　　图 12-103　绘制线段　　图 12-104　填充操作

Step 09 执行"base"命令，指定上侧垂直线段的上端点为基点。

Step 10 至此，插头和插座已经绘制完成，按"Ctrl+S"组合键进行保存。

12.8.3　电度表的绘制

视频\12\ 电度表 的绘制 .avi
案例\12\ 电度表 .dwg

电度表的绘制步骤如下：

Step 01 启动 AutoCAD 2014，在快速访问工具栏中单击"保存"按钮，将其保存为"案例\12\电度表.dwg"文件。

Step 02 执行"矩形"命令（REC），绘制 15×8 的矩形，如图 12-105 所示。

Step 03 执行"分解"命令（X）和"偏移"命令（O），将垂直线段向内偏移 1，如图 12-106 所示。

Step 04 执行"单行文字"命令（DT），设置文字高度为 4，输入字母"KWH"，结果如图 12-107 所示。

Step 05 执行"base"命令，指定上侧水平线段的中点为基点。

Step 06 至此，电度表已经绘制完成，按 Ctrl+S 组合键进行保存。

图 12-105　绘制矩形　　　图 12-106　偏移线段　　　图 12-107　输入文字

12.9 本章小结

本章主要讲解了 AutoCAD 2014 常用电气元件的绘制，包括 AutoCAD 的导线与连接器件的绘制，电阻容感器件的绘制，半导体器件的绘制，开关的绘制，信号器件的绘制，仪表的绘制，电器符号的绘制，其他元件符号的绘制等。

Note

第13章

电气照明控制线路图的绘制

照明灯具及其控制线路种类繁多、用途各异，常见的有白炽灯、荧光灯、碘钨灯、高压水银灯和高压钠灯等多种工具，其控制线路则分为一般连接控制线路和以节电为主的自动控制线路。

内容要点

- ◆ 白炽灯照明线路的绘制
- ◆ 高压钠灯电气线路的绘制
- ◆ 晶闸管电气线路的绘制
- ◆ 高压水银灯电气线路的绘制
- ◆ 调光灯电气线路的绘制
- ◆ 晶体管延时开关电气线路的绘制

13.1　白炽灯照明线路的绘制

 视频\13\白炽灯照明线路图的绘制.avi
案例\13\白炽灯照明线路图.dwg

　　白炽灯具有结构简单、使用方便的优点，因而被广泛用于工矿企业、机关学校和家庭作普通照明。如图 13-1 所示为一只单联开关控制一盏灯的电气线路图，具体绘制步骤如下：

图 13-1　白炽灯照明线路图

Step 01 启动 AutoCAD 2014，系统自动创建一个空白文件，在快速访问工具栏中单击"保存"按钮 ，将其保存为"案例\13\白炽灯照明线路图.dwg"文件。

Step 02 执行"直线"命令（L），按"F8"键在正交模式下绘制如图 13-2 所示的线段。

图 13-2　绘制线段

Step 03 执行"旋转"命令（RO），将中间线段绕右端点旋转 30 度，如图 13-3 所示。

图 13-3　旋转线段

Step 04 执行"直线"命令（L），捕捉端点继续绘制线段，如图 13-4 所示。

Step 05 执行"圆"命令（C），在上、下端点处各绘制半径为 1.5 的圆，如图 13-5 所示。

图 13-4　绘制线段

图 13-5　绘制圆

Step 06 执行"插入"命令（I），将第12章中的元件符号"电阻器"、"灯"符号插入到图形中，如图13-6所示。

（a）电阻器　　　　　　　　　　　　　　　（b）灯

图 13-6　插入的图形

提示

启动"插入"命令后，将弹出"插入"对话框，如图13-7所示，单击"浏览"按钮，则弹出"选择图形文件"对话框，在"查找范围"下拉列表中找到本书"案例\12"文件夹下所需要的图形后，单击"打开"按钮，返回"插入"对话框，最后单击"确定"按钮即将图形插入。

图 13-7　插入操作

Step 07 执行"移动"命令（M），将电阻、灯放置到图形相应位置，如图13-8所示。

Step 08 执行"修剪"命令（TR），将灯图形内部多余的线段删除，结果如图13-9所示。

图 13-8　移动操作　　　　　　　　　　　图 13-9　修剪操作

> **提示**
>
> 将元件符号移动到线路图中时，若是元件图形过大，可以执行"缩放"命令（SC），对图形进行合适的比例缩放，达到理想效果。如本步骤中灯的图形在移动到线路图时，显得偏大些，执行"缩放"命令（SC），输入缩放比例因子为 0.5，将其缩小一半的大小。

Step 09 执行"单行文字"命令（DT），设置字高为 2.5，在图形相应位置输入单行文字，效果如图 13-1 所示。

Step 10 至此，此电路已经绘制完成，按 Ctrl+S 组合键进行保存。

13.2　高压水银灯电气线路的绘制

视频\13\高压水银灯电气线路图的绘制.avi
案例\13\高压水银灯电气线路图.dwg

由于高压水银灯具有发光效率高、节能省电、寿命长及安装接线简单等一系列优点，因而被广泛应用于对照度要求较高的城市道路、广场、厂房和仓库等。如图 13-10 所示为高压水银灯的电气控制线路。

图 13-10　水银灯照明线路

高压水银灯电气线的绘制步骤如下：

Step 01 启动 AutoCAD 2014，在快速访问工具栏中单击"保存"按钮，将其保存为"案例\13\水银灯照明线路图.dwg"文件。

Step 02 执行"直线"命令（L），按"F8"键在正交模式下绘制如图 13-11 所示的线段。

图 13-11　绘制线段

Step 03 执行"旋转"命令（RO），将中间线段绕右端点旋转 30°，如图 13-12 所示。

图 13-12　旋转线段

Step 04 执行"插入"命令（I），将第 12 章绘制的元件：电阻器、灯和电感器按照合适的比例插入到图形中，如图 13-13 所示。

（a）电阻器　　　　　　（b）电感器　　　　　　（a）灯

图 13-13　插入的元件

Step 05 执行"移动"命令（M），将电阻和电感器，放置到相应位置，如图 13-14 所示。

图 13-14　移动元件

Step 06 执行"直线"命令（L），捕捉端点继续绘制线段，如图 13-15 所示。

Step 07 执行"圆"命令（C），在上、下端点处各绘制半径为 1.5 的圆，如图 13-16 所示。

图 13-15　绘制线段　　　　　　图 13-16　绘制圆

Step 08 执行"旋转"命令（RO），将灯图形旋转 90°；再执行"移动"命令（M），将灯符号放置到图形相应位置，如图 13-17 所示。

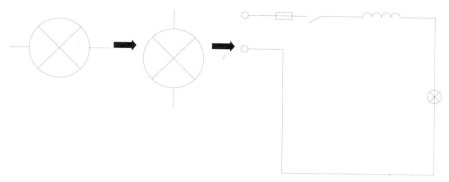

图 13-17　旋转和移动操作

Step 09 执行"修剪"命令（TR），修剪灯元件内多余的线条。

Step 10 执行"单行文字"命令（DT），设置字高为 3.5，在图形相应位置输入单行文字，效果如图 13-10 所示。

Step 01 至此，该线路图已经绘制完成，按 Ctrl+S 组合键进行保存。

13.3　高压钠灯电气线路的绘制

视频\13\高压钠灯电气线路图 的绘制.avi
案例\13 高压钠灯电气线路图 .dwg

　　高压钠灯具有省电节能、寿命长、光效很高、透雾好等许多优点。故被广泛用于对照度要求高但对光色无特别要求的高大厂房，以及有振动和多烟尘的场所。如图 13-18 所示为高压钠灯的电气控制线路。

图 13-18　高压钠灯电气线路图

13.3.1　绘制线路结构

Step 01 启动 AutoCAD 2014，在快速访问工具栏中单击"保存"按钮，将其保存为

"案例\13\高压钠灯电气线路图.dwg"文件。

Step 02 执行"直线"命令（L），按 F8 键打开正交模式，绘制如图 13-19 所示的线段。

Step 03 执行"圆"命令（C），在线段的两个端点绘制半径为 1.5 的两个圆，如图 13-20 所示。

图 13-19 绘制线段 　　　　　　　　　　图 13-20 绘制圆

13.3.2 绘制电气元件

1. 绘制放电管

Step 01 执行"矩形"命令（REC），绘制 22×6 的矩形；按空格键重复执行矩形命令，再绘制 3×3 的两个矩形。

Step 02 执行"移动"命令（M），将 3 个矩形以垂直中点进行重合，如图 13-21 所示。

Step 03 再执行"直线"命令（L），分别捕捉小矩形中点绘制水平线段，如图 13-22 所示。

图 13-21 绘制对齐矩形 　　　　　　　　图 13-22 绘制线段

2. 绘制镇流器

Step 01 执行"插入"命令（I），将"案例\12"文件夹中的"电感器"插入到图形中，如图 13-23 所示。

Step 02 执行"直线"命令（L），在电感器图形的上方绘制一条长为 15 的水平线段，完成镇流器的绘制，如图 13-24 所示。

图 13-23　插入的图形

图 13-24　绘制镇流器效果

Note

提示

第 12 章中没有"镇流器"电气符号，可以执行"写块"命令（W），将绘制好的镇流器图形保存为外部块文件，且保存到案例\12 文件夹中。

3. 绘制热敏电阻器

Step 01　执行"矩形"命令（REC），绘制 4×8 的矩形，如图 13-25 所示。

Step 02　执行"直线"命令（L），如图 13-26 所示绘制斜线段。

图 13-25　绘制矩形

图 13-26　绘制斜线

Step 03　执行"单行文字"命令（DT），设置字高为 3.5，在相应位置输入文字"Θ"，如图 13-27 所示。

Step 04　执行"直线"命令（L），在矩形上下端各绘制长为 9 的两条条垂直线段，如图 13-28 所示。

图 13-27　输入文字

图 13-28　绘制线段

4. 绘制热继电器常闭触点

Note

Step 01 执行"直线"命令（L），在正交模式下，连续绘制如图 13-29 所示的 3 条线段。

Step 02 执行"旋转"命令（RO），将中间线段以下端点旋转-25°，结果如图 13-30 所示。

Step 03 执行"直线"命令（L），捕捉端点向右绘制长度为 3 的水平线段，如图 13-31 所示。

图 13-29　绘制线段　　　　图 13-30　旋转操作　　　　图 13-31　绘制线段

Step 04 执行"直线"命令（L），捕捉斜线中点向右绘制长度为 4 的水平线，且将线型设置为虚线，如图 13-32 所示。

Step 05 输入"拉长"命令（LENGTHEN），根据命令提示行选择"增量（ED）"，设置增量长度为 2，然后在斜线上端单击，则将斜线上端拉长 2，如图 13-33 所示。

Step 06 执行"矩形"命令（REC），绘制 2×3 的矩形；再执行"移动"命令（M），将矩形移动至虚线上，如图 13-34 所示。

图 13-32　绘制线段　　　　图 13-33　拉长操作　　　　图 13-34　绘制矩形

Step 07 执行"分解"命令（X）和"删除"命令（E），将矩形右垂直线段删除，如图 13-35 所示。

Step 08 再执行"直线"命令（L），捕捉上、下端点，各向上、下绘制长度为 2 的两条垂直线段，如图 13-36 所示。

图 13-35　删除线段　　　　　　　　　　　　图 13-36　绘制线段

13.3.3　组合线路图

Step 01 执行"移动"命令（M），将元件符号移动至线路相应位置，如图 13-37 所示。

Step 02 执行"直线"命令（L），连接元件端点线路；再执行"修剪"命令（TR），将多余线条删除，结果如图 13-38 所示。

图 13-37　移动元件　　　　　　　　　　图 13-38　绘制线段并修剪

Step 03 执行"矩形"命令（REC），在图形相应位置绘制 26×12 的矩形，且将其线型转换为虚线，如图 13-39 所示。

Step 04 执行"单行文字"命令（DT），设置字高为 3.5，在图形中输入相应的文字，其效果如图 13-18 所示。

图 13-39　绘制虚线矩形

Step 05 至此，此线路图已经绘制完成，按 Ctrl+S 组合键进行保存。

13.4 调光灯电气线路的绘制

视频\13\调光灯线路图的绘制.avi
案例\13\调光灯线路图.dwg

如图 13-40 所示即为简易调光电气线路，该线路灯光的调节由多挡开关 S 控制，从 2 挡~4 挡电源经电容器执行"圆"命令（C）、二极管 V 依次给灯泡供电，使灯泡亮度从微光逐渐到最大亮度。

图 13-40　调光灯电气线路图

13.4.1　绘制线路结构

Step 01 启动 AutoCAD 2014，在快速访问工具栏中单击"保存"按钮 🔳，将其保存为"案例\13\调光灯电气线路图.dwg"文件。

Step 02 执行"矩形"命令（REC），绘制 92×42 的矩形，如图 13-41 所示。

Step 03 执行"分解"命令（X），将矩形进行分解。

Step 04 执行"删除"命令（E），将相应线段进行删除，结果如图 13-42 所示。

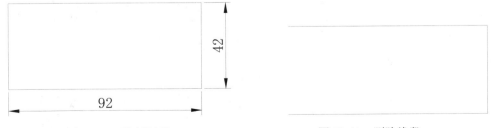

图 13-41　绘制矩形　　　　　　　　　　图 13-42　删除线段

Step 05 执行"偏移"命令（O），如图 13-43 所示将线段偏移。

Step 06 执行"修剪"命令（TR）和"删除"命令（E），将多余线条修剪，结果如图 13-44 所示。

图 13-43　偏移　　　　　　　　图 13-44　修剪、删除

Step 07 执行"圆"命令（C）和"复制"命令（CO），绘制半径为 1.5 的圆，且复制到图形相应位置，如图 13-45 所示。

图 13-45　绘制圆

13.4.2　绘制电气元件

1. 绘制多挡开关

Step 01 执行"多段线"命令（PL），绘制角度为 45°，长度为 8 的斜线，再选择"宽度（W）"项，设置起点宽度为 0.5，终点宽度为 0，沿着 45° 极轴绘制长度为 2 的箭头图形，如图 13-46 所示。

Step 02 执行"直线"命令（L），捕捉点，绘制如图 13-47 所示的水平线段。

图 13-46　绘制箭头　　　　　　　　图 13-47　绘制线段

提示

可以右击状态栏中的"极轴追踪"按钮，如图 13-48 所示，在弹出的快捷菜单中选择"45"，在绘制图形时，自动追踪到 45°的极轴，如图 13-49 所示，然后直接输入长度，即可以绘制出 45°的斜线段；若要捕捉其他角度，可以单击"设置 (S)"项，弹出"草图设置"对话框，在"附加角"中单击"新建"按钮，输入需要的角度即可，如图 13-50 所示。

图 13-48　设置追踪角度　　　　图 13-49　极轴追踪应用　　　　图 13-50　新建追踪角度

Step 03 执行"圆"命令（C），绘制半径为 1.5 的圆；再执行"移动"命令（M），以圆左象限点与箭头端点对齐，如图 13-51 所示。

图 13-51　绘制和移动操作

Step 04 执行"旋转"命令（RO），选择圆对象，以箭头端点为旋转基点，再输入旋转角度为 45，将圆旋转，结果如图 13-52 所示。

Step 05 执行"复制"命令（CO），将圆复制到相应位置，如图 13-53 所示。

图 13-52　旋转圆　　　　　　　　　　图 13-53　复制圆

2. 绘制电阻器、电容器、二极管和灯

Step 01 执行"插入"命令（I），选择"案例\12"文件夹下面的"灯"，输入"统一比例"为 0.5，将灯插入到图形中，如图 13-54 所示。

Step 02 按照同样的方法，将"电阻器"、"电容器"和二极管图形分别插入到图形中，如图 13-55～图 13-57 所示。

图 13-54　灯　　　　　　　　　　　　　　图 13-55　电容器

图 13-56　二极管　　　　　　　　　　　　图 13-57　电阻器

13.4.3　组合线路图

Step 01 执行"移动"命令（M），将各元件符号移动至线路相应位置，如图 13-58 所示。

图 13-58　放置元件

Step 02 执行"修剪"命令（TR），将多余线条删除，结果如图 13-59 所示。

Step 03 执行"单行文字"命令（DT），设置文字高度为 3.5，在图形位置进行文字注释，结果如图 13-40 所示。

Step 04 至此，此线路图已经绘制完成，按 Ctrl+S 组合键进行保存。

图 13-59　修剪效果

13.5　晶闸管电气线路的绘制

视频\13\晶闸管电气线路图的绘制.avi
案例\13\晶闸管电气线路图.dwg

　　如图 13-60 所示为晶闸管无级调光台灯电气线路。若调节线路中的电位器 RP，即可改变晶闸管 V 的导通角，从而改变灯泡两端的电压，达到无级调光的要求，该线路可以将电压由 0V 调到 220V。晶闸管电气线路具有调光范围广、线路简单、体积小等优点，常用于台灯的调光线路中。

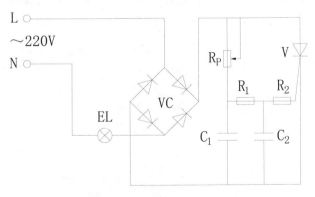

图 13-60　调光灯电气线路图

13.5.1　绘制线路结构

Step 01 启动 AutoCAD 2014，在快速访问工具栏中单击"保存"按钮，将其保存为"案例\13\晶闸管电气线路图.dwg"文件。

Step 02 执行"矩形"命令（REC），绘制 70×70 的矩形，如图 13-61 所示。

Step 03 执行"分解"命令（X），将矩形进行分解。

Step 04 执行"偏移"命令（O），根据如图 13-62 所示的尺寸对图形进行偏移。

图 13-61　绘制矩形　　　　　　　　图 13-62　绘制线段

Step 05 执行"修剪"命令（TR），将多余线条修剪，结果如图 13-63 所示。

Step 06 执行"矩形"命令（REC），绘制 20×20 的矩形。

Step 07 执行"旋转"命令（RO），将矩形旋转 45°。

Step 08 执行"移动"命令（M），将矩形放置前面图形相应位置，如图 13-64 所示。

图 13-63　修剪结果　　　　　　　　图 13-64　绘制、旋转矩形

Step 09 执行"直线"命令（L），捕捉点，绘制如图 13-65 所示的线段。

图 13-65　绘制线段

13.5.2　插入电气元件

Step 01　执行"插入"命令（I），将"案例\12"文件夹下面的"灯"、"电阻器"、"电容器"和"二极管"图形分别插入到图形中，如图 13-66 所示。

（a）灯　　　　　　　　　　　　　　　　　（b）电容器

（c）二极管　　　　　　　　　　　　　　　（d）电阻器

图 13-66　插入的图形

13.5.3　组合线路图

Step 01　执行"旋转"命令（RO），将电容器旋转 90°，再执行"移动"命令（M），将其移动到图形相应位置。

Step 02　同样执行"旋转"命令（RO），将二极管旋转-90°；再执行"移动"命令（M），将其移动到图形相应位置，如图 13-67 所示。

图 13-67　放置元件

Step 03　以同样的方法，通过执行"旋转"命令（RO）、"移动"命令（M）和"复制"命令（CO），将电阻器和灯元件放置到图形相应位置，如图 13-68 所示。

图 13-68　放置元件

Step 04　执行"旋转"命令（RO）和"镜像"命令（MI），将二极管分别以 45°进行复制、旋转和镜像操作，并通过执行"移动"命令（M）放置到小矩形相应位置，如图 13-69 所示。

Step 05　执行"旋转"命令（RO），选择图 13-68 中的两个二极管，以矩形中心为旋转点，再根据命令提示选择"复制（C）"项，输入角度为 90，复制旋转结果如图 13-70 所示。

图 13-69　放置二极管

图 13-70　复制旋转操作

Step 06　执行"直线"命令（L），捕捉点，绘制连接线；再执行"修剪"命令（TR），将多余线条进行修剪，结果如图 13-71 所示。

图 13-71　直线和修剪操作

Step 07　执行"多段线"命令（PL），捕捉电阻器中点，设置起点宽度为 0，终点宽度为

1. 绘制水平长度为 2 的箭头，继续拖动，再设置起点宽度为 0，终点宽度为 0，如图 13-72 所示，在相应位置绘制多段线。

图 13-72　绘制多段线

Step 08 执行"圆"命令（C）和"移动"命令（M），在相应位置绘制半径为 1.5 的圆，如图 13-73 所示。

图 13-73　绘制圆

Step 09 执行"单行文字"命令（DT），设置文字高度为 4，在图形位置进行文字注释，结果如图 13-60 所示。

Step 10 至此，此线路图已经绘制完成，按"Ctrl+S"组合键进行保存。

13.6　晶体管延时开关电气线路的绘制

视频\13\晶体管电气线路图的绘制.avi
案例\13\晶体管电气灯线路图.dwg

　　如图 13-74 所示为晶体管延时开关控制的电气线路，该线路主要由二极管、三极管、电流继电器、电阻器、电容器、控钮等组成，一般延时时间约为 1～5 分钟，可以通过调

节电位器 R_P 的电阻值来获得需要的延时时间。线路还可以实行多点控制，此时只需在按钮 SB 两端多并联几只按钮即可。开关 S 为照明灯的普通开关，它与继电器 KA 并联，当不需要作延时控制时，则采用开关 S 来控制即可。

图 13-74　晶体管电气线路图

13.6.1　绘制线路结构

Step 01 启动 AutoCAD 2014，在快速访问工具栏中单击"保存"按钮🖫，将其保存为"案例\13\晶体管电气线路图.dwg"文件。

Step 02 执行"直线"命令（L），如图 13-75 所示绘制线段。

Step 03 执行"偏移"命令（O），将线段以如图 13-76 所示尺寸进行偏移。

图 13-75　绘制线段

图 13-76　偏移线段

Step 04 执行"修剪"命令（TR），将不需要的线段修剪，结果如图 13-77 所示。

图 13-77　修剪线段

Step 05 执行"圆"命令（C）和"复制"命令（CO），绘制半径为 1.5 的圆，且复制到图形相应位置，如图 13-78 所示。

图 13-78　绘制圆

13.6.2　绘制电气元件

1．绘制常开按钮

Step 01 执行"插入"命令（I），将"案例\12"文件夹中的"单极开关"插入到图形中，如图 13-79 所示。

Step 02 执行"直线"命令（L），捕捉斜线的中点并向左绘制线段，如图 13-80 所示。

图 13-79　单极开关

图 13-80　绘制线段

2．绘制继电器

Step 01 执行"矩形"命令（REC），绘制 10×6 的矩形，如图 13-81 所示。

Step 02 再执行"直线"命令（L），分别在矩形上、下侧绘制长度为 4 的垂直线段，如图 13-82 所示。

图 13-81　绘制矩形

图 13-82　绘制线段

3. 绘制常闭开关

Step 01 执行"插入"命令（I），将"案例\12"文件夹中的"热继电器常闭触点"插入到图形中，如图 13-83 所示。

Step 02 执行"分解"命令（X），将图形分解；

Step 03 再执行"删除"命令（E），将右侧的图形删除，结果如图 13-84 所示。

Note

图 13-83　插入的图形　　　　　　　　　图 13-84　删除后的图形

4. 绘制三极管

Step 01 执行"插入"命令（I），将"案例\12"文件夹中的"NPN 型半导体管"插入到图形中，如图 13-85 所示。

Step 02 执行"删除"命令（E），将不需要的图形删除，结果如图 13-86 所示。

图 13-85　插入的图形　　　　　　　图 13-86　删除后的图形

Step 03 执行"镜像"命令（MI），选择上步图形，命令提示"要删除源对象吗？[是(Y)/否(N)] <N>:"时，选择"是（Y）"项，将图形进行上、下镜像，结果如图 13-87 所示。

图 13-87　镜像结果

提示

默认情况下，镜像的模式为"否(N)"，既使镜像源对象不变，将源对象以复制的方式由镜像轴线为对称线镜像一份，即得到两个图形。若选择模式为"是（Y）"项，则源对象被删除，保留以镜像轴线为对称线所镜像得到的新图形。

5. 绘制电阻器、电容器、灯和二极管

Step 01 执行"插入"命令（I），将"案例\12"文件夹中的"电阻器"、"电容器"、"灯"和"二极管"插入到图形中，如图 13-88 所示。

（a）灯   （b）电容器

（c）二极管   （d）电阻器

图 13-88　插入元件

13.6.3　组合线路图

前面已经分别完成了该电路图中各元器件的绘制，本节将介绍如何将各部分组合成一个完整的电路图，具体操作步骤如下：

Step 01 通过复制、移动、旋转、修剪等命令，根据电路图要求将前面所绘制元件调整至适当的位置，如图 13-89 所示。

图 13-89　放置各元件

Step 02 再执行"直线"命令（L），添加连接导线，如图 13-90 所示。

图 13-90　连接图形

Step 03 执行"单行文字"命令（DT），设置文字高度为 4.5，在图形位置进行文字注释，结果如图 13-74 所示。

Step 04 至此，此线路图已经绘制完成，按 Ctrl＋S 组合键进行保存。

13.7　本章小结

　　本章主要讲解了 AutoCAD 2014 的电气照明控制线路图的绘制，包括 AutoCAD 的白炽灯照明线路的绘制，高压水银灯电气线路的绘制，高压钠灯电气线路的绘制，调光灯电气线路的绘制，晶闸管电气线路的绘制，晶体管延时开关电气线路的绘制等。

第**14**章

家电电气线路图的绘制

随着人民生活水平的日益提高，家用电器的使用也愈来愈普及，现已迅速涌进城、乡居民的千家万户中。因此，家用电器的维修量也随之剧增，但其多品种，多品牌的状况也给维修工作带来了极大困难。为方便家电修理工作的需要，选绘了部分品牌的电风扇、空调器、电冰箱、洗衣机等用量较大的家用电器的电气线路，以供参考选用。

内容要点

- ◆ 电风扇电气线路的绘制
- ◆ 电冰箱电气线路的绘制
- ◆ 电吹风机电气线路的绘制
- ◆ 空调器电气线路的绘制
- ◆ 洗衣机电气线路的绘制

14.1 电风扇电气线路的绘制

视频\14\电风扇电气线路图的绘制.avi
案例\14\电风扇电气线路图.dwg

　　如图 14-1 所示为电容式电动机电抗调速电风扇电气线路，因电容式单相异步电动机具有功率因数和效率均较高，且体积小，重量轻，运行平稳、噪声小等一系列优点，因而被广泛应用于电风扇、洗衣机、电冰箱等家用电器中，该线路通过电抗器对电风扇作三档调速。

图 14-1　电风扇电气线路图

14.1.1 绘制线路结构

Step 01 启动 AutoCAD 2014，在快速访问工具栏中单击"保存"按钮 ，将其保存为"案例\14\电风扇电气线路图.dwg"文件。

Step 02 执行"直线"命令（L），按 F8 键打开正交模式，绘制如图 14-2 所示的线段。

Step 03 执行"旋转"命令（RO），将长度为 20 的线段旋转 7 度，结果如图 14-3 所示。

Step 04 执行"圆"命令（C），绘制半径为 1 的圆；再执行"移动"命令（M）和"复制"命令（CO），将圆放置在如图 14-4 所示的位置。

图 14-2　绘制线段　　　　　　　图 14-3　旋转操作　　　　　　　图 14-4　绘制圆

14.1.2　绘制电气元件

1. 绘制电容式电动机

Step 01 执行"圆"命令（C），绘制半径为 5 和半径为 18 的两个同心圆，如图 14-5 所示。

Step 02 执行"插入"命令（I），将"案例\12"文件夹中的"电容器"、"电感器"插入到图形中，如图 14-6 和 14-7 所示。

图 14-5　绘制同心圆　　　　　图 14-6　电感器　　　　　图 14-7　电容

Step 03 并执行"移动"命令（M）、"旋转"命令（RO）和"镜像"命令（MI），将电容器和电感器放置到如图 14-8 所示的位置。

Step 04 执行"直线"命令（L），将元件以导线连接起来。

Step 05 执行"单行文字"命令（DT），设置文字高度为 2.5，在圆内输入文字"转子"，结果如图 14-9 所示。

图 14-8　放置元件　　　　　　　　图 14-9　电动机效果

2. 绘制镇流器

Step 01 执行"插入"命令（I），将"案例\12"文件夹中的"镇流器"插入到图形中，如图 14-10 所示。

图 14-10　插入的图形

Step 02 执行"复制"命令（CO），将其水平向右复制一份，结果如图 14-11 所示。

图 14-11　复制图形

Step 03 再执行"直线"命令（L）和"复制"命令（CO），绘制如图 14-12 所示的线段，并将前面的圆复制到相应位置。

图 14-12　绘制导线和圆

3. 绘制电铃

Step 01 执行"插入"命令（I），将"案例\12"文件夹中的"电铃"插入到图形中，如图 14-13 所示。

Step 02 执行"旋转"命令（RO），将其旋转-90°，结果如图 14-14 所示。

图 14-13　电铃

图 14-14　旋转操作

14.1.3 组合线路图

Note

Step **01** 执行"移动"命令（M），将元件符号移动至线路相应位置，如图 14-15 所示。

Step **02** 执行"直线"命令（L），绘制连接导线；再执行"修剪"命令（TR），将多余线条删除。

Step **03** 执行"矩形"命令（REC），在图形相应位置绘制矩形，且将其线型转换为虚线，如图 14-16 所示。

图 14-15　移动元件　　　　　　　　　　图 14-16　绘制导线

⊞ 提示

此处绘制矩形的目的是为了框住指定的图形，在后面用来进行文字注释，因此绘制矩形时，不必绘制得非常精确，以框住图形即可。

Step **04** 执行"单行文字"命令（DT），设置字高为 2.5，在图形中输入相应的文字，效果如图 14-1 所示。

Step **05** 至此，此线路图已经绘制完成，按 Ctrl+S 组合键进行保存。

14.2　空调器电气线路的绘制

视频\14\空调器电气线路图的绘制.avi
案例\14\空调器电气线路图.dwg

如图 14-17 所示即为华宝牌窗式空调器电气原理接线图，该图主要由压缩机电动机、风扇电动机、过电流继电器、除霜温控器、四通阀线圈及继电器等构成。

图 14-17 空调器电气线路图

14.2.1 绘制线路结构

Step 01 启动 AutoCAD 2014，在快速访问工具栏中单击"保存"按钮🖫，将其保存为"案例\14\空调器电气线路图.dwg"文件。

Step 02 执行"构造线"命令（XL），根据命令行提示，选择"水平(H)"选项，在视图窗口中绘制一条水平构造线。

Step 03 再执行"偏移"命令（O），将绘制的构造线按照图 14-18 所示尺寸依次进行偏移。

图 14-18 绘制构造线

Step 04 再执行"构造线"命令（XL），根据命令行提示，选择"垂直(V)"选项，在视图窗口中绘制一条垂直构造线。

Step 05 再执行"偏移"命令（O），再将垂直的构造线按照图 14-19 所示的尺寸依次进行偏移。

图 14-19　绘制垂直构造线

> **提示**
>
> 由于绘制的构造线是无限延长的，这时就应将多余的构造线进行修剪。可以执行"矩形"命令（REC），以水平和垂直构造线的左上角和右下角绘制一个矩形，然后执行"修剪"命令（TR），将矩形以外的构造线进行修剪。

Step 06 执行"修剪"命令（TR），将不需要的线条修剪掉，修剪结果如图 14-20 所示。

图 14-20　修剪结果

14.2.2　绘制电气元件

1. 绘制压缩电动机

Step 01 执行"插入"命令（I），将"案例\12"文件夹中的"交流电动机"插入到图形中，如图 14-21 所示。

Step 02 执行"分解"命令（X），将图形进行分解。

Step 03 执行"缩放"命令（SC），指定圆心为基点，输入比例因子为 2，将圆进行放大 2 倍处理，结果如图 14-22 所示。

Step 04 再双击圆内多行文字，修改第二行内容，结果如图 14-23 所示。

图 14-21　打开的图形

图 14-22　放大圆

图 14-23　压缩电动机效果

提示

用户在绘制好"压缩电动机"电气符号以后，可以执行"写块"命令（W），将绘制好的压缩电动机图形保存为外部块文件，且保存到"案例\12"文件夹中，方便后面的使用。

2. 绘制风扇电动机

Step 01　执行"复制"命令（CO），将前面绘制的"压缩电动机"图形复制一份。

Step 02　执行"缩放"命令（SC），指定圆心为缩放基点，输入比例因子为 0.55，将圆缩小处理，结果如图 14-24 所示。

提示

在将圆进行放大或缩小时，其中间的文字没有发生任何变化，由于此两个图形高度相同，可能不容易分辨，但可以通过观察文字和圆之间的空白距离来区分。

Step 03　执行"插入"命令（I），将"案例\12"文件夹中的"电容器"，插入到图形中。

Step 04　再执行"移动"命令（M），将电容器放置在前面图形的下方，如图 14-25 所示。

Step 05　执行"直线"命令（L），将上、下图形进行连接，结果 14-26 所示。

图 14-24　缩小圆

图 14-25　插入电容

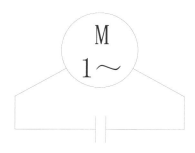

图 14-26　导线连接

3. 绘制四通阀线圈

Step 01　执行"矩形"命令（REC），绘制 18×12 的矩形，如图 14-27 所示。

Step 02　执行"插入"命令（I），将"案例\12"文件夹中的"电感器"插入到图形中。

Step 03 再执行"移动"命令（M），将电感器放置在矩形的内部，如图 14-28 所示。

图 14-27 绘制矩形

图 14-28 放置电感器

Step 04 执行"直线"命令（L），捕捉电感两端点，向两边分别绘制长为 3 的水平线段，结果如图 14-29 所示。

图 14-29 绘制线段

4. 绘制除霜温控器

Step 01 执行"矩形"命令（REC），绘制 18×12 的矩形，如图 14-30 所示。

Step 02 执行"插入"命令（I），将"案例\12"文件夹中的"热继电器常闭触点"插入到图形中，如图 14-31 所示。

图 14-30 绘制矩形

图 14-31 插入的图形

Step 03 执行"旋转"命令（RO），将图形旋转 90°，如图 14-32 所示。

Step 04 再执行"移动"命令（M），将图形移动到矩形内部，并将图形进行相应的调整，结果如图 14-33 所示。

図 14-32　旋转结果　　　　　　　　　図 14-33　移动操作

∴∵ 提示

绘制好"除霜温控器"电气符号以后，可以执行"写块"命令（W），将绘制好的压缩电动机图形保存为外部块文件，并保存到"案例\12"文件夹中，方便后面的使用。

5. 绘制接地板

Step 01　执行"直线"命令（L），如图 14-34 所示，绘制长度为 10 的水平线段和高度为 5 的垂直线段。

Step 02　再执行"直线"命令（L），在图形下侧绘制斜线，如图 14-35 所示。

図 14-34　绘制垂线　　　　　　　　图 14-35　绘制斜线

Step 03　执行"复制"命令（CO），将斜线水平向右进行复制，结果如图 14-36 所示。

図 14-36　复制斜线

6. 绘制继电器

Step 01　执行"矩形"命令（REC），绘制 35×20 的矩形，如图 14-37 所示。

Note

Note

Step 02 执行"插入"命令（I），将"案例\12"文件夹中的"单极开关"和"电感器"插入到图形中，如图 14-38 所示。

（a）电感器　　　　　　　　　　（b）单极开关

图 14-37　绘制矩形　　　　　　　　　　　　　　　图 14-38　插入图形

Step 03 执行"旋转"命令（RO），将电感器旋转 90°，结果如图 14-39 所示。

Step 04 执行"移动"命令（M），将电感器和单极开关移动到矩形内部，结果如图 14-40 所示。

图 14-39　旋转操作　　　　　　　　　　　图 14-40　移动图形

Step 05 执行"直线"命令（L），以电感器两端点，分别绘制长度为 5 的垂直线段。

Step 06 再执行"分解"命令（X），将单极开关进行分解打散操作，并将上、下垂直线拉长，结果如图 14-41 所示。

图 14-41　绘制线段

6. 绘制四口接线端子

Step 01 执行"矩形"命令（REC），绘制 8×40 的矩形；再执行"分解"命令（X），将矩形进行打散操作。

Step 02 执行"偏移"命令（O），将线段按照如图 14-42 所示进行偏移。

Step 03 执行"单行文字"命令（DT），设置字高为 7，在偏移后的 4 个框内分别输入数字，效果如图 14-43 所示。

图 14-42　矩形、偏移命令

图 14-43　输入文字

8. 绘制三口接线端子

Step 04 执行"矩形"命令（REC），绘制 10×36 的矩形；再执行"分解"命令（X），将矩形进行打散操作。

Step 05 执行"偏移"命令（O），将线段按照如图 14-44 所示进行偏移。

Step 06 执行"单行文字"命令（DT），设置字高为 8，在偏移后的 3 个框内分别输入文字，效果如图 14-45 所示。

图 14-44　矩形、偏移命令

图 14-45　输入文字

9. 绘制过电流继电器

Step 01 执行"插入"命令（I），将"案例\12"文件夹中的"单极开关"插入到图形中，如图 14-46 所示。

Step 02 执行"旋转"命令（RO），将图形旋转 90°，结果如图 14-47 所示。

Note

图 14-46　单极开关　　　　　　　　　　　　　图 14-47　旋转结果

Step 03 执行"镜像"命令（MI），选择上步图形，任意指定一点，在正交模式下，垂直向下拖动且单击，在出现"要删除源对象吗？[是(Y)/否(N)] <N>:" 命令提示时，输入"Y"，镜像结果如图 14-45 所示。

图 14-48　镜像结果

提示

"镜像"命令可以将源对象按照指定的点来创建另外一个副本，当提示"要删除源对象吗？[是(Y)/否(N)] <N>:"时，若选择"是（Y）"项，即将镜像的图像放置到图形中，并删除原始对象；若选择"否（N）"项，既是将镜像的图像放置到图形中，并保留原始对象。

Step 04 执行"直线"命令（L），捕捉端点向上绘制长度为 3 的垂直线段，如图 14-49 所示。

Step 05 执行"拉长"命令（LEN），根据命令提示选择"增量（DE）"项，再输入增量长度为 2，然后在斜线上端单击，将斜线拉长，效果如图 14-50 所示。

图 14-49　绘制线段　　　　　　　　　　　　　图 14-50　拉长斜线

14.2.3　组合线路图

Step 01 执行"移动"命令（M），将各元件符号移动至线路相应位置；再执行"修剪"命令（TR），将多余的线条修剪掉，结果如图 14-51 所示。

图 14-51　放置元件

Step 06　执行 "直线" 命令（L），绘制连接导线；再执行 "修剪" 命令（TR），将多余线条删除，效果如图 14-52 所示。

图 14-52　绘制连接导线

Step 02　执行 "单行文字" 命令（DT），设置文字高度为 5，在图形位置进行文字注释，结果如图 14-17 所示。

Step 03　至此，此线路图已经绘制完成，按 Ctrl+S 组合键进行保存。

14.3　电冰箱电气线路的绘制

视频\14\电冰箱电气线路图的绘制.avi
案例\14\电冰箱电气线路图.dwg

如图 14-50 所示为日本东芝 GR-180G 电冰箱电气原理接线图，该图主要由压缩电动机、起动过载保护继电器、温控器、加热器、防霜加热器开关、化霜开关板等电器元件组成。

图 14-53　电冰箱电气线路图

14.3.1　绘制线路结构

Step 01 启动 AutoCAD 2014，在快速访问工具栏中单击"保存"按钮 █，将其保存为"案例\14\电冰箱电气线路图.dwg"文件。

Step 02 执行"矩形"命令（REC），绘制 240×148 的矩形；再执行"分解"命令（X）和"偏移"命令（O），将矩形打散并按如图 14-51 所示的尺寸进行偏移。

Step 03 执行"矩形"命令（REC），绘制 4×4 的矩形。

Step 04 再执行"复制"命令（CO），按 F8 键在正交模式下将矩形根据如图 14-55 所示进行复制操作。

图 14-54　绘制主线路

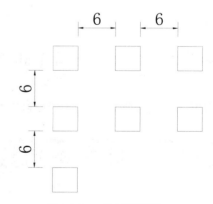

图 14-55　绘制矩形组

Step 05 执行"移动"命令（M），将上步绘制好的图形移动到前面主线路处，如图 14-56 所示。

Step 06 执行"直线"命令（L）和"修剪"命令（TR），绘制连接导线，结果如图 14-57 所示。

图 14-56　移动图形

图 14-57　绘制导线

14.3.2　绘制电气元件

1. 绘制常闭开关

Step 01 执行"插入"命令（I），将"案例\12"文件夹中的"热继电器常闭触点"插入到图形中，如图 14-58 所示。

Step 02 执行"分解"命令（X），将图形分解。

Step 03 再执行"删除"命令（E），将右侧的图形删除，结果如图 14-59 所示。

图 14-58　插入的图形

图 14-59　常闭开关图形

2. 绘制常闭按钮

Step 01 执行"复制"命令（CO），将前面绘制的"常闭开关"复制一份，如图 14-60 所示。

Step 02 执行"直线"命令（L），捕捉水平线左端点，向左绘制线段，如图 14-61 所示。

423

图 14-60 复制常闭开关

图 14-61 绘制线段

3. 绘制继电器

Step 01 执行"矩形"命令（REC），绘制 10×6 的矩形，如图 14-62 所示。

Step 02 再执行"直线"命令（L），分别在矩形上、下侧绘制长度为 4 的垂直线段，如图 14-63 所示。

图 14-62 绘制矩形

图 14-63 绘制线段

4. 绘制加热器

Step 01 执行"矩形"命令（REC），绘制 8×20 的矩形。

Step 02 再执行"分解"命令（X）和"偏移"命令（O），绘制如图 14-64 所示的线段。

Step 03 执行"直线"命令（L），捕捉上、下水平线中点，分别向两边绘制长度为 5 的线段，结果如图 14-65 所示。

图 14-64 绘制图形

图 14-65 绘制线段

5. 绘制其他元件

Step 01 执行“插入”命令（I），将“案例\12”文件夹中的“电容器”、“灯”、“压缩电动机”、“接地”、“电铃”插入到图形中，如图 14-62 所示。

（a）灯　　　　　　　　　　　　　　　　（b）电容器

（c）压缩电动机　　　　　　（d）电铃　　　　　（e）接地

图 14-66　插入的元件

14.3.3　组合线路图

前面已经分别完成了该电路图中各元器件的绘制，本节将介绍如何将各部分组合成一个完整的电路图，具体操作步骤如下：

Step 01 通过复制、移动、旋转、修剪、缩放等命令，根据电路图的要求，将前面所绘制的元件调整至适当的位置，如图 14-67 所示。

图 14-67　放置各元件

Note

Step 02 再执行"直线"命令（L），添加连接导线，如图14-68所示。

图 14-68　连接图形

Step 03 执行"矩形"命令（REC），在图形相应位置绘制三个虚线矩形，结果如图14-69所示。

图 14-69　绘制虚线矩形

Step 04 执行"单行文字"命令（DT），设置文字高度为4.5，在图形位置进行文字注释，结果如图14-53所示。

Step 05 至此，此线路图已经绘制完成，按Ctrl+S组合键进行保存。

14.4 洗衣机电气线路的绘制

 视频\14\洗衣机电气线路图的绘制.avi
案例\14\洗衣机电气线路图.dwg

如图 14-66 所示为半自动双桶洗衣机电气原理接线图，该图主要由洗涤电动机、脱水电动机、选择开关、洗涤注水开关、安全开关、洗涤定时器、漂洗脱水定时器等电气元件组成。

图 14-70　洗衣机电气线路图

14.4.1　绘制线路结构

Step 01 启动 AutoCAD 2014，在快速访问工具栏中单击"保存"按钮 💾，将其保存为"案例\14\洗衣机电气线路图.dwg"文件。

Step 02 执行"矩形"命令（REC），绘制 310×187 的矩形；再执行"分解"命令（X）和"偏移"命令（O），将矩形打散并按如图 14-71 所示的尺寸进行偏移。

Step 03 执行"修剪"命令（TR），按照如图 14-72 所示，将多余线条修剪掉。

Step 04 执行"圆"命令（C），绘制半径为 1.5 的圆；再通过执行"复制"命令（CO），将圆以如图 14-73 所示的距离进行复制。

Step 05 执行"多段线"命令（PL），选择"宽度（W）"项，设置起点宽度为 0，终点宽度为 2，捕捉点向左绘制长为 6 的箭头多段线，再设置起点、终点都为 0，接着绘制长度为 7 的线段，结果如图 14-74 所示。

图 14-71　分解和偏移后的矩形

图 14-72　修剪效果

图 14-73　修剪效果

图 14-74　绘制圆

Step 06 执行"直线"命令 (L)，捕捉圆右侧象限点分别向上、下圆引出切线，如图 14-75 所示。

Step 07 再通过执行"直线"命令 (L) 捕捉相应圆象限点，绘制线段；再通过"延伸"命令 (EX)，将切线延长，如图 14-76 所示。

图 14-75　绘制线段

图 14-76　绘制、延长线段

Step 08 执行"移动"命令 (M)，将上步绘制好的图形移动到如图 14-77 所示位置，并调整相应线段的长度。

图 14-77　移动效果

14.4.2　绘制电气元件

1. 绘制电动机

Step 01 执行"圆"命令（C），绘制半径为 20 的圆，如图 14-74 所示。

Step 02 执行"插入"命令（I），将"案例\12"文件其中的"电感器"插入到图形中。

Step 03 通过执行"旋转"命令（RO）、"镜像"命令（MI）和"移动"命令（M），将电感器放置到如图 14-79 所示的位置。

图 14-78　绘制圆

图 14-79　插入电感器

Step 04 再执行"插入"命令（I），将"案例\12"文件其中的"电容"插入到图形中相应位置，如图 14-80 所示。

Step 05 执行"直线"命令（L），如图 14-81 所示，绘制连接导线。

图 14-80　绘制电容

图 14-81　直线连接

429

2. 绘制选择开关

Step 01 执行"直线"命令（L），在正交状态下绘制长度为 9、13、9 连续的 3 条水平线段，如图 14-82 所示。

图 14-82　绘制线段

Step 02 执行"旋转"命令（RO），将中间线段旋转 35°；再执行"移动"命令（M），将后侧线段与旋转线段的端点对齐，如图 14-83 所示。

Step 03 执行"镜像"命令（MI），将后面两线段进行垂直镜像，且将镜像的斜线转换为虚线，如图 14-84 所示。

图 14-83　旋转、移动线段　　　　　　　　　图 14-84　镜像图形

3. 绘制其他元件

Step 01 再执行"插入"命令（I），将"案例\12"文件夹中的"单极开关"、"电铃"和"接地"插入到图形中，如图 14-81 所示。

（a）电铃　　　　　　　　（b）接地　　　　　　　　（c）单极开关

图 14-85　插入的各元件

14.4.3　组合线路图

前面已经分别完成了该电路图中各元器件的绘制，本节将介绍如何将各部分组合成一个完整的电路图，具体操作步骤如下：

Step 01 通过复制、移动、旋转、修剪、缩放等命令，根据电路图的要求将前面所绘制的元件调整至适当的位置，如图 14-86 所示。

图 14-86　放置各元件

Step 02 再执行"直线"命令（L）和"修剪"命令（TR），添加连接导线，如图 14-87 所示。

图 14-87　连接图形

Step 03 执行"矩形"命令（REC），在图形相应位置绘制 5 个虚线矩形，结果如图 14-88 所示。

图 14-88　绘制虚线矩形

Note

Step 04 执行"单行文字"命令（DT），设置文字高度为 4.5，在图形位置进行文字注释，结果如图 14-70 所示。

Step 05 至此，此线路图已经绘制完成，按 Ctrl+S 组合键进行保存。

14.5 ▶ 电吹风机电气线路的绘制

 视频\14\电吹风机电气线路图的绘制.avi
案例\14\电吹风机电气线路图.dwg

图 14-89 所示为电吹风机电气线路，该线路主要由直流电动机 M、桥式整流器 VC、多档开关 SA、电热丝 EH 等电气元件组成。

图 14-89　电吹风机电气线路

14.5.1　绘制线路结构

Step 01 启动 AutoCAD 2014，在快速访问工具栏中单击"保存"按钮🖫，将其保存为"案例\14\电吹风机电气线路图.dwg"文件。

Step 02 执行"矩形"命令（REC），绘制 105×84 和 60×60 的矩形；通过执行"移动"命令（M），将两个矩形接图 14-90 所示的距离进行放置。

Step 03 执行"矩形"命令（REC）绘制 34×34 的矩形；再执行"旋转"命令（RO），将矩形旋转 45°。

Step 04 再执行"移动"命令（M），将旋转后的矩形放置相应位置，如图 14-91 所示。

图 14-90　绘制矩形

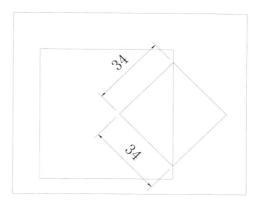

图 14-91　绘制菱形矩形

⁝⁝⁝· 提示

可以使用"直线"命令（L）连接 45°矩形的对角点，就会出现一个交叉点，将矩形以这个交叉点为基点，移动捕捉到与之重合的矩形的垂直中点。

Step 05 执行"矩形"命令（REC），绘制 7×3.5 的矩形；再执行"填充"命令（H），选择样例为 SOLTD，对矩形进行填充操作。

Step 06 通过执行"移动"命令（M）和"复制"命令（CO），将填充的矩形放置到前面图形相应位置，如图 14-92 所示。

Step 07 执行"直线"命令（L），绘制连接导线；并执行"修剪"命令（TR），修剪多余线条，结果如图 14-93 所示。

图 14-92　绘制填充矩形

图 14-93　直线连接

Step 08 执行"偏移"命令（O），将上度为 21 的垂直线段向左偏移 3，并拉长上端点。

Step 09 再执行"直线"命令（L），在相应位置绘制两条长为 10 的水平线，如图 14-94 所示。

图 14-94　偏移、直线命令

Step 10 执行"修剪"命令（TR）和"删除"命令（E），将多余线条修剪，结果如图14-95所示。

14.5.2　绘制电气元件

1. 绘制电热丝

Step 01 执行"矩形"命令（REC），绘制12×5的矩形。

Step 02 执行"分解"命令（X），将矩形打散操作；再执行"偏移"命令（O），将垂直线段以3的距离进行偏移，如图14-96所示。

图 14-95　修剪效果

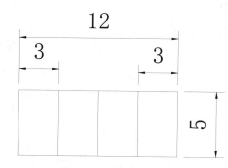

图 14-96　偏移后的结果

2. 绘制直流电动机

Step 01 执行"插入"命令（I），将"案例\12"文件夹中的"交流电动机"插入到图形中，如图14-97所示。

Step 02 执行"分解"命令（X），将图形打散，再双击图内文字，将第二行的符号删除，结果如图14-98所示。

图 14-97　插入的图形　　　　　　　　　　　图 14-98　修改文字

3. 绘制其他元件

Step 01 执行"插入"命令（I），将"案例\12"文件夹中的"二极管"、"电阻器"插入到图形中，如图 14-99 和图 14-100 所示。

图 14-99　二极管　　　　　　　　　　　图 14-100　电阻器

14.5.3　组合线路图

前面已经分别完成了该电路图中各元器件的绘制，本节将介绍如何将各部分组合成一个完整的电路图，具体操作步骤如下：

Step 01 执行"复制"命令（CO），将二极管复制一份；再执行"旋转"命令（RO），将两个二极管分别旋转 45°和−45°，并放置图形相应位置，如图 14-101 所示。

Step 02 执行"镜像"命令（MI），再将两个二极管以菱形的中线镜像到另外的两边，效果如图 14-103 所示。

图 14-101　复制、旋转操作　　　　　　　　图 14-102　镜像图形

Step 03 执行"移动"命令（M）和"修剪"命令（TR），将其他元件移动到图形相应位置，结果如图 14-103 所示。

图 14-103　放置图形

Step 06 执行"单行文字"命令（DT），设置文字高度为 3，在图形位置进行文字注释，结果如图 14-89 所示。

Step 07 至此，此线路图已经绘制完成，按 Ctrl+S 组合键进行保存。

14.6 本章小结

　　本章主要讲解了 AutoCAD 2014 的家电电气线路的绘制，包括电风扇电气线路的绘制，如绘制线路结构、绘制电气元件、组合线路图等；空调器电气线路的绘制；电冰箱电气线路的绘制；洗衣机电气线路的绘制；电吹风电气线路的绘制等。

第15章

机械设备电气线路图的绘制

在社会生产的各行各业中，存在大量形式不同、功能各异的机械设备，在替代人力劳动、提高生产效率、优化产品质量等诸多方面都起着极为重要的作用。

这些机械设备绝大多数由电力拖动，并按功能、工艺、技术要求的差异对其进行或简单或复杂的电气控制。本章将优选部分生产、生活机械的电气线路图例加以介绍。

内容要点

- 水磨石机电气线路的绘制
- 车床电气线路的绘制
- 输料堵斗自停控制电气线路的绘制
- 皮带运输机电气线路的绘制
- 无心磨床电气线路的绘制

15.1 水磨石机电气线路的绘制

视频\15\水磨石机电气线路图的绘制.avi
案例\15\水磨石机电气线路图.dwg

如图 15-1 所示为双盘水磨石机电气线路。水磨石机多用于建筑施工中磨光混凝土地坪、房屋装饰等，它有单盘和双盘两种，由于双盘水磨石机具有两个磨盘，工作效率比较高，故得到广泛使用。

图 15-1 水磨石机电气线路图

15.1.1 绘制电气元件

1. 绘制闸刀开关

Step 01 启动 AutoCAD 2014，在快速访问工具栏中单击"保存"按钮 💾，将其保存为"案例\15\水磨石机电气线路图.dwg"文件。

Step 02 执行"插入"命令（I），将"案例\12"文件夹下面的"单极开关"插入到图形中。

Step 03 执行"复制"命令（CO），将单极开关按如图 15-2 所示进行复制。

Step 04 执行"直线"命令（L），过两侧斜线绘制一条水平线段，且调整其线型为虚线，如图 15-3 所示。

图 15-2　复制单极开关　　　　　　　　　图 15-3　绘制虚线

Step 05 执行"圆"命令（C），绘制半径为 1 的 3 个圆；并通过"移动"命令（M），将圆放置到前面图形上端点，如图 15-4 所示。

图 15-4　绘制圆

2. 绘制熔断器

Step 01 执行"直线"命令（L），绘制一条长度为 15 的垂直线段。

Step 02 再执行"矩形"命令（REC），在直线上绘制 3×7 的矩形，如图 15-5 所示。

3. 绘制电动机

Step 01 执行"圆"命令（C），绘制半径为 8 的圆。

Step 02 执行"单行文字"命令（DT），设置文字高度为为 6，在圆内输入文字"M"，结果如图 15-6 所示。

图 15-5　绘制熔断器　　　　　　　　　图 15-6　绘制电动机

4. 绘制其他元件

Step 01 执行"插入"命令（I），将"案例\12"文件夹中的"接地"和"单极开关"插入到图形中，如图 15-7 和图 15-8 所示。

图 15-7　接地　　　　　　　　　　　图 15-8　单极开关

15.1.2　组合线路图

　　前面已经分别完成了该电路图中各元器件的绘制，本节将介绍如何将各部分组合成一个完整的电路图，具体操作步骤如下：

Step 01 通过"移动"、"复制"命令将各元件放置到相应位置，再以"直线"、"矩形"命令将元件进行组合，结果如图 15-9 所示。

Step 02 执行"多段线"命令（PL），设置起点宽度为 0，终点宽度为 1.5，垂直向下绘制箭头多段线，继续设置宽度均为 0，再向下绘制长度为 10 的多段线，如图 15-10 所示。

图 15-9　连接元件　　　　　　　　　　图 15-10　绘制多段线

Step 03 通过执行"移动"命令（M）和"镜像"命令（MI），将箭头多段线移动并镜像到相应位置，如图 15-11 所示。

图 15-11　放置多段线

Step 04 执行"单行文字"命令（DT），设置字高为 3.5，在图形中输入相应的文字，其效果如图 15-1 所示。

Step 05 至此，此线路图已经绘制完成，按 Ctrl+S 组合键进行保存。

15.2　皮带运输机电气线路的绘制

视频\15\皮带运输机电气线路图的绘制.avi
案例\15\皮带运输机电气线路图.dwg

如图 15-12 所示为皮带运输机顺序控制电气线路，该线路是由两台电动机分别带动两条皮带运输机，为防物料在皮带上堵塞，皮带运输机的起动和停止须按顺序进行。即起动时，应在第一条皮带起动后第二条皮带才能起动；而在停止运行时，则只有在第二条皮带停止后第一条才可以停止。本线路就是根据两条皮带运输机工作顺序的要求进行设计的，并采取交流接触器辅助触点连锁。

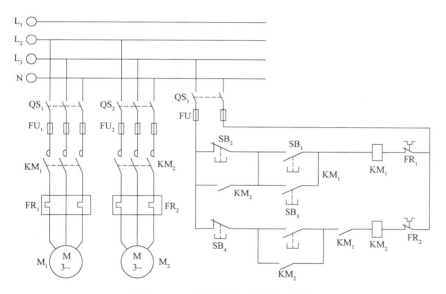

图 15-12　皮带运输机电气线路图

15.2.1　设置绘图环境

Step 01 启动 AutoCAD 2014，在快速访问工具栏中单击"保存"按钮 ，将其保存为"案例\15\皮带运输机电气线路图.dwg"文件。

Step 02 执行"图层管理器"命令（LA），在文件中新建"主回路层"、"控制回路层"和"文字说明层" 3 个图层，并将"主回路层"置为当前层，各图层属性设置如图 15-13 所示。

图 15-13　图层属性设置

15.2.2　绘制主回路层

1. 绘制熔断器

Step 01 将"主回路层"置为当前层，执行"直线"命令（L），绘制一条长度为 15 的垂直线段。

Step 02 再执行"矩形"命令（REC），在直线上绘制 3×7 的矩形，如图 15-14 所示。

Step 03 执行"复制"命令（CO），将图形复制，如图 15-15 所示。

图 15-14　绘制图形　　　　　　　　　　　　图 15-15　复制操作

2. 绘制接触器

Step 01 执行"直线"命令（L），连续绘制 3 条长度均为 10 的垂直线段，如图 15-16 所示。

Step 02 执行"旋转"命令（RO），将中间线段以下端点旋转 25°，如图 15-17 所示。

Step 03 执行"圆"命令（C）和"修剪"命令（TR），在图形相应位置绘制半径 2 的圆，并修剪为半圆弧效果，如图 15-18 所示。

图 15-16 绘制线段　　　　　图 15-17 旋转操作　　　　　图 15-18 绘制圆弧

Step 04 执行"复制"命令（CO），将图形复制，如图 15-19 所示。

Step 05 执行"直线"命令（L），连接斜线中点绘制水平线段，且转换其线型为虚线，结果 15-20 所示。

图 15-19 复制图形　　　　　　　　　　图 15-20 绘制连接线

3. 绘制二极热继电器

Step 01 执行"矩形"命令（REC），绘制 30×12 的矩形，如图 15-21 所示。

Step 02 执行"直线"命令（L），在矩形水平中点绘制一条垂直线段；再执行"偏移"命令（O），将绘制的线段各向两侧偏移 9，如图 15-22 所示。

图 15-21 绘制矩形　　　　　　　　　　图 15-22 绘制线段

Step 03 执行"矩形"命令（REC），在相应位置分别绘制 3×3 的矩形，如图 15-23 所示。

Step 04 执行"修剪"命令（TR），修剪多余的线段，结果如图 15-24 所示。

图 15-23　绘制矩形

图 15-24　修剪结果

4. 绘制三相电动机

Step 01 执行"圆"命令（C），绘制半径为 10 的圆，如图 15-25 所示。

Step 02 执行"单行文字"命令（DT），设置文字高度为为 4.5，在圆内输入文字，如图 15-26 所示。

图 15-25　绘制圆

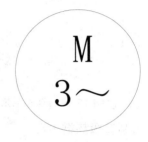

图 15-26　输入文字

Step 03 执行"直线"命令（L），过圆心和左、右象限点，向上绘制长度为 25 的垂直线段，如图 15-27 所示。

Step 04 执行"直线"命令（L），以圆心和垂直线段中点来绘制斜线，如图 15-28 所示。

Step 05 执行"修剪"命令（TR），将多余线段修剪掉，结果如图 15-29 所示。

图 15-27　绘制线段

图 15-28　绘制斜线

图 15-29　修剪结果

5. 绘制其他元件

执行"插入"命令（I），将"案例\12"文件夹中的"多极开关"插入到图形中，如图 15-30 所示。

图 15-30　多极开关

6. 组合图形

Step 01 执行"圆"命令（C），绘制半径为 3 的圆；再捕捉右象限点向右绘制长度为 130 的水平线段。

Step 02 执行"复制"命令（CO），将圆和线段向上进行等距离为 12 的复制操作，如图 15-31 所示。

图 15-31　绘制线路

Step 03 通过"移动"、"复制"、"直线"等命令，将主回路图进行组合，结果如图 15-32 所示。

图 15-32　主回路

15.2.3　绘制控制回路

1. 绘制按钮开关

Step 01 将"控制回路层"置为当前层，执行"直线"命令（L），连续绘制 3 条长度均为 10 的垂直线段。

Step 02 执行"旋转"命令（RO），将中间线段以下端点旋转−25°，如图 15-33 所示。

Step 03 执行"直线"命令（L），在第一条线段末端绘制一条长度为 6 的水平线段，如图 15-34 所示。

Step 04 再执行"拉长"命令（LEN），选择"增量（DE）"，将斜线上端延长 3，结果如图 15-35 所示。

图 15-33　旋转线段　　　　　图 15-34　绘制水平线　　　　　图 15-35　拉长斜线

Step 05 执行"直线"命令（L），捕捉斜线中点向左绘制长为 9 的水平线，且转换为虚线，如图 15-36 所示。

Step 06 执行"矩形"命令（REC），绘制 3×7 的矩形，如图 15-37 所示。

Step 07 执行"修剪"命令（TR），修剪相应线段，结果如图 15-38 所示，完成常闭按钮开关的绘制。

图 15-36　绘制线段　　　　　图 15-37　绘制矩形　　　　　图 15-38　常闭按钮开关

Step 08 执行"复制"命令（CO），将常闭按钮开关复制一份；执行"删除"命令（E），将相应的线段进行删除，结果如图 15-39 所示。

Step 09 执行"镜像"命令（MI），将斜线以下端点进行左、右镜像，且删除源对象；再执行"移动"命令（M），调整图形相应位置，结果如图 15-40 所示，完成常开按钮开关的绘制。

图 15-39 复制、删除   图 15-40 常开按钮开关

2. 绘制继电器

Step 01 执行"矩形"命令（REC），绘制 10×6 的矩形，如图 15-41 所示。

Step 02 再执行"直线"命令（L），分别在矩形上、下侧绘制长度为 4 的垂直线段，如图 15-42 所示。

图 15-41 绘制矩形   图 15-42 绘制线段

3. 绘制其他元件

执行"插入"命令（I），将"案例\12"文件夹中的"热继电器常闭触点"和"单极开关"插入到图形中，如图 15-43 所示。

（a）热继电器常闭触点   （b）单极开关

图 15-43 插入的图形

4. 组合图形

通过"移动"、"复制"、"旋转"、"直线"等命令，将元件移动到相应位置，用直线进行连接，组合成如图 15-44 所示的控制回路。

Note

图 15-44 控制回路

15.2.4 连接图形

前面已经将两组控制回路绘制好了，接下来将两组回路移动到一块，并进行文字标注，具体操作步骤如下：

Step 01 通过执行"移动"命令将各元件符号放置相应位置，并以"直线"、"修剪"命令将图形进行连接，结果如图 15-45 所示。

图 15-45 连接图形

Step 02 将"文字说明层"置为当前层，执行"单行文字"命令（DT），设置文字高度为 4.5，在图形位置进行文字注释，结果如图 15-12 所示。

Step **03** 至此，此线路图已经绘制完成，按 Ctrl+S 组合键进行保存。

15.3　车床电气线路的绘制

视频\15\车床电气线路图的绘制.avi
案例\15\车床电气线路图.dwg

　　如图 15-46 所示为 C6140 普通车床电气线路。该线路由主轴电动机 M_1、冷却泵电动机 M_2、刀架快速移动电动机 M_3，以及电源开关 QS1、控制电源变压器 TC、控制按钮 SB_1、SB_2 等电气元件组成，是工厂常用的加工机床。

图 15-46　车床电气线路图

15.3.1　设置绘图环境

Step **01** 启动 AutoCAD 2014，在快速访问工具栏中单击"保存"按钮，将其保存为 "案例\15\车床电气线路图.dwg"文件。

Step **02** 执行"图层管理器"命令（LA），在文件中新建"主回路层"、"控制回路层" 和"文字说明层"3 个图层，并将"主回路层"置为当前层，各图层属性设置 如图 15-47 所示。

图 15-47　图层属性设置

15.3.2　绘制主回路

由图 15-46 分析可知，该回路主要由熔断器、接触器、电动机、热继电器、刀开关等组成，在前面的章节中已经对部分元件进行了讲解，可以将前面绘制过的元件进行写块成单独的 dwg 文件，在后面绘制图形时，即可以将其调用。

1．绘制三极隔离开关

Step 01　将"主回路层"置为当前层，执行"插入"命令（I），将"案例\12"文件夹中的"多极开关"插入到图形中，如图 15-48 所示。

Step 02　执行"分解"命令（X），将图形分解。

Step 03　在正交状态下，将虚线左端点向左拉长 5 的长度，如图 15-49 所示。

Step 04　执行"直线"命令（L），分别在图形中相应位置绘制长度均为 3 的水平和垂直线段，如图 15-50 所示。

图 15-48　插入的图形　　　　图 15-49　拉长虚线　　　　图 15-50　绘制水平、垂直线段

2．绘制其他元件

Step 01　执行"插入"命令（I），将"案例\12"文件夹中的"三相电动机"、"二极热继电器"、"接触器"、"熔断器"、"接地"等元件插入到图形中，如图 15-51 所示。

（a）三相电动机　　　　　　（b）接触器　　　　　　　　（c）接地

（d）二极热继电器　　　　　　　　　（e）熔断器

图 15-51　插入各元件

3. 组合图形

Step 01 通过移动、直线命令将三相电动机、二极热继电器、接触器放置相应位置，并进行连接，如图 15-52 所示。

Step 02 执行"复制"命令（CO），将上步绘制的图形向右复制两份。

Step 03 执行"删除"命令（E），将最右侧图形中的二极热继电器删除；再执行"分解"命令（X），将电动机打散，并对圆内文字作出相应的修改，结果如图 15-53 所示。

图 15-52　放置各元件

图 15-53　复制图形并修改调整

Step 04 再通过"旋转"、"移动"、"直线"和"圆"命令，将其他元件组合成线路，结果如图 15-54 所示。

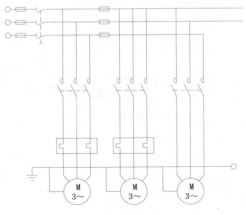

图 15-54　连接图形

15.3.3　绘制控制回路及照明指示回路

1. 绘制变压器

Step 01 将"控制回路层"置为当前层，执行"圆弧"命令（A），绘制直径为 5 的半圆弧；再执行"复制"命令（CO），将圆弧向上复制 3 份，如图 15-55 所示。

Step 02 执行"镜像"命令（MI），选择上侧两个圆弧，进行左、右镜像，如图 15-56 所示。

图 15-55　绘制圆弧　　　　　　　　　　　　　图 15-56　镜像操作

Step 03 再执行"复制"命令（CO）和"移动"命令（M），将镜像得到的圆弧再向下复制 2 份，并放置到相应位置，结果如图 15-57 所示。

Step 04 执行"直线"命令（L），绘制连接导线，结果如图 15-58 所示。

图 15-57　复制和移动图形　　　　图 15-58　直线连接

2. 绘制其他元件

Step 01 执行 "插入" 命令（I），将 "案例\12" 文件夹中的 "灯"、"单极开关"、"继电器"、"常开按钮开关"、"热继电器常闭触点" 等元件插入到图形中，如图 15-59 所示。

（a）常开按钮开关　　　　（b）单极开关　　　　（c）热继电器常闭触点

（d）灯　　　　　　　　　（e）继电器

图 15-59　插入的图形

Step 05 通过 "移动"、"复制"、"旋转"、"直线"、"圆" 等命令，将插入的元件根据作图需要进行相应的连接，结果如图 15-60 所示。

图 15-60　导线连接

15.3.4　连接图形

Step 01　应用"移动"、"直线"命令，将前面所绘制的回路图各部分组合起来，效果如图 15-61 所示。

图 15-61　组合图形

Step 02　将"文字说明层"置为当前层，执行"构造线"命令（XL），选择"垂直（V）"项，根据图形元器件的分隔区域来绘制相应的垂直构造线；再选择"水平（H）"项，绘制两条水平构造线，且使两水平线段间距如图 15-62 所示。

图 15-62　绘制构造线

Step 03 执行"修剪"命令（TR），对多余的构造线进行修剪，使之在各功能块的正上方形成相应的区域，如图 15-63 所示。

图 15-63　修剪结果

Step 04 执行"单行文字"命令（DT），设置文字高度为 4.5，在图形位置进行文字注释，结果如图 15-46 所示。

Step 05 至此，此线路图已经绘制完成，按 Ctrl+S 组合键进行保存。

15.4 无心磨床电气线路的绘制

> 💿 视频\15\无心磨床电气线路图的绘制.avi
> 案例\15\无心磨床电气线路图.dwg

如图 15-64 所示为 M1040 型无心磨床电气线路。该线路由磨削轮电动机 M_1、冷却用电动机 M_2、润滑泵电动机 M_3、液压电动机 M_4、导轮电动机 M_5，以及电源开关 QS、交流接触器 KM_1、KM_2、KM_3、KM_4、电磁铁 YA 和变压器 IT 等电气原件组成。

图 15-64　无心磨床电气线路图

15.4.1　设置绘图环境

Step 01 启动 AutoCAD 2014，在快速访问工具栏中单击"保存"按钮 🖫，将其保存为"案例\15\无心磨床电气线路图.dwg"文件。

Step 02 执行"图层管理器"命令（LA），在文件中新建"主回路层"、"控制回路"、"照明回路层"和"文字说明层" 4 个图层，并将"主回路层"置为当前层，各图层属性设置如图 15-65 所示。

图 15-65 图层属性设置

15.4.2 绘制主回路

由图 15-64 分析可知，该回路主要由熔断器、接触器、电动机、热继电器等组成，可以将前面绘制好的元件插入到图形中，来提高绘图效率。

1. 绘制总电源

Step 01 将"主回路层"置为当前层，执行"插入"命令（I），将"案例\12"文件夹中的"多极开关"和"熔断器"插入到图形中。

Step 02 并通过"移动"、"直线"和"圆"命令，将图形移动到对应位置且以导线进行连接，并在上端点绘制半径为 2 的圆，如图 15-66 所示。

图 15-66 总电源

2. 绘制三极热继电器

Step 01 执行"矩形"命令（REC），绘制 30×12 的矩形，如图 15-67 所示。

Step 02 执行"直线"命令（L），在矩形水平中点绘制一条垂直线段；再执行"偏移"命令（O），将绘制的线段各向两侧偏移 9，如图 15-68 所示。

图 15-67 绘制矩形

图 15-68 绘制线段

Step 03 执行"矩形"命令（REC），在相应位置分别绘制 3×3 的矩形，如图 15-69 所示。

Step 04 执行"修剪"命令（TR），修剪掉多余的线段，结果如图 15-70 所示。

图 15-69　绘制矩形

图 15-70　修剪结果

3. 绘制其他元件

执行"插入"命令（I），将"案例\12"文件夹中的"三相电动机"和"接触器"插入到图形中，如图 15-71 和图 15-72 所示。

图 15-71　三相电动机

图 15-72　接触器

4. 组合图形

Step 01 通过"移动"、"旋转"、"直线"命令将三相电动机、三极热继电器、接触器放置相应位置，如图 15-73 所示。

图 15-73　组合图形

Step 02 执行"复制"命令（CO），将上步绘制的图形向下复制 4 份；且将电动机分解，并对各个电动机的文字进行调整。

Step 03 再执行"删除"命令（E），将复制得到的第二个图形中的接触器删除，如图 15-74 所示。

Step 04 再通过"直线"、"复制"、"旋转"等命令将图形组合，从而完成主回路的绘制，如图 15-75 所示。

图 15-74　复制调整图形

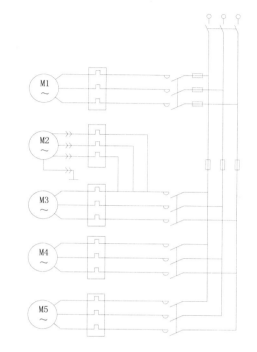

图 15-75　绘制主回路线

15.4.3　绘制照明指示回路

1. 绘制变压器

Step 01 将"照明回路层"置为当前层，执行"圆弧"命令（A），绘制直径为 5 的半圆弧；再执行"复制"命令（CO），将圆弧向上复制 4 份，如图 15-76 所示。

Step 02 执行"镜像"命令（MI），选择上侧 3 个圆弧，进行左、右镜像，如图 15-77 所示。

Step 03 执行"直线"命令（L），绘制连接导线，结果如图 15-78 所示。

图 15-76　绘制圆弧

图 15-77　镜像图形

图 15-78　绘制导线

2. 绘制电流继电器

Step 01 执行"直线"命令（L），在正交模式下，连续绘制长度均为 7 的 3 条水平线段，如图 15-79 所示。

图 15-79　绘制水平线

Step 02 执行"旋转"命令（RO），将中间线段绕右端点旋转 25 度，结果如图 15-80 所示。

Step 03 执行"矩形"命令（REC），在斜线的下方绘制 4×3 的矩形；再执行"直线"命令（L），绘制连接虚线，结果如图 15-81 所示。

图 15-80　旋转操作　　　　　　　　图 15-81　绘制矩形和直线

3. 绘制其他元件

执行"插入"命令（I），将"案例\12"文件夹中的"单极开关"和"灯"插入到图形中，如图 15-82 所示。

（a）灯　　　　　　　　　　　　　　（b）单极开关

图 15-82　插入的各元件

4. 组合图形

Step 01 通过"移动"、"复制"、"旋转"、"缩放"、"直线"命令将灯、单极开关、熔断器、电流继电器放置相应位置，并以直线进行连接，结果如图 15-83 所示。

图 15-83　组合图形

15.4.4　绘制控制回路

Step 01 将"控制回路层"置为当前层，执行"插入"命令（I），将"案例\12"文件其中的"常闭按钮开关"、"常开按钮开关"、"热继电器常闭触点"和"继电器"插入到图形中，如图 15-84 所示。

（a）热继电器常闭触点　　　　　　　　　　　　　（c）继电器

（a）常开按钮开关　　　　　　　　　　　　　　　（c）常闭按钮开关

图 15-84　插入的各元件

Step 02 通过"移动"、"复制"、"旋转"、"缩放"、"直线"等命令将各电器元件放置相应位置，并以直线进行连接，结果如图 15-85 所示。

15.4.5　组合线路

前面已经完成了无心磨床电气线路中 3 个回路的绘制,接下来将此 3 个回路进行组合。

Step 01 应用"移动"、"复制"、"直线"工具，将前面所绘制的回路图各部分组合起来，效果如图 15-86 所示。

图 15-85　连接图形

图 15-86　组合图形

Step 02　将"文字说明层"置为当前层，执行"构造线"命令（XL），选择"水平（H）"项，根据图形元器件的分隔区域来绘制相应的水平构造线；再选择"垂直（V）"项，在图形右侧绘制两条垂直构造线，且使两垂直线段间距为 40，如图 15-87 所示。

图 15-87　绘制构造线

Step 03 执行"修剪"命令（TR），对多余的构造线进行修剪，使之在各功能块的右侧形成相应的区域，如图 15-88 所示。

图 15-88　修剪结果

Step 04 执行"单行文字"命令（DT），设置文字高度为 4.5，在图形位置进行文字注释，结果如图 15-64 所示。

Step 05 至此，此线路图已经绘制完成，按 Ctrl＋S 组合键进行保存。

Note

15.5 输料堵斗自停控制电气线路的绘制

> 视频\15\输料堵斗自停控制电气线路图的绘制.avi
> 案例\15\输料堵斗自停控制电气线路图.dwg

如图 15-89 所示为输料堵斗自停控制电气线路。该线路由三相异步电动机 M、交流接触器 KM、高灵敏度继电器 K、干簧管 KD、磁钢 Y、变压器 T 及控制按钮 ST、STP 等组成。

起动前，先按下开关 S，然后再按下起动按钮 ST，接触器 KM 等，电动机即进入运行。若料斗被堵住时，则在干簧管 KD 和磁钢的动作下，使接触器 KM 失电而致电动机 M 停止运转。

当将被堵料斗疏通后，因磁钢 Y 离开干簧管 KD，致使 KD 内触点恢复常开状态，高灵敏度继电器失电，再按 ST 即可开机。

15.5.1 设置绘图环境

Step 01 启动 AutoCAD 2014，在快速访问工具栏中单击"保存"按钮 ，将其保存为"案例\15\输料堵斗自停控制电气线路图.dwg"文件。

图 15-89 无心磨床电气线路图

Step 02 执行"图层管理器"命令（LA），在文件中新建"主回路层"、"控制回路"、"照明回路层"和"文字说明层"4 个图层，并将"主回路层"置为当前层，各图层属性设置如图 15-90 所示。

图 15-90　图层属性设置

15.5.2　绘制主回路

由图 15-89 分析可知，该回路主要由电动机、二极热继电器、接触器、断路器等组成，可以将前面绘制好的元件插入到图形中，来提高绘图效率。其操作步骤如下：

Step 01 将"主回路层"置为当前层，执行"插入"命令（I），将"案例\12"文件夹中的"交流电动机"、"接触器"、"二极热继电器"和"断路器"插入到图形中，如图 15-91 所示。

（a）接触器　　　　　（b）二极热继电器　　　　　（c）交流电动机　　　　（d）断路器

图 15-91　插入的各元件

Step 02 通过"移动"、"复制"、"缩放"、"直线"、"圆"命令，将元件进行组合，且在上端绘制半径为 1 的圆，结果如图 15-92 所示。

图 15-92　插入的各元件

> **∵∴ 提示**
>
> 由于页面篇幅原因，此图为旋转-90°效果。

15.5.3 绘制控制回路

1. 绘制变压器

Step 01 将"控制回路层"置为当前层,执行"圆弧"命令(A),绘制直径为 6 的半圆弧;再执行"复制"命令(CO),将圆弧水平向右复制 4 份,如图 15-93 所示。

图 15-93 绘制圆弧

Step 02 执行"镜像"命令(MI),将圆弧向下镜像,如图 15-94 所示。

Step 03 执行"直线"命令(L),捕捉相应端点并绘制直线,如图 15-95 所示。

图 15-94 镜像圆弧

图 15-95 绘制直线

2. 绘制滑线式变阻器

Step 01 执行"矩形"命令(REC),绘制 7×3 的矩形;再执行"直线"命令(L),捕捉矩形左垂直中点并向左绘制长为度 4 的水平线段,如图 15-96 所示。

Step 02 执行"多段线"命令(PL),设置起点宽度为 0,终点宽度为 1.5,捕捉矩形水平中点向上拖动,输入多段线长度为 3,确定箭头符号,再设置宽度均为 0,继续绘制多段线,如图 15-97 所示。

图 15-96 矩形、直线

图 15-97 绘制多段线

3. 绘制磁钢

Step 01 执行"直线"命令(L),根据如图 15-98 所示的尺寸绘制出凹槽图形。

Step 02 执行"填充"命令(H),选择样例为 SOLTD,对图形进行填充,结果如图 15-99 所示。

图 15-98　直线命令　　　　　　　　　　图 15-99　填充操作

4. 绘制干簧管

Step 01 执行"矩形"命令（REC），绘制 35×14 的矩形。

Step 02 执行"圆"命令（C），绘制两个半径为 4 的圆，且放置到矩形左、右中点位置，绘制如图 15-100 所示。

Step 03 执行"直线"命令（L），过矩形水平中点绘制垂直线段；再执行"偏移"命令（O），将线段向左、右侧各偏移 10，如图 15-101 所示。

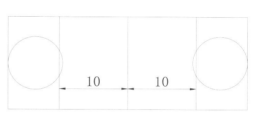

图 15-100　矩形、圆　　　　　　　　　图 15-101　绘制线段

Step 04 执行"圆"命令（C），以偏移线段和两个圆的来绘制相切半径 3 的 4 个圆，如图 15-102 所示。

Step 05 执行"修剪"命令（TR）和"删除"命令（E），修剪删除不需要的线条及圆弧，结果如图 15-103 所示。

图 15-102　绘制相切圆　　　　　　　　图 15-103　修剪后的结果

Step 06 执行"直线"命令（L），过圆象限点，绘制长度为 12.5、10、12.5 连续的 3 条水平线段。

Step 07 执行"旋转"命令（RO），将中间线段绕左端点旋转 25°，结果如图 15-104 所示。

Step 08 执行"复制"命令（CO），将斜线向下复制到右水平线段端点处，结果如图 15-105 所示。

图 15-104　绘制、旋转线段　　　　　图 15-105　复制斜线

5. 绘制其他元件

Step 01 执行"插入"命令（I），将"案例\12"文件夹中的"熔断器"、"PNP 型半导体管"、"常闭按钮开关"、"常闭按钮开关"、"单极开关"、"电容器"、"电阻器"、"二极管"、"热继电器常闭触点"和"继电器"插入到图形中，如图 15-106 所示。

（a）熔断器　　　　　（b）常开按钮开关　　　　　（c）热继电器常闭触点

（d）PNP 型半导体管　　　（e）二级管　　　　（f）电容器　　　　（g）继电器

（h）电阻器　　　　　（i）学校开关　　　　（j）常闭按钮开关

图 15-106　插入的图形

Step 02 通过"移动"、"复制"、"缩放"、"旋转"、"直线"、"矩形"、"圆"等命令，将各元件按照如图 15-107 所示的效果放置并连接。

Note

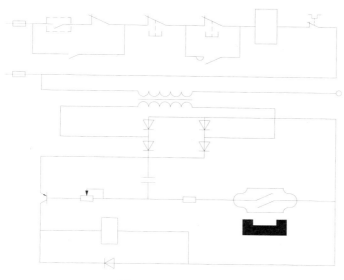

图 15-107　组合图形

15.5.4　组合线路

前面已经完成了无心磨床电气线路中 3 个回路的绘制，接下来将此 3 个回路进行组合。其操作步骤如下：

Step 01 应用"移动"、"延伸"命令，将前面所绘制的回路图各部分组合起来，效果如图 15-108 所示。

图 15-108　组合线路

Step 02 将"文字说明层"置为当前层，执行"单行文字"命令（DT），设置文字高度为 3.5，在图形位置进行文字注释，结果如图 15-89 所示。

Step 03 至此，此线路图已经绘制完成，按 Ctrl+S 组合键进行保存。

15.6 本章小结

　　本章主要讲解了 AutoCAD 2014 的机械设备电气线路图的绘制，包括水磨石机电气线路的绘制，如绘制电气元件、组合线路图等；皮带运输机电气线路的绘制；车床电气线路的绘制；无心磨床电气线路的绘制；输料堵斗自停控制电气线路的绘制等。

第16章

交流发电机电气线路图的绘制

中小型交流发电机有很多类型和不同结构，根据定、转子转速的相同或不同，可以分为同步和异步发电机（主要为同步发电机）；按相数的多少则可分为三相和单相；根据磁场和电枢的相对位置又可分为旋转磁场式和旋转电枢式发电机；按励磁方式则可分为自励式、他励式发电机；根据拖动发电机原动机的不同又可分为汽轮、水轮、柴油发电机等。本章选绘了交流发电机的部分电气线路。

内容要点

- ◆ 电抗分流发电机电气线路的绘制
- ◆ 同期并列发电机电气线路的绘制
- ◆ 电抗移相发电机电气线路的绘制
- ◆ 无刷励磁控制屏电气线路的绘制
- ◆ 灯光旋转发电机电气线路的绘制
- ◆ 三相四线发电机电气线路的绘制
- ◆ 他励晶闸管励磁系统图的绘制
- ◆ 50GF、75GF 型发电机电气线路的绘制

16.1 电抗分流发电机电气线路的绘制

视频\16\电抗分流发电机电气线路图的绘制.avi
案例\16\电抗分流发电机电气线路图.dwg

如图 16-1 所示为双绕组电抗分流自励恒压发电机电气线路，该线路由发电机定子中的副绕组、三相线性电抗器、硅整流器及励磁绕组等组成。发电机的励磁电流由定子副绕组和部分定子负载电流叠加，并经整流后予以供给，这种励磁方式具有工艺简单、效率高、成本低的优点，其电压稳定度可达±5%，配以晶闸管调压则可达±1%。

图 16-1 电抗分流发电机电气线路图

16.1.1 绘制电气元件

1. 绘制同步发电机

Step 01 启动 AutoCAD 2014，在快速访问工具栏中单击"保存"按钮，将其保存为"案例\16\电抗分流发电机电气线路图.dwg"文件。

Step 02 执行"圆"命令（C），绘制半径为 20 的圆。

Step 03 再执行"直线"命令（L），在圆下侧象限点绘制一条长 20 的水平线段，如图 16-2 所示进行复制。

Step 04 执行"偏移"命令（O），将水平线段按如图 16-3 所示的尺寸进行偏移。

Step 05 执行"删除"命令（E），将最下侧水平线段删除。

图 16-2　绘制圆、直线　　　　　　　　图 16-3　偏移线段

Step 06 执行"圆弧"命令（A），以"起点、圆心、端点"绘制半径为 2 的半圆弧；再执行"复制"命令（CO），将圆弧水平复制 3 份，如图 16-4 所示。

图 16-4　绘制圆弧

Step 07 执行"移动"命令（M），将上步绘制圆弧以下端点中点移动到前面水平线段中点位置，如图 16-5 所示。

Step 08 执行"复制"命令（CO），再将圆弧复制到其他相应水平线上；并结合"修剪"命令（TR），将中间线段删除，结果如图 16-6 所示。

图 16-5　移动操作　　　　　　　　图 16-6　复制、修剪后的效果

2. 绘制三相线性电抗

Step 01 执行"圆弧"命令（A），以前面的绘制方法绘制半径为 2 的半圆弧。

Step 02 再执行"复制"命令（CO），将圆弧水平复制，如图 16-7 所示。

Step 03 执行"直线"命令（L），在两组圆弧中间位置绘制长度为 3 的水平线段，在圆弧下方绘制长度为 16 的水平线段，如图 16-8 所示。

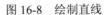

图 16-7　复制圆弧　　　　　　　　　　图 16-8　绘制直线

Step 04 执行"复制"命令（CO），将上步图形以垂直方向复制 2 份，如图 16-9 所示。

3. 绘制二极管

Step 01 执行"插入"命令（I），将"案例\12"文件夹中的"二极管"插入到图形中，如图 16-10 所示。

图 16-9　复制图形　　　　　　　　　　图 16-10　二极管

16.1.2　组合线路图

前面已经分别完成了该电路图中各元器件绘制，本节将介绍如何将各部分组合成一个完整的电路图。具体操作步骤如下：

Step 01 通过"移动"、"复制"、"缩放"、"镜像"、"直线"等命令将各元件进行连接，再以圆命令在端头上绘制半径为 1 的圆，结果如图 16-11 所示。

图 16-11　组合结果

Step 02 执行"单行文字"命令（DT），设置字高为 2.5，在图形中输入相应的文字，其效果如图 16-1 所示。

Step 03 至此，此线路图已经绘制完成，按 Ctrl+S 组合键进行保存。

16.2 灯光旋转发电机电气线路的绘制

视频\16\灯光旋转发电机电气线路图的绘制.avi
案例\16\灯光旋转发电机电气线路图.dwg

如图 16-12 所示为发电机准同期灯光旋转并列法电气线路。该线路又称一灭两明法，其灯光旋转的快慢即表示两发电机频率差的大小。当调整发电机的转速使 L3 相跨过并列开关 KM_1、KM_2 两端的相灯熄灭，另外两相间的相灯有相同亮度，并且灯光旋转速度很低时，说明两发电机频率已非常接近，迅速合上 QS_2 即完成并列。

图 16-12　灯光旋转发电机电气线路图

16.2.1　绘制电气元件

1. 绘制同步发电机

Step 01 启动 AutoCAD 2014，在快速访问工具栏中单击"保存"按钮，将其保存为"案例\16\灯光旋转发电机电气线路图.dwg"文件。

Step 02 执行"插入"命令（I），将"案例\12"文件夹中的"三相电动机"插入到图形中，如图 16-13 所示。

Step 03 执行"分解"命令（X），将图形分解打散操作。

Step 04 双击图内文字，并作出相应的修改，结果如图 16-14 所示。

Note

图 16-13　插入的图形　　　　　　　　　　　图 16-14　修改文字效果

2. 绘制三极隔离开关

Step 01 执行"插入"命令（I），将"案例\12"文件夹中的"多极开关"插入到图形中，如图 16-15 所示。

Step 02 执行"直线"命令（L），分别在图形中相应位置绘制长度均为 3 的水平线段，如图 16-16 所示。

图 16-15　插入的图形　　　　　　　　　　　图 16-16　绘制直线

3. 绘制电压表

Step 01 执行"插入"命令（I），将"案例\12"文件夹中的"电压表"插入到图形中，如图 16-17 所示。

Step 02 执行"分解"命令（X），将图形进行分解。

Step 03 执行"单行文字"命令（DT），设置文字高为 2.5，在文字下侧添加符号"～"，如图 16-18 所示。

图 16-17　插入的图形　　　　　　　　　　　图 16-18　添加文字效果

4. 绘制其他元件

执行"插入"命令（I），将"案例\12"文件夹中的"接触器"和"灯"插入到图形中，如图 16-19 所示。

（a）接触器　　　　　　　　　　　　　　　　　（b）灯

图 16-19　插入的图形

16.2.2　组合线路图

前面已经分别完成了该电路图中各元器件的绘制，本节将介绍如何将各部分组合成一个完整的电路图。具体操作步骤如下：

Step 01 执行"圆"命令（C），绘制直径为 3 的圆；再捕捉左象限点向左绘制长为 200 的水平线段。

Step 02 执行"复制"命令（CO），将圆和线段向上复制操作，如图 16-20 所示。

图 16-20　绘制线路

Step 03 通过执行"移动"、"复制"、"旋转"、"缩放"等命令将各元件符号放置相应位置，并以直线将图形进行连接，结果如图 16-21 所示。

图 16-21　连接图形

Step 04 执行"单行文字"命令（DT），设置文字高度为 2.5，在图形位置进行文字注释，结果如图 16-1 所示。

Step 05 至此，此线路图已经绘制完成，按 Ctrl+S 组合键进行保存。

16.3 同期并列发电机电气线路的绘制

视频\16\同期并列发电机电气线路图的绘制.avi
案例\16\同期并列发电机电气线路图.dwg

如图 16-22 所示为发电机同期并列法电气线路，该线路是在发电机起动后不合上励磁开关，而是将磁场可变电阻器调到发电机对应的空载电压位置处，当发电机达到或接近同步转速时，即合上发电机主开关，然后迅速合上励磁开关给发电机励磁，这样待并发电机就将很快被运行，发电机接入同步而并列运行，其具体绘制步骤如下：

图 16-22　同期并列发电机电气线路图

16.3.1　绘制电气元件

1. 绘制同步发电机

Step 01 启动 AutoCAD 2014，在快速访问工具栏中单击"保存"按钮🔒，将其保存为"案例\16\同期并列发电机电气线路图.dwg"文件。

Step 02 执行"插入"命令（I），将"案例\12"文件夹中的"同步发电机"插入到图形中，如图 16-23 所示。

Step 03 执行"分解"命令（X），将图形分解打散操作。

Step 04 执行"旋转"命令（RO），选择圆上侧的所有线段，以圆心为旋转基点，将线段旋转 90°，结果如图 16-24 所示。

图 16-23　插入的图形　　　　　　　　图 16-24　旋转线段

2. 绘制电流表

Step 01 执行"插入"命令（I），将"案例\12"文件夹中的"电流表"元件插入到图形中，如图 16-25 所示。

Step 02 执行"分解"命令（X），将图形进行分解。

Step 03 执行"单行文字"命令（DT），设置文字高为 2.5，在文字下侧添加符号"～"，如图 16-26 所示。

图 16-25　插入的图形　　　　　　　　图 16-26　添加文字效果

3. 绘制其他元件

Step 04 执行"插入"命令（I），将"案例\12"文件夹中的"灯"、"三极隔离开关 2"、"单极开关"、"电阻器"、"电感器"等元件插入到图形中，如图 16-27 所示。

（a）三极隔离开关 2　　　　　　　　　（b）单极开关

（c）灯　　　　　　（d）电感器　　　　　　（e）电阻器

图 16-27　插入的各元件

16.3.2 组合线路图

前面已经分别完成了该电路图中各元器件绘制，本节介绍如何将各部分组合成一个完整的电路图。具体操作步骤如下：

Step 01 通过执行"移动"、"复制"、"旋转"、"缩放"、"镜像"等命令将各元件符号放置到相应位置，并以直线将图形进行连接，结果如图 16-28 所示。

图 16-28　连接图形

Step 02 执行"多段线"命令（PL），捕捉矩形上水平中点，设置起始宽度为 0，端点宽度为 1.5，向上绘制箭头多段线，再设置宽度均为 0，绘制转折多段线，如图 16-29 所示。

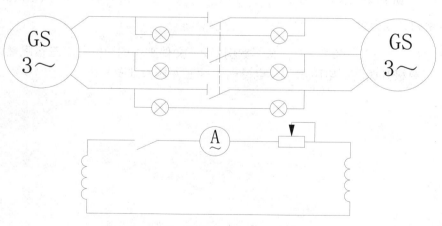

图 16-29　绘制多段线

Step 03 执行"单行文字"命令（DT），设置文字高度为 4.5，在图形位置进行文字注释，结果如图 16-22 所示。

Step 04 至此，此线路图已经绘制完成，按 Ctrl+S 组合键进行保存。

16.4　三相四线发电机电气线路的绘制

> 视频\16\三相四线发电机电气线路图的绘制.avi
> 案例\16\三相四线发电机电气线路图.dwg

如图 16-30 所示为三相四线异步发电机作独立电源运行时的电气线路。该线路由原动机、异步发电机、电容器组、开关电器、保险装置等构成。因为输电线路存在着电压降，所以异步发电机的输出电压应为 400V/230V，发电机可同时用于单、三相负载。

图 16-30　三相四线电气线路图

16.4.1　绘制电气元件

1. 绘制电动机

Step 01 启动 AutoCAD 2014，在快速访问工具栏中单击"保存"按钮 ，将其保存为"案例\16\三相四线发电机电气线路图.dwg"文件。

Step 02 执行"圆"命令（C），绘制半径 10 的圆。

Step 03 执行"直线"命令（L），以圆心绘制如图 16-31 所示角度的 3 条线段。

Step 04 执行"偏移"命令（O），将垂直线段向两边各偏移 6，通过延伸、修剪命令，完成如图 16-32 所示图形的绘制。

图 16-31　绘制线段

图 16-32　修剪后的图形

Step 05 执行"矩形"命令（REC），绘制 1.5×3.5 的矩形，通过"复制"、"旋转"、"移动"命令将矩形放置在如图 16-33 所示的位置。

Step 06 执行"修剪"命令（TR），将 3 个矩形中间的线段修剪掉。

Step 07 执行"填充"命令（H），设置样例为"SOLTD"，对右下矩形进行填充操作。

Step 08 执行"直线"命令（L），在左下矩形中间绘制任意两条斜线，如图 16-34 所示。

Step 09 执行"单行文字"命令（DT），设置文字高度为 2.5，在圆内输入文字，如图 16-35 所示。

图 16-33　绘制矩形　　　　图 16-34　填充图形　　　　图 16-35　输入文字

2. 绘制击穿保险

Step 01 执行"插入"命令（I），将"案例\12"文件夹中的"熔断器"插入到图形中，如图 16-36 所示。

Step 02 执行"分解"命令（X），将图形进行分解。

Step 03 执行"打断"命令（BR），将 3 条垂直线段在矩形中间位置处进行打断，如图 16-37 所示。

图 16-36　插入的图形　　　　　　　　　　图 16-37　打断操作

3. 绘制其他元件

执行"插入"命令（I），将"案例\12"文件夹中的"熔断器"、"接触器"、"电容器"、"三极隔离开关 2"、"二极热继电器"、"接地"和"灯"插入到图形中，如图 16-38 所示。

（a）接触器　　　　　　　　　　（b）三极隔离开关 2

（c）二极热断电器　　　　　　　　　（d）熔断器

（e）接地　　　　　（f）电容器　　　　　　（g）灯

图 16-38　插入的图形

16.4.2　组合线路图

前面已经分别完成了该电路图中各元器件的绘制，本节介绍如何将各部分组合成一个完整的电路图。具体操作步骤如下：

Step 01 执行"圆"命令（C），绘制直径为 3 的圆；再捕捉左象限点向左绘制长度为 210 的水平线段。

Step 02 执行"复制"命令（CO），将圆和线段以等距离为 8 的高度，进行复制操作，如图 16-39 所示。

图 16-39　绘制线路

Step 03 通过执行"移动"、"复制"、"旋转"、"缩放"等命令将各元件符号放置到相应位置，并以直线将图形进行连接，结果如图 16-40 所示。

图 16-40　连接图形

Step 04 执行"单行文字"命令（DT），设置文字高度为 3.5，在图形位置进行文字注释，结果如图 16-30 所示。

Step 05 至此，此线路图已经绘制完成，按 Ctrl+S 组合键进行保存。

16.5　电抗移相发电机电气线路的绘制

> 视频\16\电抗移相发电机电气线路图的绘制.avi
> 案例\16\电抗移相发电机电气线路图.dwg

如图 16-41 所示为不可控电抗移相自励恒压发电机电气线路，该发电机电气线路的励磁功率是从发电机定子绕组抽头或定子辅绕组出线端引出，经线性电抗器执行"直线"命令（L）和功率互感器 TA 提供的两个交流分量合成，并经硅整流器整流后供给发电机励磁，此时线路中电抗器提供落后于端电压 90°相位的电流分量；电流互感器则提供与负载电流相位相同的电流分量。

图 16-41　电抗移相发电机电气线路图

16.5.1　绘制电气元件

1. 绘制同步发电机

Step 01 启动 AutoCAD 2014，在快速访问工具栏中单击"保存"按钮 ，将其保存为"案例\16\电抗移相发电机电气线路图.dwg"文件。

Step 02 执行"圆弧"命令（A），绘制半径为 2 的半圆弧；再执行"复制"命令（CO），将圆弧水平复制 3 份，如图 16-42 所示。

图 16-42　绘制圆弧

Step 03 再执行"直线"命令（L），分别在圆弧左、右端点向外绘制长度为 6 的水平线段，如图 16-43 所示。

图 16-43　绘制圆弧

Step 04 执行"移动"命令（M），将圆弧绕组移动到大圆中心处，如图 16-44 所示。

Step 05 再执行"复制"命令（CO），将绕组向上、下以 8 的距离进行复制，如图 16-45所示。

图 16-44　绘制圆、直线　　　　图 16-45　偏移线段

2. 绘制电抗器

Step 01 执行"圆弧"命令（A），任意指定一点，向左水平拖动鼠标，再根据命令提示选择"圆心（C）"项，输入 4 确定圆心点，输入角度为 270，确定圆弧的绘制，如图 16-46 所示。

Step 02 再执行"直线"命令（L），捕捉点绘制线段，如图 16-47 所示。

图 16-46　绘制圆弧

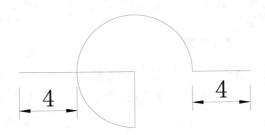

图 16-47　绘制线段

3. 绘制功率互感器

Step 01 执行"圆弧"命令（A），绘制半径为 2 的半圆弧。

Step 02 执行"复制"命令（CO），将半圆弧水平复制一份，如图 16-48 所示。

Step 03 执行"直线"命令（L），捕捉相应点，绘制两条长度为 4 的垂直线段和一条长度为 12 的水平线段，如图 16-49 所示。

图 16-48　绘制圆弧   图 16-49　绘制线段

4. 绘制电池组

Step 01 执行"直线"命令（L），绘制长为 6 和 4 的垂直线段，且使两条线段相距为 1，如图 16-50 所示。

Step 02 再执行"直线"命令（L），在相应位置绘制长度为 3 与长度为 1.5 的水平线段，如图 16-51 所示。

图 16-50　绘制圆弧   图 16-51　绘制线段

5. 绘制其他元件

执行"插入"命令（I），将"案例\12"文件夹中的"二极管"、"电阻器"、"单极开关"、"电感器"插入到图形中，如图 16-52 所示。

（a）单极开关　　　　　　　　　　　　（b）二极管

（c）电阻器　　　　　　　　　　　　　（d）电感器

图 16-52　插入的图形

16.5.2　组合线路图

前面已经分别完成了该电路图中各元器件绘制，本节介绍如何将各部分组合成一个完整的电路图。具体操作步骤如下：

Step 01 执行"圆"命令（C），绘制直径为 3 的圆；再捕捉左象限点向左绘制长度为 80 的水平线段。

Step 02 执行"复制"命令（CO），将圆和线段按如图 16-53 所示进行复制操作。

图 16-53　绘制线路

Step 03 通过执行"移动"、"复制"命令将各元件符号放置相应位置，并以直线将图形进行连接，结果如图 16-54 所示。

图 16-54　连接图形

Step 04 执行"矩形"命令（REC），绘制 10×89 和 110×22 的两个矩形，并以下端平齐。

Step 05 执行"修剪"命令（TR），将相交部分线条修剪，结果如图 16-55 所示。

图 16-55　绘制矩形

Step 06 执行"移动"、"镜像"、"旋转"、"缩放"、"修剪"、"矩形"等命令将其他元件放置到矩形相应位置，结果如图 16-56 所示。

图 16-56　放置元件

Step 07 执行"多段线"命令（PL），捕捉电阻中点为起点，设置起点宽度为 0，终点宽度为 1.5，向右拖动绘制箭头图形，继续设置宽度均为 0，再绘制转折多段线，结果如图 16-57 所示。

图 16-57　放置元件

Step 08 执行"移动"命令（M）和"直线"命令（L），将两组图形进行组合在一起，并以直线绘制"＋"和"－"符号，表明图形的正负极，如图 16-58 所示。

图 16-58　组合图形

Step 09 执行"单行文字"命令（DT），设置文字高度为 3.5，在图形位置进行文字注释，结果如图 16-41 所示。

Step 10 至此，此线路图已经绘制完成，按 Ctrl+S 组合键进行保存。

16.6 他励晶闸管励磁系统图的绘制

视频\16\他励晶闸管励磁系统图的绘制.avi
案例\16\他励晶闸管励磁系统图.dwg

　　如图 16-59 所示为他励晶闸管励磁系统，该系统的交流励磁机为一台带自励恒压装置的三相交流发电机，主机在各种运行状态下均由自动励磁调节器改变晶闸管整流器的控制角以实现对励磁的调节，该系统控制原理简单，反应速度快，并可利用晶闸管的逆变状态来实现快速灭磁和减磁，因而可以取消励磁系统中常用的灭磁开关，简化系统结构。

图 16-59　他励晶闸管励磁系统图

16.6.1　绘制线路结构

Step 01 启动 AutoCAD 2014，在快速访问工具栏中单击"保存"按钮🖫，将其保存为"案例\14\他励晶闸管励磁系统图.dwg"文件。

Step 02 执行"矩形"命令（REC），绘制 165×69 的矩形；再执行"分解"命令（X），将矩形分解。

Step 03 执行"偏移"命令（O），将矩形水平线段向中间偏移 23，以分成 3 等份，如图 14-60 所示。

图 16-60　偏移后的图形

Step 04 执行"矩形"命令（REC），绘制 32×14 的小矩形。

Step 05 执行"复制"命令（CO）和"移动"命令（M），将小矩形放置到前面等分线相应位置，如图 14-61 所示。

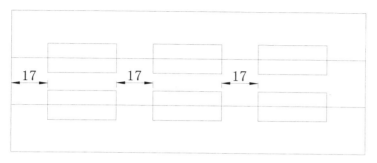

图 16-61　放置小矩形

Step 06 执行"直线"命令（L），在离图形相应位置绘制线段；再执行"圆"命令（C），绘制直径为 3 的圆，且放置到线段的端点，结果如图 14-62 所示。

图 16-62　绘制直线和圆

Step 07 执行"矩形"命令（REC），绘制 69×52 的矩形；通过执行"分解"命令（X）和"偏移"命令（O），绘制如图 14-63 所示的图形效果。

Step 08 通过执行"移动"命令（M）和"修剪"命令（TR），将上步绘制的矩形放置

Note

到前面水平线段相应位置，且进行修剪，效果如图 14-64 所示。

图 16-63　偏移后的图形

图 16-64　修剪后的图形

16.6.2　绘制电气元件

1. 绘制电机

Step 01 执行〝插入〞命令（I），将〝案例\12〞文件夹中的〝同步发电机〞插入到图形中，如图 16-65 所示。

Step 02 执行〝分解〞命令（X）和执行〝删除〞命令（E），将圆外的线段删除掉，结果如图 16-66 所示，完成此三相交流发电机的绘制。

Step 03 执行〝复制〞命令（CO），将上步完成的图形复制一份。

Step 04 执行〝删除〞命令（E），将下侧的文字删除掉，并调整文字大小，结果如图 16-67 所示，完成交流励磁机的绘制。

图 16-65　插入的图形

图 16-66　三相交流发电机

图 16-67　交流励磁机

2. 绘制接触器

Step 01 执行〝插入〞命令（I），将〝案例\12〞文件夹中的〝接触器〞插入到图形中，如图 16-68 所示。

Step 02 执行〝分解〞命令（X）和〝删除〞命令（E），将多余的图形删除，结果如图 16-69 所示。

图 16-68　接触器

图 16-69　删除多余图形

3. 绘制互感器

Step 01 执行"圆"命令（C），绘制半径为 3 的圆，如图 16-70 所示。

Step 02 执行"直线"命令（L），在相应位置绘制水平为 10 的线段和垂直为 5 的线段，如图 16-71 所示。

图 16-70　绘制圆

图 16-71　绘制线段

4. 绘制其他元件

执行"插入"命令（I），将"案例\12"文件夹中的"电感器"、"二极管"、"电阻器"、"双绕组变压器"和"灯"插入到图形中，如图 16-72 所示。

（a）电感器

（b）二极管

（c）电阻器

（d）双绕组变压器

（e）灯

图 16-72　插入的图形

16.6.3 组合线路图

Note

前面已经分别完成了该电路图中各元器件的绘制，本节介绍如何将各部分组合成一个完整的电路图。具体操作步骤如下：

Step 01 通过执行"移动"、"复制"、"旋转、"缩放"、"修剪"等命令将各元件符号放置到相应位置，并以直线将图形进行连接，结果如图 16-73 所示。

图 16-73　连接图形

Step 02 执行"矩形"命令（REC），在图形相应位置绘制矩形，且将图形中最大的矩形转换其线型为虚线，如图 16-74 所示。

图 16-74　绘制矩形

Step 03 执行"单行文字"命令（DT），设置文字高度为 3.5，在图形位置进行文字注释，结果如图 16-59 所示。

Step 04 至此，此线路图已经绘制完成，按 Ctrl+S 组合键进行保存。

16.7　无刷励磁控制屏电气线路的绘制

视频\16\无刷励磁控制屏电气线路图的绘制.avi
案例\16\无刷励磁控制屏电气线路图.dwg

　　如图 16-75 所示为无刷励磁控制屏电气线路，该线路中的同步发电机 GS 与励磁机为同轴结构，在柴油机的拖动下，发电机绕组靠切割剩磁逐渐建立起电压，为稳定负载起动时引起的电压波动，线路中设置了自动电压调节器 AVR，以自动控制发电机 GS 的输出电压，使其迅速稳定。

图 16-75　无刷励磁控制屏电气线路图

16.7.1　设置绘图环境

Note

Step 01　启动 AutoCAD 2014，在快速访问工具栏中单击"保存"按钮 🖫，将其保存为 "案例\15\无刷励磁控制屏电气线路图.dwg"文件。

Step 02　执行"图层管理器"命令（LA），在文件中新建"主回路层"、"控制回路"、"照明回路层"、"电流测量回路层"、"继电保护回路层"、"降压起动回路层"和"文字说明层"7 个图层，并将"主回路层"置为当前层，各图层属性设置如图 16-76 所示。

图 16-76　图层属性设置

16.7.2　绘制主回路

Step 01　将"主回路层"置为当前层，执行"插入"命令（I），将"案例\12"文件夹中的"交流励磁机"、"断路器"和"三极隔离开关 2"插入到图形中，如图 16-77～图 16-79 所示。

图 16-77　交流励磁机　　　　　图 16-78　三极隔离开关　　　　　图 16-79　断路器

Step 02　执行"复制"命令（CO），将断路器水平复制 2 份；再执行"直线"命令（L），在斜线中间绘制一条水平虚线，如图 16-80 所示。

Step 03　绘制"带磁心电感器"，执行"圆弧"命令（A），绘制半径为 2 的半圆弧；通过执行"复制"命令（CO）和"直线"命令（L），将圆弧水平复制，且捕捉点绘制线段，结果如图 16-81 所示。

图 16-80　复制、直线命令　　　　　　　图 16-81　磁心电感器

Step 04 通过"移动"、"旋转"、"直线"、"圆"命令，将元件放置相应位置，且在上端点绘制直径为 2 的圆，如图 16-82 所示。

图 16-82　组合图形

⁝⁝⁝ 提示

由于页面篇幅原因，此图为旋转−90°。

16.7.3　绘制控制回路

Step 01 将"控制回路层"置为当前层，执行"插入"命令（I），将"案例\12"文件夹中的"继电器"、"常闭按钮开关"和"常闭开关"插入到图形中，如图 16-83～图 16-85 所示。

图 16-83　常闭按钮开关　　　　图 16-84　继电器　　　　图 16-85　常闭开关

Step 01 通过"移动"、"复制"、"直线"命令，将电器元件放置相应位置，并以直线进行连接，结果如图 16-86 所示。

Note

图 16-86　组合图形

16.7.4　绘制照明指示回路

1. 绘制变压器

Step 01 将"照明回路层"置为当前层，执行"圆弧"命令（A），绘制直径为 2 的半圆弧；再执行"复制"命令（CO），将圆弧垂直向上复制 2 份。

Step 02 执行"镜像"命令（MI），选择此 3 个圆弧，进行左、右镜像，结果如图 16-87 所示。

Step 03 执行"复制"命令（CO），将两组圆弧向下复制，如图 16-88 所示。

Step 04 再执行"直线"命令（L），在相应端点处绘制线段，结果如图 16-89 所示。

图 16-87　绘制圆弧　　　　图 16-88　复制图形　　　　图 16-89　绘制导线

2. 绘制其他元件

执行"插入"命令（I），将"案例\12"文件夹中的"熔断器"、"灯"、"单极开关"、"电压表"、"接地"和"常闭开关"插入到图形中，如图 16-90 所示。

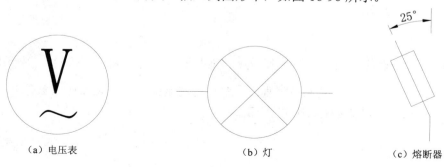

（a）电压表　　　　　　　　　（b）灯　　　　　　　　　（c）熔断器

图 16-90　插入各元件

（d）常闭开关　　　　　　　　（e）接地　　　　　　　　（f）单极开关

图 16-90　插入各元件（续）

3. 组合图形

Step 01 执行"直线"命令（L）和"偏移"命令（O），如图 16-91 所示，绘制 3 条长度均为 65 的水平线段，再以水平线段的中点绘制一条垂直线段，再将垂直中线按照图示尺寸进行偏移，并拉长相应线段。

图 16-91　绘制并偏移线段

Step 02 通过"圆"、"复制"、"修剪"等命令，绘制直径为 5 的圆，并复制到相应位置，再将多余线段进行修剪，结果如图 16-92 所示。

Step 03 执行"矩形"、"直线"和"圆"命令，绘制 13×4 的矩形，且放置到前面图形上端点，再绘制线段和半径为 1 的圆，完成如图 16-93 所示线路的绘制。

图 16-92　绘制圆

图 16-93　绘制矩形和圆

Step 04 通过"移动"、"复制"、"旋转"、"缩放"、"分解"、"直线"命令将各电器放置相应位置，并以直线进行连接，结果如图 16-94 所示。

图 16-94　组合图形

16.7.5　绘制电流测量回路

Step 01 将"电流测量回路层"置为当前层，执行"直线"命令（L）和"偏移"命令（O），绘制长度为 110 的水平线段，且将其向下各偏移 5，形成 4 条线段，如图 16-95 所示。

图 16-95　绘制线段

Step 02 执行"圆"命令（C），绘制直径为 4 的圆，放置到线段相应位置，如图 16-96 所示。

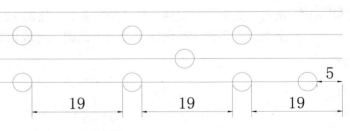

图 16-96　绘制圆

Step 03 执行"插入"命令（I），将"案例\12"文件夹中的"功率互感器"插入到图形中。

Step 04 将前面的"接地"符号，复制到电流测量回路中，再通过"旋转"、"缩放"、"复制"、"直线"、"修剪"等命令，且将此回路图形进行组合，效果如图 16-97 所示。

图 16-97　电流测量回路

16.7.6　绘制继电保护回路

继电保护回路中的元件前面章节中已经出现过，只需复制到此回路中即可调用。操作步骤如下：

Step 01 执行"复制"命令（CO），将电流测量回路中的"功率互感器"、"接地"组合，复制 1 份，如图 16-98 所示。

图 16-98　复制图形

Step 02 再执行"复制"命令（CO），将前面控制回路中的继电器复制到此回路中，并以直线与上步图形进行连接，如图 16-99 所示，最后将连接后的所有图形转换为"继电保护回路层"，完成此回路的绘制。

图 16-99　继电保护回路

16.7.7　绘制降压起动回路

1. 绘制电压调节器线路

Step 01 将"降压起动回路层"置为当前层，执行"复制"命令（CO），将主回路图中的"断路器"组合向外复制 1 份，再执行"旋转"命令（RO），将图形旋转 90°，如图 16-100 所示。

Step 02 通过"圆"、"复制"、"镜像"等命令参照前面"照明回路"中"变压器"的绘制方法，绘制如图 16-101 所示的图形。

Step 03 通过"直线"、"矩形"和"圆"命令，将图形进行组合，结果如图 16-102 所示。

图 16-100　复制、旋转断路器　　　　　图 16-101　绘制变压器

图 16-102　电压调节器线路

2. 绘制电瓶线路

Step 01　绘制磁心电感：通过圆弧命令，绘制直径为 5 的半圆弧，并通过"复制"、"直线"命令绘制如图 16-103 所示的图形。

Step 02　执行"插入"命令 (I)，将"案例\12"文件夹中的"二极管"、"电阻器"和"电容器"插入图形中，如图 16-104 所示。

图 16-103　磁心电感　　　　　　　　图 16-104　插入的图形

Step 03　通过"复制"、"旋转"、"直线"、"多段线"、"圆"、"矩形"、"直线"等命令，将各元件放置相应位置；再执行"单行文字"命令 (DT)，在矩形内部输入"24V电瓶"文字，如图 16-105 所示。

图 16-105　电瓶线路

3. 绘制励磁发电机线路

在绘制励磁发电机时，相应的元件前面已出现过，直接复制过来再进行调整即可。操作步骤如下：

通过"复制"、"旋转"、"直线"等命令，将前面各回路中的相应元件按照如图 16-106 所示效果图结合在一起。

图 16-106　励磁线路

4. 组合回路

本节前面绘制好了 3 个线路，接下来将这 3 个线路组合成降压起动回路。

通过"移动"、"直线"、"延伸"等命令，将前面各线路组合成一个完整的回路，结果如图 16-107 所示。

图 16-107　降压起动回路

16.7.8　组合线路

前面已经完成了各个回路的绘制，接下来将这些回路进行组合。操作步骤如下：

Step 01 应用"移动"、"直线"命令将前面所绘制的回路图各部分组合起来，效果如图
16-108 所示。

图 16-108　绘制虚线矩形

Step 02 执行"单行文字"命令（DT），设置文字高度为 3，在图形位置进行文字注释，
结果如图 16-75 所示。

Step 03 至此，此线路图已经绘制完成，按 Ctrl+S 组合键进行保存。

16.8 50GF、75GF 型发电机电气线路的绘制

视频\16\50GF、75GF 型发电机电气线路图的绘制.avi
案例\16\50GF、75GF 型发电机电气线路图.dwg

如图 16-109 所示为 50GF、75GF 型发电机控制屏电气线路，该线路中的同步发电机
的励磁系统采用相复励调压方式，TV 为电压互感器、TA 为电流互感器、SA 为电流换
相开关。

图 16-109　50GF、75GF 型发电机电气线路

16.8.1　设置绘图环境

Step 01 启动 AutoCAD 2014，在快速访问工具栏中单击"保存"按钮，将其保存为"案例\16\50GF、75GF 型发电机电气线路图.dwg"文件。

Step 02 执行"图层管理器"命令（LA），在文件中新建"主回路层"、"指示回路层"、"电压测量回路层"、"电流测量回路层"、"起动回路层"和"文字说明层"6 个图层，并将"主回路层"置为当前层，各图层属性设置如图 16-110 所示。

图 16-110　图层属性设置

16.8.2　绘制主回路

Step 01 绘制三线电压，执行"多段线"命令（PL），设置起点宽度为 0，终点宽度为 1.5，绘制高度为 5 的箭头图形；再设置宽度均为 0，继续往下绘制垂直线段。

Step 02 执行"复制"命令（CO），将上步绘制好的箭头水平复制 2 份，如图 16-111 所示。

Step 03 绘制连接插头，执行"圆"命令（C），绘制半径为 2 的圆；再执行"构造线"命令（XL），选择"角度（A）"，绘制 60° 的构造线放置到圆心处，并调整构造线的长度，绘制结果如图 16-112 所示。

图 16-111　三线电压　　　　　　　　　　　　　　　图 16-112　绘制连接插头

Step 04 执行"插入"命令（I），将"案例\12"文件夹中的"磁心电感"、"三相断路器"和"同步发电机"插入图形中，并将发电机文字进行修改，如图 16-113 所示。

（a）同步发电机　　　　　　　　　　（b）磁心电感　　　　　　　　　　（c）三相断路器

图 16-113　插入的图形

Step **05**　通过"移动"、"旋转"、"缩放"、"直线"、"修剪"等命令，将元件放置相应位置，如图 16-114 所示。

图 16-114　主回路

::::· 提示

由于页面篇幅原因，此图为旋转−90°

16.8.3　绘制照明指示回路

Step **01**　执行"插入"命令（I），将"案例\12"文件夹中的"熔断器"和"灯"插入图形中，如图 16-115 所示。

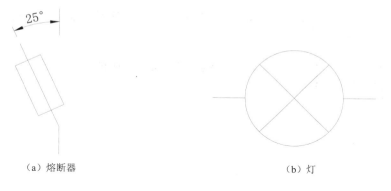

（a）熔断器　　　　　　　　　　（b）灯

图 16-115　插入各元件

Step **02**　通过"旋转"、"复制"、"缩放"、"直线"、"修剪"命令将图形进行组合，结果如图 16-116 所示。

图 16-116　组合图形

16.8.4 绘制电压测量回路

Step 01 绘制电压互感器。执行"矩形"命令（REC），绘制 10×10 和 7×7 的两个对齐的矩形，如图 16-117 所示。

Step 02 执行"圆"命令（C），在上矩形水平中点处绘制半径为 2 的圆，并将多余线段进行修剪，结果如图 16-118 所示。

图 16-117 绘制矩形

图 16-118 绘制圆

Step 03 执行"直线"命令（L），在矩形下侧绘制线段，如图 16-119 所示绘制电压互感器。

Step 04 再执行"复制"命令（CO），绘制另外一个电压互感器，效果如图 16-120 所示。

Step 05 执行"插入"命令（I），将"案例\12"文件夹中的"继电器"插入图形中，如图 16-121 所示。

图 16-119 电压互感器 1

图 16-120 电压互感器 2

图 16-121 继电器

Step 06 通过"复制"、"旋转"、"缩放"、"移动"、"延伸"等命令，将前面主回路中的熔断器复制过来，以如图 16-122 所示效果进行组合。

图 16-122　组合图形

16.8.5　绘制电流测量回路

Step 01 执行＂复制＂命令（CO），将前面电压测量回路中的电压互感器复制过来；再将图形旋转−90°，如图 16-123 所示。

Step 02 再执行＂插入＂命令（I），将＂案例\12＂文件夹中的＂功率互感器＂和＂接地＂插入到图形中，如图 16-124 和图 16-125 所示。

图 16-123　复制图形　　　　　　　　图 16-124　功率互感器　　图 16-125　接地

Step 03 通过＂复制＂、＂旋转＂、＂缩放＂、＂直线＂、＂修剪＂等命令将各元件进行组合，结果如图 16-126 所示。

图 16-126　组合图形

16.8.6　绘制起动回路

　　在绘制起动回路时，前面图形中已经绘制好了相应的元件符号，直接复制过来，再通过插入命令，将需要的元件符号插入进来并进行组合。

Step 01 执行"插入"命令（I），将"案例\12"文件夹中的"二极管"、"电阻器"、"可变电阻器"、"电容器"、"常开按钮开关"和"单极开关"插入到图形中，如图16-127所示。

（a）二极管　　　　　　　（b）可变电阻器　　　　　　　（c）电阻器

（d）常开按钮开关　　　　　　（e）电容器　　　　　　（f）单极开关

图16-127　插入的各元件

Step 02 执行"复制"命令（CO），将前面回路中的"磁心电感"、"连接插头"复制过来。

Step 03 通过"复制"、"旋转"、"缩放"、"移动"、"修剪"、"延伸"、"直线"、"圆"等命令将各元件进行组合，效果如图16-128所示。

图16-128　组合图形

16.8.7　组合线路

前面已经完成了各个回路的绘制，接下来将这些回路进行组合。操作步骤如下：

Step 01 应用"移动"、"直线"、"修剪"命令，将前面所绘制的回路图各部分组合起来，效果如图 16-129 所示。

Step 02 执行"单行文字"命令（DT），设置文字高度为 3.5，在图形位置进行文字注释，结果如图 16-75 所示。

Note

Step 03 至此，此线路图已经绘制完成，按 Ctrl+S 组合键进行保存。

图 16-129　组合图形

16.9　本章小结

本章主要讲解了 AutoCAD 2014 的交流发电机电气线路图的绘制，包括电抗分流发电机电气的绘制，如绘制电气元件、组合线路图等；灯光旋转发电机电气线路的绘制；同期并列发电机电气线路的绘制；三相四线发电机电气线路的绘制；电抗移相发电机电气线路的绘制；无刷励磁控制屏电气线路的绘制；50GF、75GF 型发电机电气线路的绘制等。

第17章

电力工程图的绘制

　　电力工程图是一类重要的电气工程图，主要包括输电工程图和变电工程图。输电工程主要是指连接发电厂、变电站和各级电力用户的输电线路，包括内线工程和外线工程。内线工程指室内动力、照明电气线路及其他线路。外线工程指室外电源供电线路，包括架空电力线路、电缆电力线路等。变电工程包括升压变电和降压变电。升压变电站将发电站发出的电能进行升压，以减少远距离输电的电能损失；降压变电站将电网中的高电压降为各级用户能使用的低电压。本章将通过几个实例来详细介绍电力工程图的一般绘制方法。

内容要点

- ◆　110kV 输电工程图的绘制
- ◆　变电所断面图的绘制
- ◆　电杆安装三视图的绘制
- ◆　变电工程图的绘制
- ◆　直流系统原理图的绘制

17.1　输电工程图的绘制

视频\17\110KV 输电线路保护图的绘制.avi
案例\17\110KV 输电线路保护图.dwg

为了把发电厂发出的电能（电力，电工率）送到用户，必须要有电力输送线路。输电工程图就是用来描述输送线路的电气工程图。如图 17-1 所示为 110kV 输电线路保护图，本章将详细介绍其绘制方法和步骤。

图 17-1　110kV 输电线路保护图

17.1.1　设置绘图环境

在开始绘图之前，需要对绘图环境进行设置，具体操作步骤如下：

Step 01 启动 AutoCAD 2014，以"A3.dwt"样板文件为模板新建文件。

Step 02 选择"文件"→"保存"命令，将新建文件命名为"案例\17\110KW 输电线路保护图.dwg"。

Step 03 在工具栏上右击，在弹出的快捷菜单中选择"标准"、"图层"、"对象特性"、"修改"、"标注"、"绘图""样式"命令，并将各工具栏移至绘图窗口中的适当位置。

17.1.2　线路图的绘制

从如图 17-1 所示的图形分析可知，该线路图主要由接线端子、电源插件、压板、保护装置和 110kV 断路器部分组成，本节将依次介绍各元器件的绘制方法。

1. 接线端子的绘制

Step 01 在"绘图"工具栏中单击"矩形"按钮□，绘制一个 100×20 的矩形，如图 17-2 所示。

Step 02 在"绘图"工具栏中单击"圆"按钮⊘，在矩形的中心位置绘制一个半径为 10 的圆，如图 17-3 所示。

图 17-2 绘制矩形

图 17-3 绘制圆

Step 03 在"绘图"工具栏中单击"直线"按钮╱，以矩形下边的中心位置为起点，向 Y 轴负方向绘制一条长为 1000 的直线，如图 17-4 所示。

Step 04 在"修改"工具栏中单击"复制"按钮℅，选择所有图形为复制对象，输入距离为 150，向右复制图形，如图 17-5 所示。

图 17-4 绘制直线

图 17-5 复制图形

2. 电源插件的绘制

Step 01 在"绘图"工具栏中单击"矩形"按钮□，绘制一个 200×350 的矩形，如图 17-6 所示。

Step 02 在"绘图"工具栏中单击"圆"按钮⊘，以矩形的左端点为圆心绘制一个半径为 10 的圆，如图 17-7 所示。

Step 03 在"修改"工具栏中单击"移动"按钮✣，以圆心为基点分别向下移动 65、向右移动 50，如图 17-8 所示。

Step 04 在"绘图"工具栏中单击"直线"按钮╱，以圆心为起点向左绘制一条长度为 210 直线。再单击"圆"按钮⊘，在直线的另一端点处绘制一个半径为 10 的圆，如图 17-9 所示。

图 17-6　绘制矩形　　　　　　　　　图 17-7　绘制圆

图 17-8　移动圆　　　　　　　　　图 17-9　绘制直线和圆

Step 05 在"修改"工具栏中单击"镜像"按钮 ◭，对直线、圆进行镜像，如图 17-10 所示。

Step 06 在"修改"工具栏中单击"修剪"按钮 ⊹，将包含在圆内的直线进行修剪，如图 17-11 所示。

图 17-10　镜像对象　　　　　　　　图 17-11　直线修剪

3. 压板的绘制

Step 01 在"绘图"工具栏中单击"直线"按钮 ╱，分别绘制两条长度为 210、一条长度为 100 的直线，如图 17-12 所示。

Step 02 在"修改"工具栏中单击"旋转"按钮○，将直线 2 旋转 30°，如图 17-13
所示。

图 17-12　绘制直线　　　　　　　　　图 17-13　　旋转直线

Step 03 在"绘图"工具栏中单击"矩形"按钮▢，绘制一个 200×120 的矩形，如图
17-14 所示。

Step 04 在"绘图"工具栏中单击"圆"按钮⊘，分别在直线 1、3 端点绘制半径为 10
的圆。再在"修改"工具栏中单击"修剪"按钮✂，将包含在圆内的进行直线
修剪，如图 17-15 所示。

图 17-14　绘制矩形　　　　　　　　　图 17-15　　修剪直线

4. 110kV 断路器的绘制

Step 01 在"绘图"工具栏中单击"矩形"按钮▢，分别绘制 50×90、200×300 的两
个矩形，如图 17-16 所示。

Step 02 在"绘图"工具栏中单击"直线"按钮✎，分别以小矩形左右两边中点为起点
绘制两条长度为 280 的直线，如图 17-17 所示。

图 17-16　绘制矩形　　　　　　　　　图 17-17　　绘制直线

Step 03 在"绘图"工具栏中单击"圆"按钮⊘，分别在直线 1、2 端点绘制半径为 10
的圆。再在"修改"工具栏中单击"修剪"按钮✂，将包含在圆内的进行直线
修剪，如图 17-18 所示。

Step 04 在"修改"工具栏中单击"镜像"按钮⚑，镜像图形，如图 17-19 所示。

图 17-18　绘制圆

图 17-19　镜像图形

17.1.3　组合图形

前面已经分别完成了输电线路各元器件的绘制，本节介绍如何将这些元件组合成一个完整的输电线路保护图。具体操作步骤如下：

Step 01 在"修改"工具栏中单击"移动"按钮✛，将图 17-5、图 17-11、图 17-15、图 17-19 所示的图形移到相应位置，如图 17-20 所示。

Step 02 在"修改"工具栏中单击"复制"按钮，对如图 17-5 所示的图形进行复制，如图 17-21 所示。

图 17-20　移动对象　　　　　　　　　　图 17-21　复制对像

Step 03 在"绘图"工具栏中单击"矩形"按钮，绘制一个 400×900 的矩形。再单击"直线"按钮，添加连接线，如图 17-22 所示。

Step 04 在"绘图"工具栏中单击"多行文字"按钮 A，将文字指定在指定位置，在弹出的"文字"对话框中选择文字样式为"样式 1"，设置字体为"宋体"，文字高度为 25，颜色为"黑色"，输入相应的文字，如图 17-23 所示。

Step 05 至此，该输电线路保护图已经绘制完成，按 Ctrl+S 组合键对其文件进行保存。

图 17-22　连接图形　　　　　　　　　图 17-23　输电线路保护图

17.2　变电工程图的绘制

视频\17\变电工程图的绘制.avi
案例\17\变电工程图.dwg

　　变电站主要起变换和分配电能的作用。变电站和输电线路作为电力系统的变电部分同其他部分一样，是电力系统的重要组成部分。如图 17-24 所示的某变电站的一次主接线图，全图基本上是由图形符号、连线及文字注释组成，不涉及出图比例。

　　绘制这类图的要点有两个：一是合理绘制图形符号（或以适当的比例插入事先做好的图块）；二是要使布局合理，图面美观。

图 17-24　变电站主接线图

17.2.1　设置绘图环境

在开始绘图之前，需要设置绘图环境，具体操作步骤如下：

Step 01 启动 AutoCAD 2014，以"A3.dwt"样板文件为模板新建文件，并切换到模型空间。

Step 02 选择"文件"→"保存"命令，将新建文件命名为"案例\17\变电工程图.dwg"。

Step 03 在工具栏上右击，在弹出的快捷菜单中选择"标准"、"图层"、"对象特性"、"修改"、"标注"、"绘图""样式"选项，并将其移至绘图窗口中的适当位置。

Step 04 选择"格式"→"图层"命令，新建 4 个图层，名称分别为"轮廓线"、"电气符号"、"连接导线"和"中心线"，设置各图层的颜色、线型、线宽等属性，并将"构造线"层设置为当前图层，如图 17-25 所示。

图 17-25　图层属性

17.2.2　绘制构造线

Step 01 在"绘图"工具栏中单击"构造线"按钮，分别在水平方向、垂直方向绘制一条构造线。

Step 02 在"修改"工具栏中单击"偏移"按钮，确定各部分图形要素的位置，水平、垂直构造线偏移距离如图 17-26 所示。

图 17-26　绘制构造线

17.2.3 线路图的绘制

从如图 17-24 所示的图形分析可知，该线路图主要由母线、主变支路、变电所支路、接地线路和供电部分组成，本节将依次介绍各条线路的绘制方法。

1. 母线绘制

35kV 母线及 10kV 母线均用单直线表示，线宽设置为 0.7。即在"绘图"工具栏中单击"直线"按钮，绘制一条长度为 20000 的直线，如图 17-27 所示。

图 17-27 绘制母线

2. 绘制主变支路

图中共有 9 个主变支路，包括 8 个工作主变支路和 1 个备用支路。每个主变支路的图形符号完全相同，其绘制步骤如下：

Step 01 在"绘图"工具栏中单击"直线"按钮，分别绘制长度为 360、180、420 和 360 的 4 条直线，如图 17-28 所示。

Step 02 在对象选择栏中右击"极轴追踪"按钮，设置追踪角度为 45°，开启"极轴"命令。在"绘图"工具栏中单击"直线"按钮，分别以直线 1、直线 2 的下端点为起点，绘制一条角度为 45°、长度为 200 的直线，如图 17-29 所示。

Step 03 在"修改"工具栏中单击"镜像"按钮，以直线 1 为镜像点镜像步骤 2 中所绘直线。再单击"删除"按钮，将直线 2 删除，如图 17-30 所示。

图 17-28 绘制直线　　　　图 17-29 绘制斜线　　　　图 17-30 镜像对象

Step 04 在"修改"工具栏中单击"镜像"按钮，以直线 4 的中点为镜像点将直线 3、与 Y 轴成 45° 角的直线进行镜像。在"修改"工具栏中单击"旋转"按钮，将直线 4 旋转 30°，如图 17-31 所示。

Step 05 在"绘图"工具栏中单击"直线"按钮，在直线 3 的下端点绘制一条长度为 96 的直线。再单击"圆"按钮，在直线 3 的下端点绘制一个半径为 36 的圆，如图 17-32 所示。

图 17-31　镜像对象　　　　　　　　　　　　　　　　　图 17-32　绘制圆

Step 06 在"绘图"工具栏中单击"圆"按钮⊘，绘制一个半径为 120 的圆。单击"直线"按钮✎，向 *Y* 方向绘制一条长度为 360 的直线穿过圆，以圆心为起点向 *X* 正方向绘制一条长度为 270 的直线，如图 17-33 所示。

Step 07 在"修改"工具栏中单击"修剪"按钮✄，将直线 1 包含在圆内的部分修剪掉，如图 17-34 所示。

Step 08 在"绘图"工具栏中单击"直线"按钮✎，绘制两条长度为 180，与直线 1 相交成 $60°$ 角的直线，如图 17-35 所示。

图 17-33　绘制圆、直线　　　　　　图 17-34　修剪直线　　　　　　图 17-35　绘制直线

Step 09 在"修改"工具栏中单击"矩形阵列"按钮🔳，根据如下命令行提示进行操作，将如图 17-35 的图形对象进行矩形阵列，其阵列后的效果如图 17-36 所示。

图 17-36　阵列对象

命令：_arrayrect　（执行矩阵列命令）
选择对象：指定对角点：找到 1 个　（选择图 17-35 所示的图形对象）
选择对象：　（按 Enter 键结束选择）
类型 = 矩形　关联 = 是
为项目数指定对角点或 [基点(B)/角度(A)/计数(C)] <计数>：c　（选择计数 C 选项）
输入行数或 [表达式(E)] <4>：2　（输入行数为 2）

输入列数或［表达式(E)］<4>：3　（输入列数为3）
指定对角点以间隔项目或［间距(S)］<间距>：　（按Enter键设置间距）
指定行之间的距离或［表达式(E)］<7.5>：300　（设置行间距为300）
指定列之间的距离或［表达式(E)］<15>：420　（设置列间距为420）
按Enter键接受或［关联(AS)/基点(B)/行(R)/列(C)/层(L)/退出(X)］<退出>：

Step 10 在"绘图"工具栏中单击"直线"按钮，绘制一条长度为720的直线。再单击"多边形"按钮，输入3，以所绘直线中点为中心点绘制一个正三角形，如图17-37所示。

Step 11 在"修改"工具栏中单击"镜像"按钮，以直线的下端点为镜像点镜像图形，如图17-38所示。

图17-37　绘制正三角形　　　　　　图17-38　镜像对象

Step 12 变压器在第三章中进行了绘制，因此选择"插入"→"块"命令，在弹出的对话框中选择块名称为"三相变压器符号"，将比例设为100，单击"确定"按钮，即将块将插入视图的空白位置，如图17-39所示。

图17-39　插入块

Step 13 在"绘图"工具栏中单击"直线"按钮，在变压器两个圆内分别以圆心为起点绘制三条长度为180的直线，如图17-40所示。

说明

变压器的主副绕组的连接方式有：△-Y、Y-Y、Y-△等，在此电路中变压器为Y-Y接法，因此在插入块之后还必须在变压器中添加Y的标志。

Step 14 在"修改"工具栏中单击"平移"按钮✛，将绘制好的图形按顺序依次组合起来，就完成了主变支路的绘制，如图 17-41 所示。

图 17-40　绘制直线　　　　　　图 17-41　组合图形

3. 绘制变电所支路

Step 01 在"修改"工具栏中单击"复制"按钮🗐，将图 17-32、图 17-35、图 17-37 所绘的图形分别复制一份过来，如图 17-42 所示。

（a）　　　　　　　　　　（b）　　　　　　　　　　（c）

图 17-42　复制图形

Step 02 在"修改"工具栏中单击"矩形阵列"按钮▦，根据如下命令行提示进行操作，将图 17-35 所示的图形对象进行矩形阵列，阵列后的效果如图 17-43 所示。

```
命令：_arrayrect　（执行矩阵列命令）
选择对象：指定对角点：找到 1 个　（选择图 17-35 所示的图形对象）
选择对象：　（按 Enter 键结束选择）
类型 = 矩形　关联 = 是
为项目数指定对角点或 [基点(B)/角度(A)/计数(C)] <计数>：c　（选择计数 C
选项）
输入行数或 [表达式(E)] <4>：2　（输入行数为 2）
输入列数或 [表达式(E)] <4>：3　（输入列数为 3）
```

指定对角点以间隔项目或 [间距(S)] <间距>: （按 Enter 键设置间距）
指定行之间的距离或 [表达式(E)] <7.5>: 300 （设置行间距为 300）
指定列之间的距离或 [表达式(E)] <15>: 720 （设置列间距为 720）
按 Enter 键接受或 [关联(AS)/基点(B)/行(R)/列(C)/层(L)/退出(X)] <退出>:

Step 03 在"修改"工具栏中单击"平移"按钮✛，将绘制好的图形按顺序依次组合起来，就完成了变电所支路的绘制，如图 17-44 所示。

图 17-43　阵列对象　　　　　　　　　　图 17-44　组合图形

4. 绘制供电线路

Step 01 选择"插入"→"块"命令，分别以适当的比例插入信号灯、电容、电阻符号，如图 17-45 所示。

图 17-45　插入块

Step 02 在"修改"工具栏中单击"平移"按钮✛，根据需要将电气符号移至相应位置。在"绘图"工具栏中单击"直线"按钮／，将元件连接起来，如图 17-46 所示。

Step 03 在"绘图"工具栏中单击"直线"按钮／，在电阻、信号灯的下端绘制接地符号，如图 17-47 所示。

Step 04 在"修改"工具栏中单击"平移"按钮✛，将绘制好的图形按顺序依次组合起来，完成供电线路的绘制，如图 17-48 所示。

図 17-46　移动对象　　　　図 17-47　绘制接地符号　　　　図 17-48　供电线路

17.2.4　组合图形

前面已经分别完成了变电站各条支路的绘制，本节介绍如何将各支路分别安装至母线上去。具体操作步骤如下：

Step 01 以如图 17-27 所示的构造线为基准，应用"复制"、"移动"命令将各支路连接起来，如图 17-49 所示。

図 17-49　组合图形

Step 02 在"绘图"工具栏中单击"多行文本"按钮 **A**，分别设置相应的字体、字高等，再在图中各个位置添加相应的文字，并使用"平移工具"将文字平移到合适的位置，在电阻、信号灯的下端绘制接地符号，如图 17-50 所示。

图 17-50　变电站主接线图

Step 03 至此，该变电站主接线图已经绘制完成，按 Ctrl+S 组合键对其文件进行保存。

17.3　变电所断面图的绘制

视频\17\变电所断面图的绘制.avi
案例\17\变电所断面图.dwg

　　变电所断面图是从断面的角度来表达变电所整体结构的图纸。如图 17-51 所示为某变电所断面图，它主要由变压器、断路器、高压隔离开关、电压互感器、避雷器和绝缘子等构成。本节将介绍此图的绘制方法。

图 17-51　变电所断面图

17.3.1　设置绘图环境

　　在开始绘图之前，需要设置绘图环境，具体操作步骤如下：

Step 01 启动 AutoCAD 2014，以"A3.dwt"样板文件为模板新建文件，并切换到模型空间。

Step 02 选择"文件"→"保存"命令，将新建文件命名为"案例\17\变电所断面图.dwg"。

Step 03 在工具栏上右击，在弹出的快捷菜单中选择"标准"、"图层"、"对象特性"、"修改"、"标注"、"绘图""样式"命令，并将各工具栏移至绘图窗口中的适当位置。

Step 04 选择"格式"→"比例缩放列表"命令，弹出如图 17-52 所示的"编辑图形比例"对话框，在列表框中选中"1:100"，然后单击"确定"按钮。这样在绘制图形时，1 图纸单位=100 图形单位，可以保证 A3 的图纸上能够打印出绘制的图形。

图 17-52 "编辑图形比例"对话框

Step 05 选择"格式"→"图层"命令，新建 4 个图层，名称分别为"轮廓线"、"电气符号"、"连接导线"和"中心线"。设置各图层的颜色、线型、线宽等属性，并将"构造线"层设置为当前图层，如图 17-53 所示。

图 17-53 图层属性设置

17.3.2 绘制构造线

Step 01 在"绘图"工具栏中单击"构造线"按钮，分别在水平方向、垂直方向各绘制一条构造线。

Note

Step 02 在"修改"工具栏中单击"偏移"按钮⬚，确定各部分图形要素的位置，水平、垂直构造线的偏移距离，如图 17-54 所示。

图 17-54　绘制构造线

17.3.3　绘制电气设备

在变电所断面图中，主要有杆塔、变压器、高压隔离开关、高压熔断器、电压互感器、避雷器和绝缘子等电气元件，本节将依次介绍各元件的绘制方法。

1. 绘制杆塔

::::: 提示

杆塔是支承架空输电线路导线和架空地线并使它们之间以及与大地之间保持一定距离的杆形或塔形构筑物。世界各国线路杆塔采用钢结构、木结构和钢筋混凝土结构。通常对木和钢筋混凝土的杆形结构称为杆，塔形的钢结构和钢筋混凝土烟囱形结构称为塔。不带拉线的杆塔称为自立式杆塔，带拉线的杆塔称为拉线杆塔。输电线路杆塔有两种分类方法，一是按其不同的用途和功能划分为不同的类别，另一种是按其不同的外观形状划分为不同的型式。

Step 01 选择"绘图"→"多线"命令，绘制一条长多线，命令行提示如下：

```
命令: _mline
当前设置: 对正 = 上, 比例 = 20.00, 样式 = STANDARD
指定起点或 [对正(J)/比例(S)/样式(ST)]: s
输入多线比例 <20.00>: 500
当前设置: 对正 = 上, 比例 = 500.00, 样式 = STANDARD
指定起点或 [对正(J)/比例(S)/样式(ST)]: j
输入对正类型 [上(T)/无(Z)/下(B)] <上>: z
当前设置: 对正 = 无, 比例 = 500.00, 样式 = STANDARD
指定起点或 [对正(J)/比例(S)/样式(ST)]:(通过对象捕捉确定多线的端点，如图
17-55 所示)
```

Step 02 在"绘图"工具栏中单击"直线"按钮✐，连接所绘多线的两个上端点得到直线 1，再在"修改"工具栏中单击"偏移"按钮⬚，将直线 1 向下偏移 40，如图 17-56 所示。

Step 03 在"绘图"工具栏中单击"直线"按钮 ✐，绘制两条长度为 70 的直线，再单击"矩形"按钮 ▢，分别绘制一个 500×35 的矩形，如图 17-57 所示。

图 17-55　绘制多线　　　图 17-56　绘制矩形的　　　图 17-57　1#塔杆

Step 04 用同样的方法绘制 2#、3#塔杆，如图 17-58 所示。

（a）2#塔杆　　　　　　　　（b）3#塔杆

图 17-58　绘制塔杆

2. 变压器的绘制

> **提示**
>
> 变压器是利用电磁感应的原理来改变交流电压的装置，主要构件是初级线圈、次级线圈和铁心（磁心）。在电器设备和无线电路中，常用作升降电压、匹配阻抗、安全隔离等。电力变压器是一种静止的电气设备，是用来将某一数值的交流电压（电流）变成频率相同的另一种或几种数值不同的电压（电流）的设备。

Step 01 在"绘图"工具栏中单击"矩形"按钮 ▢，绘制一个 630×455 的矩形。在"修改"工具栏中单击"偏移"按钮 ⬒，输入偏移距离为 35，向矩形的内部偏移，如图 17-59 所示。

Step 02 在"修改"工具栏中单击"圆角"按钮 ▢，输入倒角半径为 35，将所绘矩形进行倒圆角，绘制结果如图 17-60 所示。命令行提示如下：

```
命令：_fillet
当前设置：模式 = 修剪，半径 = 0.0000
选择第一个对象或 [放弃(U)/多段线(P)/半径(R)/修剪(T)/多个(M)]：r
指定圆角半径 <0.0000>：35
选择第一个对象或 [放弃(U)/多段线(P)/半径(R)/修剪(T)/多个(M)]：
选择第二个对象，或按住 Shift 键选择要应用角点的对象：
```

图 17-59　偏移矩形

图 17-60　倒圆角

Step 03 在"绘图"工具栏中单击"直线"按钮 ，绘制一条长度为 555 的直线。再在"修改"工具栏中单击"镜像"按钮 ，以矩形中点为镜像点镜像直线，如图 17-61 所示。

Step 04 在"修改"工具栏中单击"修剪"按钮 ，以将包含在直线 1、2 内的部分剪切掉，再将直线 1、2 包含在矩形内的部分剪切掉，如图 17-62 所示。

图 17-61　绘制直线

图 17-62　修剪直线

Step 05 在"绘图"工具栏中单击"矩形"按钮 ，绘制一个 380×460 的矩形。在"修改"工具栏中单击"圆角"按钮 ，输入倒角半径为 35，将所绘矩形四角进行倒圆角，如图 17-63 所示。

Step 06 在"绘图"工具栏中单击"直线"按钮 ，绘制 6 条长度为 420 的直线均匀放入矩形中，如图 17-64 所示。

图 17-63　绘制矩形并倒角

图 17-64　绘制直线

Step 07 在"绘图"工具栏中单击"矩形"按钮 ⬚，分别在变压器的上下端绘制一个 530 × 35 的矩形，从而得到变压器图形，如图 17-65 所示。

图 17-65　变压器

3. 避雷器的绘制

:::: 提示

避雷器是种能释放雷电或兼能释放电力系统操作过电压能量，保护电工设备免受瞬时过电压危害，又能截断续流，不致引起系统接地短路的电器装置。避雷器通常接于带电导线与地之间，与被保护设备并联。当过电压值达到规定的动作电压时，避雷器立即动作，流过电荷，限制过电压幅值，保护设备绝缘；电压值正常后，避雷器又迅速恢复原状，以保证系统正常供电。

Step 01 选择"绘图"→"多线"命令，绘制一条比例为了 20 的多线。再在"绘图"工具栏中单击"直线"按钮 ✏，分别将多线的两端点相连，如图 17-66 所示。

Step 02 在"修改"工具栏中单击"偏移"按钮 ⬚，输入偏移距离为 90，分别对直线 1、直线 2 进行偏移，如图 17-67 所示。

Step 03 在"绘图"工具栏中单击"圆"按钮⊙，绘制一个半径为 100 且与直线 1 相切的圆，如图 17-68 所示。

图 17-66　绘制多线　　　　　图 17-67　偏移直线　　　　　图 17-68　绘制圆

4. 高压互感器的绘制

提示

高压互感器是适用于 1kV 至 220kV 电力系统中将大电压转换成小电压或将大电流转换成小电流以便于测量、保护、使用的互感器，一般分为 3kV、6kV、10kV、35kV、66kV、110kV、220kV。

Step 01 在"绘图"工具栏中单击"圆"按钮⊙，绘制一个半径为 165 的圆，再单击"矩形"按钮，绘制一个 236×410 的矩形与圆相交，如图 17-69 所示。

Step 02 在"修改"工具栏中单击"圆角"按钮◻，将所绘矩形的上面两角倒为半径为 18 的圆角，下面两角倒为 60 的圆角，如图 17-70 所示。

图 17-69　绘制图形　　　　　　　　　图 17-70　倒圆角

Step 03 在"修改"工具栏中单击"修剪"按钮⊁，将包含在矩形内的部分圆剪切掉，如图 17-71 所示

Step 04 在"绘图"工具栏中单击"矩形"按钮▢，分别绘制 32×32、45×50、11×10 的矩形各一个，如图 17-72 所示。

图 17-71　修剪对象　　　　　　　　　　　　图 17-72　绘制矩形

Step 05 在"修改"工具栏中单击"镜像"按钮，选择所绘的 3 个矩形，以矩形左端点为镜像点镜像矩形，如图 17-73 所示。

Step 06 在"绘图"工具栏中单击"直线"按钮，绘制一条长度为 256 的直线。再单击"圆弧"按钮，绘制圆弧，如图 17-74 所示。

图 17-73　镜像对象　　　　　　　　　　　　图 17-74　绘制直线

5. 真空断路器的绘制

> **提示**
>
> 真空断路器是一种用真空作为灭弧介质和绝缘介质的断路器，由于这种断路器开断可靠性高，可频繁操作，寿命长，体积小，结构简单，维护工作量少等优点，目前在中压领域得到广泛应用。真空断路器主要包含三大部分：真空灭弧室、电磁或弹簧操动机构、支架及其他部件。

Step 01 在"绘图"工具栏中单击"矩形"按钮，绘制一个 1000×1000 矩形，再单击"点"按钮，在所绘矩形 4 条边上找到离矩形左端点、右端点相距 300 的点，分别为 a、b、c、d4 点，如图 17-75 所示。

Step 02 开启"对象捕捉"按钮，在"绘图"工具栏中单击"直线"按钮，分别将 a 点和 b 点、c 点和 d 点相连，如图 17-76 所示。

图 17-75　绘制矩形

图 17-76　连接点

Step 03 在"修改"工具栏中单击"修剪"按钮，将步骤 2 中所绘直线外的矩形部分剪切掉，如图 17-77 所示。

Step 04 在"绘图"工具栏中单击"矩形"按钮，分别绘制 160×225、90×48 的矩形。再在"绘图"工具栏中单击"直线"按钮，将两矩形上下边的两中点相连，如图 17-78 所示。

图 17-77　修剪图形

图 17-78　绘制矩形

Step 05 在"修改"工具栏中单击"旋转"按钮，将所绘矩形以 a 点为基点旋转 45°，如图 17-79 所示。

Step 06 在"修改"工具栏中单击"镜像"按钮，将旋转后的矩形以步骤 1 中所绘矩形上下边中点为基准进行镜像，如图 17-80 所示。

图 17-79　旋转矩形

图 17-80　真空断路器

6. 隔离开关的绘制

> **提示**
>
> 隔离开关是高压开关电器中使用最多的一种电器，顾名思义，是在电路中起隔离作用的。它本身的工作原理及结构比较简单，但是由于使用量大，工作可靠性要求高，对变电所、电厂的设计、建立和安全运行的影响均较大。刀闸的主要特点是无灭弧能力，只能在没有负荷电流的情况下分、合电路。

Step 01 在"绘图"工具栏中单击"矩形"按钮 □，分别绘制 320×160、900×730 的矩形（矩形 1、矩形 2），如图 17-81 所示。

Step 02 在"绘图"工具栏中单击"圆"按钮 ⊘，在矩形 1 的左边绘制一个半径为 60 的圆，如图 17-82 所示。

图 17-81　绘制矩形

图 17-82　绘制圆

Step 03 在"修改"工具栏中单击"分解"按钮 ☞，将矩形 2 进行分解。再单击"偏移"按钮 ☜，输入偏移距离为 95，分别对矩形 2 的左右两边进行偏移，如图 17-83 所示。

Step 04 在"修改"工具栏中单击"镜像"按钮 ◬，将矩形 1、圆以矩形 2 左边中点为起点水平镜像，选中矩形 1、圆以及镜像图形再进行垂直镜像，如图 17-84 所示。

图 17-83　分解对象

图 17-84　隔离开关

17.3.4　组合电气设备

前面已经分别完成了图纸的框架和各主要电气设备符号的绘制，本节将绘制完成的各主要电气设备的符号插入框图的相应位置，基本完成草图的绘制。

Note

在此操作过程中，多次调用"平移"命令，在选择基点和第二点时尽量使用"对象捕捉"，使得电气符号能够准确定位到合适的位置。在插入电气符号的过程中，可以适当使用缩放命令，调整各图形符号到合适的尺寸，保证整张图纸的整齐和美观。插入完毕后，效果图如图 17-85 所示。

图 17-85　组合图形

17.3.5　添加连接导线

电气设备组合完成后，还需将各电气符号进行连接，本节将在各电气符号之间插入导线。操作步骤如下：

Step 01 将当前图层从"实体符号层"切换到"连接导线层"。

Step 02 分别调用"直线"、"圆弧"、"样条曲线"命令，绘制连接导线。在绘制过程中使用"对象捕捉"捕捉导线的连接点。添加完导线后，效果图如图 17-86 所示，即完成变电所断面图的绘制。

图 17-86　变电所断面图

Step 03 至此，该变电所断面图已经绘制完成，按 Ctrl+S 组合键对其文件进行保存。

17.4　直流系统原理图的绘制

视频\17\直流系统原理图的绘制.avi
案例\17\直流系统原理图.dwg

　　由直流提供电力的系统称为直流系统。直流系统原理其实就是由交流电经过充电装置蓄电池充电、然后蓄电池屏由电缆向馈出屏连接，馈出屏向装置供直流电，基本就是这个流程。不过直流系统里面会加一些对蓄电池运行情况的监测装置、故障报警装置。直流系统的用电负荷极为重要，对供电的可靠性要求很高。直流系统的可靠性是保障变电站安全运行的决定性条件之一。如图 17-87 所示为直流系统原理图，本节将介绍此图的绘制方法。

图 17-87　直流系统原理图

17.4.1　设置绘图环境

　　在开始绘图之前，需要设置绘图环境，具体操作步骤如下：

Step 01 启动 AutoCAD 2014，并以"A3.dwt"样板文件为模板。

Step 02 选择"文件"→"保存"命令，将新建文件命名为"案例\17\直流系统原理图.dwg"。

Step 03 在工具栏上右击，在弹出的快捷菜单中选择"标准"、"图层"、"对象特性"、"修改"、"标注"、"绘图""样式"命令，并将各工具栏移至绘图窗口中的适当位置。

17.4.2 绘制电气设备

从直流系统原理图分析可知在直流系统原理图中，主要包括：充电装置、动力负荷、控制负荷、蓄电池 120Ah、微机监控装置，分为 PCI 段引来交流 380V 电源和保安段引来交流 380V 电源等电气元件，本节将依次介绍各元件的绘制方法。

1. 绘制充电装置

Step 01 在"绘图"工具栏中单击"矩形"按钮□，绘制一个 30×15 的矩形，如图 17-88 所示。

Step 02 在"绘图"工具栏中单击"直线"按钮✎，将 a、b 两点相连，如图 17-89 所示。

图 17-88　绘制矩形

图 17-89　连接点

Step 03 在"绘图"工具栏中单击"多行文字"按钮 A，在矩形内分别输入符号"－"、"～"，完成充电装置的绘制，如图 17-90 所示。

图 17-90　充电装置

2. 绘制动力负荷、控制负荷

Step 01 在"绘图"工具栏中单击"直线"按钮✎，分别绘制长度为 8、5、8 的 3 条直线，如图 17-91 所示。

Step 02 在"修改"工具栏中单击"旋转"按钮↻，将直线 2 旋转 45°，如图 17-92 所示。

Step 03 在"绘图"工具栏中单击"直线"按钮✎，开启"极轴"命令，绘制一条长度为 1.5 的直线。在"修改"工具栏中单击"阵列"按钮▦，将所绘直线进行环形阵列，如图 17-93 所示。

图 17-91　绘制直线　　　　　图 17-92　旋转直线　　　　　图 17-93　阵列直线

Step 04 在"修改"工具栏中单击"复制"按钮 ，选择图 17-91 为复制对象，将图形
向右复制 15。再在"绘图"工具栏中单击"直线"按钮 ，将两个图形连接
起来，如图 17-94 所示。

Step 05 在"绘图"工具栏中单击"多边形"按钮 ，绘制一个内切于圆半径为 2.5 的
正三边形。单击"直线"按钮 ，在三角形的一角为起点绘制一条长度为 10
的直线，如图 17-95 所示。

图 17-94　复制对象　　　　　　　　　　　图 17-95　绘制三角形

Step 06 在"修改"工具栏中单击"移动"按钮 ，将图 17-95 移至图 17-94 中两个断
路器的中间位置，再在"绘图"工具栏中单击"直线"按钮 ，绘制直线，如
图 17-96 所示。

用同样的方法绘制控制负荷，效果图如图 17-97 所示。

图 17-96　连接对象　　　　　　　　　图 17-97　控制负荷图

Note

3. 绘制蓄电池 120Ah

Step 01 在"绘图"工具栏中单击"直线"按钮 ✎，分别绘制长度为 12 的水平直线，再绘制长度为 4 和 2 的垂线，如图 17-98 所示。

Step 02 在"修改"工具栏中单击"复制"按钮 ⬚，复制直线 1、2，如图 17-99 所示。

图 17-98　绘制直线　　　　　　　　　　图 17-99　复制直线

Step 03 在"绘图"工具栏中单击"直线"按钮 ✎，绘制一条长为 5 的直线。在"修改"工具栏中单击"镜像"按钮 ⬚，以所绘直线中点为镜像点镜像对象，如图 17-100 所示。

图 17-100　蓄电池图

4. 绘制 PCI 支路

Step 01 在"绘图"工具栏中单击"直线"按钮 ✎，绘制一条长度为 33 的直线，单击"矩形"按钮 ⬚，在直线上绘制一个 8×2.5 的矩形，如图 17-101 所示。

Step 02 在"绘图"工具栏中单击"圆"按钮 ⬚，绘制两个半径为 2.5 的圆；单击"多行文字"按钮 **A**，分别输入字母"V"、"A"，如图 17-102 所示。

图 17-101　绘制直线、矩形　　　　　　　图 17-102　绘制电压表、电流表

Step 03 在"绘图"工具栏中单击"矩形"按钮 ⬚，绘制一个 12×12 的矩形，如图 17-103 所示。

Step 04 在"绘图"工具栏中单击"直线"按钮 ✎，将 a、b 两点相连，如图 17-104 所示。

Step 05 在"绘图"工具栏中单击"多行文字"按钮 **A**，在矩形内分别输入字母"mA"，如图 17-105 所示。

图 17-103　绘制矩形

图 17-104　连接点

图 17-105　输入文字

Step 06 在"绘图"工具栏中单击"矩形"按钮 ⬜，在直线上绘制两个 2.5×8 的矩形。

Step 07 应用"移动"、"直线"命令将以上所绘图形给合在一起，即完成 PCI 支路的绘制，如图 17-106 所示。

图 17-106　PCI 支路

17.4.3　组合电气设备

前面已经分别完成了各主要电气设备符号的绘制，本节将绘制完成的各主要电气设备的符号移至相应的位置。具体操作步骤如下：

Step 01 应用"复制"、"移动"、"直线"命令，将各支路连接起来，如图 17-107 所示。

图 17-107　PCI 支路

Step 02 在"绘图"工具栏中单击"多行文本"按钮 **A**，分别设置相应的字体、字高等，再在图中各个位置添加相应的文字，并使用"平移工具"将文字平移到合适的位置，完成直流系统原理图的绘制，如图 17-108 所示。

图 17-108　直流系统原理图

17.5　电杆安装三视图的绘制

 视频\17\电杆安装三视图的绘制.avi
案例\17\电杆安装三视图.dwg

如图 17-109 所示为电杆安装三视图，从图中可以看出该图主要包括电杆、U 形抱箍、M 形抱铁、杆顶支座抱箍、横担、针式绝缘子及拉线组成，本节将介绍此图的绘制方法。

图 17-109　电杆安装三视图

17.5.1　设置绘图环境

在开始绘图之前，需要设置绘图环境，具体操作步骤如下：

Step 01　启动 AutoCAD 2014，以 "A3.dwt" 样板文件为模板。

Step 02　选择 "文件" → "保存" 命令，将新建文件命名为 "案例\17\电杆安装三视图.dwg"。

Step 03　在工具栏上右击，在弹出的快捷菜单中选择 "标准"、"图层"、"对象特性"、"修改"、"标注"、"绘图""样式" 命令，并将各工具栏移至绘图窗口中的适当位置。

Step 04　选择 "格式" → "图形界限" 命令，设置图形界限的左下角点坐标为 (0，0)，右上角点坐标为 (1700，1400)。

Step 05　选择 "格式" → "图层" 命令，在弹出的 "图层特性管理器" 面板中新建 "轮廓线层"、"实体符号层"、"连接导线层" 和 "中心线层" 4 个图层，各图层的颜色、线型、线宽及其他属性设置如图 17-110 所示。然后将 "轮廓线层" 设置为当前图层。

图 17-110　图层属性

17.5.2　设置图纸布局

Step 01　在 "绘图" 工具栏中单击 "构造线" 按钮，单击状态栏中的 "正交模式" 按钮，绘制一条水平直线 1。

Step 02　在 "修改" 工具栏中单击 "偏移" 按钮，将直线 1 依次向下偏移 120、30、30、140、30、30、90、30、30、625、85、30 和 30，绘制如图 17-111 所示的 13 条水平直线。

图 17-111　偏移水平直线

Note

Step 03 在"绘图"工具栏中单击"构造线"按钮✎，绘制一条垂直直线 1。

Step 04 在"修改"工具栏中单击"偏移"按钮📋，将直线 2 依次向右偏移 50、230、60、85、85、60、230、50、350、85、85、60 和 355，绘制如图 17-112 所示的 13 条水平直线。

图 17-112　偏移垂直直线

Step 05 在"修改"工具栏中单击"修剪"按钮✂和"删除"按钮✐，将图 17-110 修剪为 3 个区域，每个区域对应一个视图位置，如图 17-113 所示。

主视图　　　　　　　　　　　　　　　左视图

俯视图

图 17-113　绘制三视图布局

17.5.3　绘制三视图

如图 17-113 所示为电杆安装三视图，绘制此图时首先应根据三视图中各部件的位置确定图纸布局，得到各个视图的轮廓线；然后绘制出图中出现较多的针式绝缘子，将其保存为块；再分别绘制主视图、俯视图和左视图的细节部分，最后进行标注。

1. 绘制主视图

Note

Step 01 在"修改"工具栏中单击"修剪"按钮和"删除"按钮，将图 17-113 中的主视图图形修剪为如图 17-114 所示的图形，得到主视图的轮廓线。

Step 02 选择矩形 1 和矩形 2，在"图形特性管理器"面板中，选择"实体符号层"，将其图层属性设置为实体层。

Step 03 在"修改"工具栏中单击"偏移"按钮，选择矩形 1 的左竖直边，向右偏移 105，右竖直边向左偏移 105；再单击"延伸"按钮，将偏移得到的两条竖直直线向上延伸 120，将其端点落在顶杆的顶边上，选择顶杆的两条竖直边，向下延伸 300，如图 17-115 所示。

图 17-114　绘制矩形

图 17-115　连接点

Step 04 在"绘图"工具栏中单击"样条曲线"按钮，在 a、b 之间绘制如图 17-116 所示的样条曲线。

Step 05 在"绘图"工具栏中单击"插入块"按钮，在绘图区适当位置插入"绝缘"图块，如图 17-117 所示。

图 17-116　拉长顶杆

图 17-117　插入块

Step 06 在"绘图"工具栏中单击"多段线"按钮，绘制如图 17-118 所示的拉线，完成主视图的绘制。

图 17-118　完成主视图的绘制

2. 绘制俯视图

Step 01 在"修改"工具栏中单击"修剪"按钮 ᵗ⁻ 和"删除"按钮 ✐，将图 17-113 中的俯视图图形修剪为如图 17-119 所示的图形，得到俯视图的轮廓线。

图 17-119　修剪俯视图轮廓线

Step 02 选择所有边界线，单击"图形特性管理器"面板中选择"实体符号层"，将其图层属性设置为实体层。

Step 03 在"绘图"工具栏中单击"圆"按钮 ⊘，在"对象捕捉"模式下，捕捉 A 点为圆心，分别绘制半径为 15 和 30 的同心圆；捕捉 C 点为圆心，分别绘制半径为 90 和 145 的同心圆。

Step 04 在"修改"工具栏中单击"复制"按钮 ᵒˢ，将以 A 点为圆心的同心圆向 B 点和 O 点复制，并将复制到 O 点的圆适当向上移动，如图 17-120 所示。

图 17-120　绘制圆

Step 05 在"绘图"工具栏中单击"多段线"按钮，绘制接线与箭头；再在"修改"工具栏中单击"修剪"按钮 ⊹ 和"删除"按钮 ✍，修剪并删除图中多余的直线与圆弧，得到如图 17-121 所示的俯视图图形。

图 17-121　俯视图

3. 绘制左视图

Step 01 在"修改"工具栏中单击"修剪"按钮 ⊹ 和"删除"按钮 ✍，将图 17-113 中的俯视图图形修剪为如图 17-122 所示的图形，得到左视图的轮廓线。

Step 02 在"修改"工具栏中单击"延伸"按钮 ⟶，选择直线 1 和直线 2，分别向下延伸 300，形成电杆轮廓线。

Step 03 在"绘图"工具栏中单击"样条曲线"按钮 ∿，在电杆下端绘制相应的样条曲线，构成电杆的底端；再单击"矩形"按钮，分别在图形中适当位置绘制一个 90×60 的矩形，如图 17-123 所示。

Step 04 在"绘图"工具栏中单击"插入块"按钮 ⧉，在绘图区适当位置插入绝缘体图块；再单击"多段线"按钮 ⤴，绘制拉线和箭头，得到如图 17-124 所示的左视图。

图 17-122　修剪轮廓线

图 17-123　插入矩形块

图 17-124　左视图

Step 05 至此，该电杆安装三视图已经绘制完成，按 Ctrl+S 组合键对其文件进行保存。

17.6 本章小结

　　本章主要讲解了 AutoCAD 2014 的电力工程图的绘制，包括输电工程图的绘制，如设置绘图环境、线路图的绘制、组合图形等；变电工程图的绘制；变电所断面图的绘制；直流系统原理图的绘制；电杆安装三视图的绘制等。

建筑电气工程图的绘制

建筑电气平面图主要表示某一电气工程中电气设备、装置和线路的平面布置，一般是在建筑平面图的基础上绘制出来的。常见的电气工程平面图有线路平面图、变电所平面图、照明平面图、弱电系统平面图、防雷与接地平面图等。

内容要点

◆ 办公楼低压配电干线系统图的绘制

◆ 车间电力平面图绘制

◆ 某建筑配电图的绘制

18.1 办公楼低压配电干线系统图的绘制

> 视频\18\办公楼低压配电干线系统图的绘制.avi
> 案例\18\办公楼低压配电干线系统图.dwg

配电干线系统图具有无尺寸标注、难以对图中的对象进行定位的特点，如图 18-1 所示为绘制完成的某办公楼低压配电干线系统图。

图 18-1 办公楼低压配电干线系统图

18.1.1 设置绘图环境

从图 18-1 所示分析可知，绘制该配电系统图应先用辅助线定位出各个对象的位置，再根据要求绘制相关模块，配电总线等，最后在对图中相关的内容标注文字说明。操作步骤如下：

Step 01 启动 AutoCAD 2014，在快速访问工具栏中单击"新建"按钮"📄"，在"选择文件"对话框中，单击"打开"按钮右侧的"▾"按钮，以"无样板打开-公制（I）"方式建立新文件，并将文件命名为"案例\18\办公楼低压配电干线系统图.dwg"并保存。

Step 02 在"常用"标签下的"图层"面板中单击"图层特性"按钮，打开"图层特性管理器"面板，新建如图 18-2 所示的 4 个图层，然后将"虚线"图层设置为当前图层。

图 18-2　图层属性设置

Step 03 选择"格式"→"线型"命令，弹出"线型管理器"对话框，然后单击右侧的"显示细节"按钮，将下方的"全局比例因子"设置为 500，如图 18-3 所示。

图 18-3　设置线型比例

18.1.2　绘制配电系统

从图 18-1 所示分析得知，该配电系统图主要由底层配电系统、辅助线、各种模块及总线组成，下面将结合"矩形"、"分解"、"定数等分"、"直线"、"图案填充"、"复制"、"修剪"、"偏移"、"多线"等命令进行相关内容的绘制。

1. 绘制底层配电系统辅助线

Step 01 执行"矩形"命令（REC），在视图中绘制一个 12000×20000 的矩形，如图 18-4 所示。

Step 02 执行"分解"命令（X），将上一步绘制的矩形进行分解。

Step 03 执行"定数等分"命令（DIV），将矩形左侧的垂直边分成 9 份，再将矩形下侧的水平边分成 12 份，如图 18-5 所示。

图 18-4　绘制矩形　　　　图 18-5　显示定数等分点样式

> ∷ 提示
>
> 用户可选择"格式"→"点样式"命令，从弹出的"点样式"对话框中设置点的样式为"×"。

Step 04 执行"直线"命令（L），捕捉相应的水平及垂直向的定数等分点，绘制多条水平及垂直的辅助线段，其绘制的效果如图 18-6 所示。

Step 05 执行"直线"命令（L），以左起第 8 根垂直辅助线的上侧端点为起点，向上绘制代表"局部辅助线"的垂直线段，效果如图 18-7 所示。

图 18-6　绘制线段　　　　图 18-7　绘制局部辅助线

2. 绘制配电模块

Step 01 执行"矩形"命令（REC），绘制一个 200×400 的矩形，如图 18-8 所示。

Step 02 执行"图案填充"命令（H），为上一步绘制矩形的内部填充"SOLID"图案，从而完成照明配电箱的绘制，如图 18-9 所示。

图 18-8　绘制矩形

图 18-9　照明配电箱

Note

Step 03 执行"定数等分"命令，将前面绘制的局部辅助线分成 7 段，效果如图 18-10 所示。

Step 04 执行"复制"命令（CO），捕捉前面绘制的照明配电箱的矩形中点，将其复制到局部辅助线的从上往下数第 1 个定数等分点处，再使用相同的方法在局部辅助线的其他定数等分点上布置照明配电箱，如图 18-11 所示。

图 18-10　定数等分线段

布置照明配电箱 →

图 18-11　布置照明配电箱

Step 05 执行"复制"命令（CO），打开极轴追踪（F10），捕捉配电箱中心点和局部辅助线节点 3 与第 7 根垂直辅助线的交点，如图 18-12 所示。

Step 06 由于连接线需要的线型是实线，所以在"图层控制"下拉列表中将"0"图层设置为当前图层。

Step 07 执行"定数等分"命令（DIV），将照明配电箱的右侧垂直线段分成 6 份，捕捉节点按照如图 18-13 所示的尺寸绘制连接线。

图 18-12　复制配电箱

图 18-13　绘制连接线

Step 08 执行"复制"命令（CO），捕捉第 2 根、第 3 根和第 6 根垂直辅助线并放置动力配电箱，效果如图 18-14 所示，其中，第 2 根辅助线上的两个动力配线箱水平方向分别对应与第 2 节点和第 5 节点。第 3 根和第 6 根辅助线上的动力配电箱水平方向对应局部辅助线段的中点。

图 18-14　放置动力配电箱

::::::：提示

动力配电箱与照明配电箱的绘制方法一致，先绘制矩形，然后捕捉矩行的上、下水平中点绘制垂直中心点，然后图案填充左侧小矩形即可。

3. 绘制 2、3、4 层的配电系统

Step 01 绘制第 2 层的配电箱的方法与第 1 层的配电系统图方法一致，首先执行"直线"命令（L），在第 8 根辅助线方向上与第 2 层间做局部辅助线 2，然后将辅助线 2 分成 4 等份，效果如图 18-15 所示。

图 18-15　等分辅助线 2

Step 02 执行"复制"命令（CO），捕捉照明配电箱的中点，放置在每个辅助线上的节点处，如图 18-16 所示，其中左侧配电箱的水平方向对应辅助线地 2 节点，垂直方向对应第 8 根辅助线。最后将节点删除。

Step 03 执行"直线"命令（L），绘制上一步配电箱的连接线，按照如图 18-17 所示的尺寸绘制。

图 18-16 放置配电箱　　　　　　　图 18-17 绘制连接线

Step 04 执行"复制"命令（CO），利用相同的方法放置动力配电箱，如图 18-18 所示。

图 18-18 放置动力配电箱

Step 05 执行"直线"命令（L），利用相同的方法绘制第 3、4 层的局部辅助线，并将第 2 层和第 1 层的局部辅助线删除，如图 18-19 所示。

图 18-19 绘制第 3、4 层的局部辅助线

Step 06 执行"复制"命令（CO），选取第 2 层的所有配电器图块，捕捉中心，分别放置 3、4 层的局部辅助线的中点，如图 18-20 所示。

Step 07 执行"复制"命令（CO），捕捉第 4 层中照明配电箱，将其复制至顶层，定位关系如图 18-21 所示。

图 18-20 复制 3、4 层配电箱　　　　图 18-21 复制顶层配电箱

Step 08 利用直线和删除命令,修改上一步顶层的配电箱,使之修改为双电源切换箱,如图 18-22 所示。

图 18-22　修改配电箱

4. 绘制第 5 层配电系统

Step 01 执行"定数等分"命令(DIV),将第 5 层的局部辅助线分成 4 份。

Step 02 执行"复制"命令(CO),捕捉配电箱的中点,放置到节点处,其中中间独立的配电箱的水平方向对于辅助线的第 2 个节点,垂直方向对应第 7 根垂直辅助线,并将第 4 层的动力配电箱和双电源切换箱复制到水平方向对应的第 2 个节点处,如图 18-23 所示。

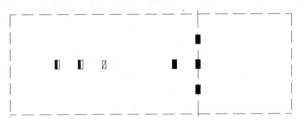

图 18-23　绘制第 5 层配电箱

> :::: 提示
>
> 对于各个局部绘制的垂直辅助线,我们都要先将其平分,然后再将各个图块放置到节点上,这样各个图块之间的距离均等,绘制出来的图形整齐、美观。如果将图块随便摆放,则绘制出来的图形就显得杂乱。所以、在连线的过程中也要尽量运用此技巧。

Step 03 执行"复制"命令(CO),选中垂直方向的 3 个配电箱,指定其中一个中心点为基点,向右复制出 3 份,复制距离分别为 1000、2000 和 3000,并将复制得到的右下角配电箱删除,如图 18-24 所示。

Step 04 执行"直线"命令(L),绘制第 5 层和顶层的配电箱连接,按照如图 18-25 所示的尺寸绘制配电箱连线。

图 18-24　复制配电箱

图 18-25　绘制配电箱连接线

提示

在绘制以图 18-25 中的连接线中一些具体尺寸可能没有给出，用户可以捕捉各配电箱的中点及其他连接线就会相交，线段自然可以绘制出，以后绘制时，遇到此状况都可以采用此方法。

---

5. 绘制冷冻机组、制冷机房和主机

从图 18-1 所示的图中分析可知，在系统图的上侧和最下侧由冷冻机组和制冷机房以及主机图形组成，下面利用"直线"、"矩形"、"复制"、"多行文字"命令进行操作。操作步骤如下：

Step 01 执行"矩形"命令（REC），在系统图左上角绘制一个 1134×655 的矩形，其位置关系如图 18-26 所示。

图 18-26　绘制矩形

Step 02 执行"矩形"命令（REC），在上一步绘制的矩形内侧绘制一个 640×320 的矩形，其绘制关系如图 18-27 所示。

图 18-27　绘制内部矩形

Step 03 执行"复制"命令（CO），选中绘制的两个矩形，然后以外侧大矩形侧水平中点为复制移动的基点，水平向右复制移动 1134，如图 18-28 所示。

图 18-28　复制矩形

Step 04 执行"矩形"命令（REC），按照如图 18-29 所示的尺寸绘制矩形以及定位其相互的位置关系。

图 18-29　绘制矩形

Step 05 执行"多行文字"命令（MT），在所绘制的矩形内部添加相应的文字注释说明，文字高度为 150，如图 18-30 所示。

Step 06 执行"矩形"命令（REC），在图形的下侧相应位置绘制一个 10610×983 的矩形，如图 18-31 所示。

图 18-30　添加文字注释

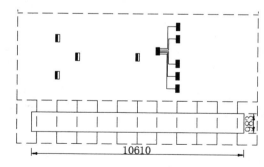

图 18-31　绘制矩形

Step 07 执行"删除"命令（E），将下侧的辅助线段删除，然后在上一步绘制的矩形内部输入文字"配电柜低压配电室"，其文字高度为 400，如图 18-32 所示。

图 18-32　删除并添加文字注释

18.1.3　绘制总线

前面已经将每一层的配电箱都绘制好了，本节将介绍绘制总线的方法，主要使用"多线"、"直线"、"偏移"、"阵列"和"修剪"等命令进行操作。

1. 绘制平行线

Step 01 执行"直线"命令（L），按如图 18-33 所示的尺寸绘制一条垂直线段，再执行"偏移"命令（O），将绘制的垂直线段依次向右偏移两次，偏移的距离为 100。

Step 02 执行"直线"命令（L），以左上角冷冻机组内侧矩形的左下角点为基点，向下绘制长度为 945 的垂直线段；再捕捉中间冷冻机组内侧矩形的下侧水平边中点，向下绘制长度为 845 的垂直线段；再捕捉制冷机房内左侧小矩形的下侧水平边中点，向下绘制长度为 985 的垂直线段；绘制好上述 3 条垂线段以后，然后将绘制的垂直线段与上一步的线段连接起来，如图 18-34 所示。

图 18-33　绘制线段

图 18-34　绘制连接线

Step 03 执行"多线"命令（ML），绘制顶层的配电箱与配电室的配电柜之间的连接线，效果如图 18-35 所示。

Step 04 执行"分解"命令（X），将上一步绘制的多线分解，然后选中左侧的线段，在"图层控制"下拉列表中选择"虚线"图层，则被选中的直线改为虚线，如图 18-36 所示。

图 18-35 绘制多线

Step 05 利用相同的方法绘制一层的动力配电箱的连接线，如图 18-37 所示。

图 18-36 更改线型

图 18-37 绘制一层动力配电箱的连接线

2. 绘制单线

从图 18-1 所示的图中分析可知图中有单线，在绘制单线时打开正交模式，这样会避免绘制过程中有倾斜的误差。在绘制实线和虚线时，需要在不同的图层中进行，所以也要把其归类到绘制单线中。

Step 01 执行"直线"命令（L），按照如图 18-38 所示的尺寸绘制线段，其中斜线段是在"极轴追踪"模式下绘制的，夹角为 45°，长度均为 607。

图 18-38 绘制单线

Note

> **⋮⋮⋮ 提示**
>
> 观察图 18-38 所示的单线，不难看出，在绘制时有很多单线都相同，并且都是捕捉配电箱的中点，所以在绘制时，可以先绘制一组单线，然后分别放置动力配电箱和双电源切换箱的中点，然后再加以进行完善，修改成图中所示的效果。

3. 绘制总线

Step 01 执行"直线"命令（L），按照如图 18-39 所示的尺寸绘制线段，其中水平线段长度为 396。

Step 02 执行"偏移"命令（O），将上一步绘制的垂直线段依次向左偏移 4 次，偏移的距离为 50，如图 18-40 所示。

图 18-39　绘制连接线　　　　　　　　　　图 18-40　偏移线段

Step 03 执行"直线"命令（L），分别捕捉相应配电箱的中点，绘制出连接至上一步偏移的相应垂线段上，其定位关系如图 18-41 所示。

Step 04 执行"修剪"命令（TR），对上两步绘制及偏移的线段进行修剪，其修剪后的效果如图 18-42 所示。

图 18-41　绘制连接线段

图 18-42　修剪后的效果

提示

在绘制过程中，打开"对象捕捉"捕捉配电箱的中点，进行绘制避免出现斜线误差，也更能准确地绘制连接线。

18.1.4　添加文字注释说明

前面已经将连接总线及配电线都绘制完成了，下面将介绍如何标注线路及配电箱的规格型号，主要使用"直线"、"多行文字"等命令进行操作。

1. 绘制标注线和规格型号配电箱型号

Step **01**　执行"直线"命令（L），按照如图 18-43 所示，在图中的相应位置绘制出标注线。

Step **02**　执行"多行文字"命令（T），在上一步绘制的标注线上添加相应的注释文字，其文字高度为 200，如图 18-44 所示。

图 18-43　绘制标注线

图 18-44　添加文字注释

提示

对于文字下面短横线的绘制有很多种方法，可以一条条的绘制，尽量保持各个横线之间的间距相等，也可以先绘制出一条线段，然后执行"偏移"命令（O），输入偏移距离，这样就能保证各个横线之间的等距，再就是执行"定数等分"命令，垂直线段等分所需线段数量，然后捕捉节点绘制横线段。

Step 03 使用相同的方法绘制出第 5 层和顶层的标注线及添加说明文字，给系统图的配电箱添加文字时，在适当位置添加即可，执行"多行文字"命令（T），效果如图 18-45 所示，并删除两侧的辅助线，如图 18-46 所示。

图 18-45　添加标注线及标注文字

图 18-46　标注配电箱型号并删除辅助线

Step 04 至此，该办公楼的低压配电干线系统图已经绘制完成，按 Ctrl+S 组合键对文件进行保存。

18.2　车间电力平面图的绘制

视频\18\车间电力平面图的绘制.avi
案例\18\车间电力平面图.dwg

车间电力平面图是在建筑平面图的基础上绘制的，该平面图主要由 3 个空间区域组成，采用了尺寸数字定位，如图 18-47 所示详细表示了各电力配电线路（干线、支线）、配电箱、各电动机等的平面布置及其有关内容。

Note

图 18-47　车间电力平面图

18.2.1　设置绘图环境

在绘制该车间电力平面图之前，首先要对绘图环境进行设置，其操作步骤如下。

Step 01 启动 AutoCAD 2014，在快捷访问工具栏中单击"新建"按钮"□"，在"选择文件"对话框中，单击"打开"按钮右侧的"▾"，以"无样板打开-公制（I）"方式建立新文件，并将文件命名为"案例\18\车间电力平面图.dwg"保存。

Step 02 在"常用"标签下的"图层"面板中单击"图层特性"按钮，打开"图层特性管理器"面板，新建如图 18-48 所示的 2 个图层，然后将"电气层"图层设置为当前图层。

图 18-48　设置图层

18.2.2　绘制轴线和墙线

从图 18-47 所示可知，该车间电力平面图由墙线、窗线及轴线组成，下面将介绍如何绘制这些组成部分。操作步骤如下：

Step 01 执行"矩形"命令（REC），在视图中绘制一个 400×190 的矩形，如图 18-49 所示。

Step 02 执行"偏移"命令（O），将上一步绘制的矩形向内偏移 5，如图 18-50 所示。

图 18-49 绘制矩形   图 18-50 偏移矩形

Step 03 执行"矩形"命令（REC），以外侧矩形的右上角点为矩形起点，绘制一个 80 ×100 的矩形，如图 18-51 所示。

Step 04 执行"移动"命令（M），将上一步绘制的矩形水平向左移动，移动距离为 5，如图 18-52 所示。

图 18-51 绘制矩形   图 18-52 移动矩形

Step 05 执行"偏移"命令（O），将移动后的矩形向内侧偏移，偏移距离为 5，如图 18-53 所示。

Step 06 执行"直线"命令（L），以内侧矩形的左下角点为起点，向下绘制一条长度适中的垂直线段，如图 18-54 所示。

图 18-53 偏移矩形   图 18-54 绘制垂直线段

Step 07 执行"移动"命令（M），将上一步绘制的垂直线段水平向右移动，移动距离为 75，如图 18-55 所示。

Step 08 执行"矩形"命令（REC），捕捉外侧矩形与垂直线段的交点为第一角点，绘制 5×190 的矩形，然后将垂直辅助线段删除，如图 18-56 所示。

图 18-55 移动线段   图 18-56 绘制矩形

Note

Step 09 执行"矩形"命令（REC），在图形内侧绘制 30×20 的矩形，如图 18-57 所示。

Step 10 执行"复制"命令（CO），捕捉矩形的下水平中点为基点，放置如图 18-58 所示的指定位置处，其中放置时捕捉线段的中点处。

图 18-57 绘制矩形

图 18-58 复制矩形

Step 11 执行"旋转"命令（RO），平面图内侧的矩形旋转 90°，如图 18-59 所示。

Step 12 执行"移动"命令（M），将旋转后的矩形移动至右上角矩形左侧的中点处，如图 18-60 所示。

图 18-59 旋转矩形

图 18-60 移动矩形

Step 13 执行"修剪"命令（TR），将图形进行修剪和删除，绘制出门洞的效果，如图 18-61 所示。

Step 14 执行"矩形"命令（REC），在平面图内侧绘制 60×3 的矩形，如图 18-62 所示。

图 18-61 绘制门洞

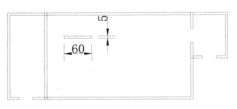

图 18-62 绘制矩形

Step 15 执行"直线"命令（L），捕捉上一步矩形左、右侧的中点为起始端点绘制水平中心线段，如图 18-63 所示。

Step 16 执行"复制"命令（CO），捕捉矩形的下水平中点为基点复制到下侧矩形的中点处，如图 18-64 所示。

图 18-63　绘制中心线段

图 18-64　复制矩形

Step 17 执行"复制"命令（CO），捕捉上一步辅助的矩形和中心线段的中点，水平向左、右各复制一份，如图 18-65 所示。

图 18-65　向两侧复制矩形

Step 18 执行相同的方法垂直向上复制出 5 份，向左、右侧复制时是捕捉线段的中点，并删除中间的矩形，如图 18-66 所示。

图 18-66　向上复制矩形

Step 19 执行"直线"命令（L），捕捉图形左下角点为起点，垂直向下绘制长度为 60 的线段，如图 18-67 所示。

Step 20 执行"偏移"命令（O），将垂直线段水平向右偏移，偏移距离为 80、400 和 480，如图 18-68 所示。

Step 21 执行"直线"命令（L），捕捉所有偏移得到的线段的下侧端点，将下端点连接，如图 18-69 所示。

Step 22 执行"偏移"命令（O），将绘制的垂直线段垂直向上偏移 40，如图 18-70 所示。

图 18-67　绘制垂直线段　　　　　　　图 18-68　偏移线段

图 18-69　绘制水平线段　　　　　　　图 18-70　偏移线段

Step 23 执行"修剪"命令（TR），将绘制和偏移得到的线段修剪，如图 18-71 所示。

Step 24 利用以上绘制垂直线段的方法绘制左侧的水平线段，效果如图 18-72 所示。

图 18-71　修剪线段　　　　　　　　　图 18-72　绘制线段

18.2.3　绘制电气设备

从图 18-47 所示分析可知，该车间电力平面图中包含 5 个配电箱、配电柜和电机符号等电气设备，下面将结合"矩形"、"直线"、"圆"、"图案填充"、"复制"、"旋转"等命令进行操作。操作步骤如下：

1. 绘制配电箱

Step 01 执行"矩形"命令（REC），绘制一个 10×30 的矩形，如图 18-73 所示。

Step 02 执行"直线"命令（L），分别捕捉上一步绘制矩形的上侧及下侧水平边中点绘制一条垂直线段，如图 18-74 所示。

Step 03 执行"图案填充"命令（H），为矩形右侧相应区域填充"SOLID"图案，从而完成配电箱的绘制，如图 18-75 所示。

图 18-73　绘制矩形　　　　图 18-74　绘制垂直中心线段　　　　图 18-75　配电箱

Step 04 执行"移动"命令（M），选择上面绘制的配电箱，将其移动至如图 18-76 所示的位置。

图 18-76　移动配电箱

Step 05 结合"复制"、"移动"、"旋转"等命令，将配电箱复制几个，然后将其布置到图中相应的位置处，如图 18-77 所示。

图 18-77　复制配电箱

2. 绘制配电柜和电机符号

Step 01 执行"矩形"命令（REC），在如图 18-78 所示的位置绘制一个 10×20 的矩形作为配电柜符号。

Step 02 执行"圆"命令（C），在如图 18-79 所示的相应位置绘制多个半径为 4 的圆，作为电气符号。

图 18-78　布置配电柜　　　　　　　　　　　　图 18-79　电气符号

18.2.4　绘制连接线路

前面我们已经将相关的电气设备绘制完成，下面绘制配电箱和电气符号的连接线路以及配电柜与配电箱的连接线路，主要使用"多段线"、"直线"、"修剪"等命令进行操作。操作步骤如下：

Step 01　执行"直线"命令（L），以图中圆的圆心为起点，按照如图 18-80 所示的位置关系绘制配电箱和电气符号的连接线路，再执行"修剪"命令（TR），将圆内的多余线段修剪掉。

图 18-80　绘制连接线路

Step 02　执行"直线"命令（L），按照如图 18-81 所示的位置关系绘制配电柜与配电箱的的连接线路。

图 18-81　绘制配电柜与配电箱的的连接线

Step 03 将上一步绘制的配电柜与配电箱的连接线路选中，然后在"特性"面板的"对象颜色"下拉列表中将其颜色修改为"红色"。

18.2.5　添加文字注释

从图 18-47 所示分析可知，其中包含配电箱、配电柜、连接线路等的文字注释，下面将分别对相关的内容进行文字标注说明。

1. 添加配电箱和配电柜的文字注释

Step 01 在"图层控制"下拉列表中将"文字层"图层设置为当前图层。

Step 02 执行"多行文字"命令（T），为图中的配电箱和配电柜标注编号，文字高度设置为 10，如图 18-82 所示。

图 18-82　添加电机编号

2. 标注连接线路及建筑尺寸

Step 01 执行"多行文字"命令（T），对图中的相关连接线路及电机符号进行文字标注（其中对连接线路进行标注时，文字的方向应与线路的方向相平行），如图 18-83 所示。

图 18-83　标注电气符号和连接线路

Step 02 执行"引线标注"命令（LE），对图中相关的连接线路进行引线标注，再单击标注工具栏上的"线性标注" ⊢ 工具对平面图的尺寸进行标注，如图 18-84 所示。

图 18-84 标注线路及建筑尺寸

Step 03 至此，该车间电力平面图的绘制已完成，按 Ctrl+S 组合键保存。

提示

在绘制墙线时，执行"多线"命令（ML）绘制墙线，在图形较烦琐和复制过多时，运用该命令可以提高绘图的效率。由于车间电力平面图是简单的平面图，为方便用户更好地观察绘图的过程，这里采用了"矩形"和"偏移"集"修剪"的命令。

18.3 某建筑配电图的绘制

视频\18\某建筑配电图的绘制.avi
案例\18\某建筑配电图.dwg

建筑配电图的绘制是建立在建筑平面图基础之上的，主要是在建筑平面图中绘制各种用电设备、配电箱以及各电气设备之间的连接线路。如图 18-85 所示为某建筑的配电图。

建筑配电图

图 18-85 某建筑配电图

18.3.1　设置绘图环境

在绘制该建筑配电图时，可以将绘制好的"建筑平面图.dwg"文件打开，然后在该建筑平面图的基础上进行建筑配电图的绘制。操作步骤如下：

Step 01 启动 AutoCAD 2014，在快捷访问工具栏中单击"打开"按钮" 📂 "，在"选择文件"对话框中将文件"案例\18\建筑平面图.dwg"打开即可，如图 18-86 所示。

图 18-86　打开的图形文件

Step 02 执行"文件"→"另存为"命令，将该文件另存为"案例\18\某建筑配电图.dwg"文件。

18.3.2　绘制电气设备

本节主要讲解平面图中相关电气设备的绘制，其中包括风机盘管、上下敷管符号、动力配电箱、温控与三速开关控制器等的绘制。操作步骤如下：

1. 绘制风机盘管

Step 01 执行"矩形"命令（REC），绘制一个 1000×1000 的矩形。

Step 02 执行"圆"命令（C），以矩形的中心点为圆心，绘制一个半径为 500 的圆，如图 18-87 所示。

Step 03 执行"文字"命令（T），在圆内中心位置输入符号"±"，其中文字高度为 300，从而形成风机盘管符号的绘制，如图 18-88 所示。

图 18-87　绘制内切圆　　　　　图 18-88　风机盘管

> ∷∷ 提示
>
> 面对复杂的图形，读者应该学会将其分解为简单的实体，然后分别进行绘制，最终组合成所要的图形。

2. 绘制上下敷管符号

Step 01 执行"圆"命令（C），绘制一个半径为 200 的圆，如图 18-89 所示。

Step 02 执行"直线"命令（L），打开"极轴追踪"功能，然后以上一步绘制圆的圆心为起点，绘制一条与垂直方向成 45°，长度为 745 的斜线段，如图 18-90 所示。

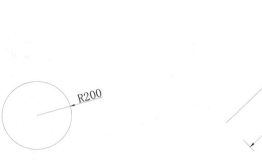

图 18-89 绘制圆

图 18-90 绘制斜线段

Step 03 执行"多边形"命令（POL），捕捉斜线段与圆的交点，绘制边长为 149 的正三角形，如图 18-91 所示。

Step 04 执行"旋转"命令（RO），捕捉斜线段上的顶点为基点，将绘制的正三角形旋转 180°，如图 18-92 所示。

图 18-91 绘制正三角形

图 18-92 旋转三角形

Step 05 执行"修剪"命令（TR），对正三角形的相应位置进行修剪，如图 18-93 所示。

Step 06 执行"图案填充"命令（H），为图中圆及三角形的内部填充 SOLID 图案，如图 18-94 所示。

图 18-93 修剪图形

图 18-94 填充图案

Step 07 执行"复制"命令（CO），将斜线段及填充的三角形图形选中，复制到如图 18-95 所示的位置，从而形成上下敷管符号的绘制。

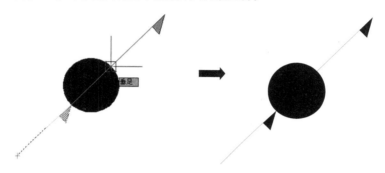

图 18-95 上下敷管

3. 绘制动力配电箱

Step 01 执行"矩形"命令（REC），绘制一个 820×1812 的矩形，如图 18-96 所示。

Step 02 执行"直线"命令（L），捕捉矩形上下侧水平边的中点绘制一条垂直线段，如图 18-97 所示。

Step 03 执行"图案填充"命令（H），为矩形的左侧相应区域填充 SOLID 图案，如图 18-98 所示。

图 18-96 绘制矩形

图 18-97 绘制垂直中心线

图 18-98 动力配电箱

4. 绘制温控与三速开关控制器

Step 01 执行"圆"命令（C），绘制一个半径为 250 的圆，如图 18-99 所示。

Step 02 执行"文字"命令（T），在圆内中心位置输入文字"C"，文字高度为 150，从而形成温控与三速开关控制器对象，如图 18-100 所示。

Note

图 18-99　绘制圆　　　　　　　　　　图 18-100　温控与三速开关控制器

∷∷· 提示

三速温控开关用于风机盘管风速的控制，通过改变中央空调风机的三速，调节风机盘管送风量的大小，进而达到调节室内温度的目的。

18.3.3　布置电气设备

前面已经绘制好了相关的电气设备，下面将绘制的电气设备布置到平面图中的相应位置，主要使用"直线"、"定数等分"、"复制"、"移动"等命令进行操作。操作步骤如下：

1. 绘制辅助线和布置风机盘管

Step 01 执行"直线"命令（L），在如图 18-101 所示的位置绘制两条适当长度的水平线段。

图 18-101　绘制辅助水平线段

Step 02 执行"定数等分"命令（DIV），将上侧的一条水平线段分为 9 份，然后将下侧的一条水平线段分为 10 份，如图 18-102 所示。

图 18-102 定数等分线段

Step 03 执行"复制"命令（CO），以风机盘管的圆心为移动基点，然后将其复制移动到相应的定数等分点上，再将绘制的辅助水平线段删除，如图 18-103 所示。

图 18-103 复制风机盘管至节点处并删除辅助线

2. 布置配电箱和温控与三速开关控制器

Step 01 执行"复制"命令（CO），按照如图 18-104 所示的位置布置配电箱，其中一些配电箱按照图中的效果进行适当大小的调整。

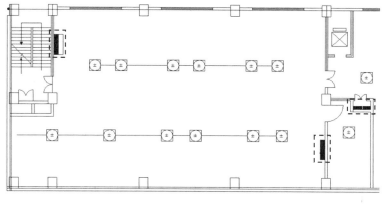

图 18-104 布置配电箱

Step 02 执行"复制"命令（CO），按照如图 18-105 所示的位置布置温控与三速开关控制器。

图 18-105 布置温控与三速开关控制器

Step 03 执行"矩形"命令（REC），在如图 18-106 所示的位置绘制两个 800×1000 的矩形。

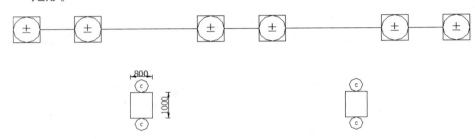

图 18-106 绘制矩形

3. 布置上下敷管符号及绘制排风扇

Step 01 执行"复制"命令（CO），按照如图 18-107 所示的位置布置两个上下敷管符号。

图 18-107 布置上下敷管符号

Step 02 执行"圆"命令（C），按照如图 18-108 所示的位置绘制一个半径为 500 的圆，作为排风扇符号。

图 18-108　绘制排风扇

18.3.4　绘制连接线路

前面已将电气设备布置到平面图中相应的位置了，下面使用"直线"命令（L），按照如图 18-109 所示将图中相应的电气设备连接起来。

图 18-109　绘制连接线路

18.3.5　添加文字注释

前面已将相关的电气符号及连接线路绘制完成了，下面为图中的相应内容添加文字注释说明。操作步骤如下：

Step 01 执行"多行文字"命令（T），按照如图 18-110 所示的效果添加文字注释说明，其文字高度为 600。

图 18-110　添加文字注释说明

Step 02 执行"多行文字"命令（T），在配电图下侧标注图名，其文字高度为 2000，如图 18-111 所示。

建筑配电图

图 18-111 最终效果

Step 03 至此，该建筑配电图的绘制已完成，按 Ctrl+S 组合键保存。

18.4 本章小结

　　本章主要讲解了 AutoCAD 2014 的建筑电气工程的绘制，包括办公楼低压配电干线系统图的绘制，如设置绘图环境、绘制配电系统、绘制总线、添加文字注释说明等；车间电力平面图的绘制，如设置绘图环境、绘制轴线和墙线、绘制电气设备、绘制连接线路、添加文字注释等；某建筑配电图的绘制等。